“十二五”国家重点图书出版规划项目
航空航天精品系列

ADVANCED DYNAMICS

高等动力学

编著 赵婕 于开平

哈尔滨工业大学出版社
HARBIN INSTITUTE OF TECHNOLOGY PRESS

内容简介

高等动力学研究离散系统的宏观机械运动，使用牛顿力学基本原理分析系统的动力学行为，包括分析力学基础、刚体动力学、陀螺力学、多体动力学、运动稳定性理论等。

本书主要介绍分析力学、刚体动力学和运动稳定性等动力学基础学科的基本理论及其在航空航天工程中的一些重要应用，包括使用分析力学经典基本动力学方程及其新近发展的新型动力学方程对柔性航天器进行动力学建模、刚柔耦合系统中的运动稳定性研究方法等，并给出了若干柔性航天器动力学建模及运动稳定性分析的实例。

本书可作为高等院校力学类、航空航天、机械和动力专业本科生和研究生的分析力学、高等动力学课程教材，也可供有关人员参考。

图书在版编目(CIP)数据

高等动力学/赵婕，于开平编著. —哈尔滨：哈尔滨工业大学出版社，2017.7

ISBN 978－7－5603－6187－1

Ⅰ.①高…　Ⅱ.①赵…②于…　Ⅲ.①动力学　Ⅳ.①O313

中国版本图书馆 CIP 数据核字(2016)第 216728 号

策划编辑　杜　燕
责任编辑　张　瑞
出版发行　哈尔滨工业大学出版社
社　　址　哈尔滨市南岗区复华四道街 10 号　邮编 150006
传　　真　0451－86414749
网　　址　http://hitpress.hit.edu.cn
印　　刷　哈尔滨市工大节能印刷厂
开　　本　787mm×1092mm　1/16　印张 10.25　字数 240 千字
版　　次　2017 年 7 月第 1 版　2017 年 7 月第 1 次印刷
书　　号　ISBN 978－7－5603－6187－1
定　　价　26.00 元

前　言

近代航空航天事业的发展使得力学、控制及机械设计等学科的联系越来越紧密，航天器结构的复杂性要求各学科的研究人员必须掌握其他相关学科的主要内容，了解其研究思路及设计需求，从而更好地完善自身。这种交叉融合已经受到了各学科专家学者的高度重视，比如黄琳院士就指出过，稳定性理论源于力学，控制学科的进一步发展必须要贴近力学。事实上，无论是平衡位置的稳定性问题，还是动力系统在控制作用下的镇定化问题，从力学角度分析理解控制方程，将其中的控制赋予明确的物理意义，都将加深对控制问题的理解，有助于开阔思路，更好地解决问题。

力学及控制类学科在机械设计制造中的重要性一直以来都受到了充分的肯定，值得一提的是随着我国载人航天事业的发展，空间站的结构控制以及空间机械臂的设计制造使得机械设计及控制类专业迫切要求深入理解复杂结构系统动力学建模的基本力学原理。在最近几年的教学中，控制及机械类专业学生对动力学建模基本原理深入掌握的需求表现得尤为明显，如何适应新的科技发展要求，将经典学科的内容与现代工业需求进一步结合，在本科生及研究生教学中贯彻以学生为主体的教育方针，是需要我们严肃思考的问题。为培养学生使用经典学科的经典理论解决新问题的能力，一本与时俱进、结合学科研究前沿的教材显然是必需的。基于这种想法，几年来在实际教学中我们试验撰写了适应新型需求的讲义。我们的基本思路为，尽量将经典力学体系化，同时注重从力学的角度将控制作用赋予明确的物理意义，特别强调明确运动微分方程中各项的力学意义对系统运动特性确定的贡献。对于力学专业的学生，使学生了解控制需求，从而辅助系统模型的建立；对于机械、控制专业的学生，使他们明确具体系统参数对应的物理模型，了解具有实际物理意义后对控制设计的辅助作用。

应当指出，在动力学与控制方向上，结束理论力学的学习之后，面临着复杂结构的动力学问题的研究是比较困难的。不同于理论力学中具有明确物理意义的矢量分析，此类复杂系统的动力学分析中需要使用大量数学手段，而且这些数学运算与实际物理意义的对应关系并不明确。对此，本书建立了系统化的描述方式，以演绎的方式进行理论推导，注重经典力学的体系化，形成了具有一定特点的公理化体系。同时，从力学基本概念的角度对系统运动微分方程中的各数学项进行理解，讨论其物理意义，这对深入了解系统、进而更好地完成系统设计具有积极的意义。

综上所述，本书的主要特点有如下三个方面：

(1)合理安排结构，注重经典力学体系化；

(2)立足力学与控制学科的融合，强调数学描述与物理意义的对应；

(3)结合航天器复杂结构动力学分析，明确力学基本概念在系统特性中分析的作用。

本书主要内容来源于作者在哈尔滨工业大学力学专业本科生分析力学课程与面向力学、机械、航天等学科的研究生高等动力学课程的讲义，在成书过程中参考了许多国内外专家的相关著作，在此对这些学者表示崇高的敬意及诚挚的谢意！对帮助本书校订、编辑的工作人员表示感谢！

受作者水平限制，书中疏漏和不妥之处在所难免，恳请广大读者提出宝贵意见。

作者

2017 年 5 月

目　录

绪　论

随着工业化的进展，机械系统的结构复杂程度越来越高，促进了动力学学科的全面发展，主要研究牛顿力学的基本原理和以牛顿力学为基础的机械系统运动中的动力学问题。具体的研究对象为质点、质点系、刚体和多体（多刚体、多柔体）系统，包括牛顿矢量力学、分析力学、刚体动力学、陀螺力学、运动稳定性理论、振动理论、多体系统动力学等分支学科。

动力学的形成以 1687 年牛顿发表具有划时代意义的《自然哲学之数学原理》为标志，这本书中给出了日后成为力学基础的三大基本定律，并以严整的公理化体系结构为随后发展的力学各学科在理论构建上树立了可遵循的范例。牛顿力学的主要研究对象为质点，也称为质点动力学，通过矢量分析的方式解决了结构较为简单的系统动力学问题。18 世纪工业飞速发展，大量前所未有的复杂机械系统投入生产使用，牛顿矢量力学用于建立此种规模的系统动力学方程极为烦琐，需要寻找更为有效的分析方法。1788 年，拉格朗日在其经典著作《分析力学》中，以质点系为研究对象，选择广义坐标描述系统运动，取代矢量分析转而研究标量形式的功和能。将质点系的受力分析转化为对特定动力学函数的求导计算，极大地简化了约束质点系问题的建模，成为与牛顿力学并驾齐驱的基础学科。当动力系统中刚硬物体相对其质心的运动不可忽视时，需要采用刚体模型。刚体是动力学研究的基本对象之一，合理描述其运动是必须解决的首要问题。刚体可视为特殊的质点系，由无穷多的质点组成，其基本特点为运动过程中任意两点之间的距离始终保持不变。不同于有限质点系，刚体的运动无法由其内部各点的位置坐标确定，如何解决这一问题是刚体运动学的核心。刚体动力学的奠基人欧拉创造性地提出了刚体的运动学描述方法，以基点位置坐标和绕基点转动的三个角度坐标确定刚体运动，从而使系统的数学描述成为可能。牛顿矢量力学、拉格朗日分析力学与欧拉刚体力学一脉相承，完整地解决了质点、质点系和刚体的动力学问题，通常合称其为经典力学。

完成系统的动力学建模之后，经典力学的另一主要研究内容即为方程解的分析，如首次积分的讨论等。应当说明，系统动力学方程的求解事实上是极为困难的，即使是平面单摆这样简单的情形，其动力学方程也是非线性的二阶微分方程，定点运动刚体的解更是讨论了近百年。事实上，在很多情况下，我们对系统动力学方程的全部解的具体形式并不特别关心，而仅关注某些特定的解及其实现问题。比如在铅垂面内运动的单摆存在上、下两个平衡位置，上面的平衡位置在实际上是不可能实现的。这些讨论解的存在及实现的问题归结为运动稳定性的问题。从牛顿时代起人们就已经开始了稳定性问题的研究，1892 年李雅普诺夫在他的博士学位论文《运动稳定性一般问题》中首次给出了稳定性的严格数学定义及判别定理，成为稳定性研究的理论依据。运动稳定性理论广泛应用于国民生产的各领域中，特别是在工程中有着极为重要的意义。运动稳定性问题来源于力学，也是动力学的重要研究方向之一。

随着现代工业发展，在航空航天、机械制造、机器人、车辆等领域出现了大量复杂的工程结构，其主要特点为系统包含多个物体，且各部件做大范围运动的同时还可能伴有柔性变形，此类系统称为多体系统。多体系统建模时通常将其抽象为质点、刚体和变形体的不同形式的组合，动力学研究仍然是以经典力学的基本概念、原理及分析方法为基础，并辅以现代数学及计算方法提供的各种手段。由于系统的复杂性，对其进行具体分析时必须考虑到不同系统的特征，经过众多研究者的努力，已经发展出许多实用有效的方法，形成了专门的学科分支。与工程技术及自然科学其他学科相结合，形成更为适用的动力学研究方法是动力学与控制学科的发展方向。

本书面向具有理论力学基本知识，需要进一步加强复杂系统动力学分析能力的相关专业的本科生、研究生，主要包括分析力学基础、刚体动力学与运动稳定性理论基础。3 部分基本思路为继承牛顿力学的理论体系，基于基本概念与基本原理逐层展开，并辅以航天工程中若干重要实例解释说明基础理论的应用方式。力求主线清晰、结构严整，便于核心知识的了解与掌握。其中，第 1、2 章为分析力学基础，第 3 章介绍非完整系统动力学，第 4 章研究刚体动力学，第 5、6 章为运动稳定性理论。3 部分均可独立成篇，可根据不同需求进行选择。

第 1 章　分析力学基础

本书所研究的内容隶属于动力学学科范畴，即研究宏观离散系统的机械运动。随着工业的发展，机械系统日益复杂化，动力学的研究范围也顺应实际需求，从最为基本的质点动力学问题逐步面向质点系、刚体，直至多体系统的动力学问题。动力学的基础是牛顿力学，其学科划分有多种方法，其中，基于研究对象的不同可分为质点动力学、质点系动力学、刚体动力学、多刚体系统动力学及多柔体系统动力学等。近代力学的奠基人牛顿本人完美地解决了质点动力学问题，并给出了作为力学基础的三大基本原理。但是对于结构复杂的机械系统，使用牛顿力学的矢量分析显得非常烦琐，近代数学的飞速发展，为解决结构更为复杂的系统动力学问题提供了必需的理论基础和必要的分析手段。1788 年拉格朗日发表了经典著作《分析力学》，选择标量形式的广义坐标代替矢径，以虚位移原理和达朗贝尔原理为基础，用能量与功的分析取代力与力矩的分析，形成与牛顿力学并驾齐驱的力学体系，成为力学的基础学科之一。分析力学方法最初是针对质点系问题提出的，因此有时也称为质点系动力学。随着其在各学科领域获得了成功应用，这门学科展示出了强大的生命力与适应性，特别是近代微分几何的观点使得分析力学成为现代物理的基石，同时分析力学中提炼出的基本问题也极大地推动了数学科学的理论研究。可以说，分析力学是动力学领域内继牛顿力学之后的又一经典体系，是现代动力学分析的基础，其基本概念与思维方法已渗入到现代数学、物理、力学等各相关基础研究与工程应用领域中。

作为经典力学的基础理论学科，分析力学继承了牛顿力学的严整体系，也是以牛顿基本原理为基础的公理化体系。本章介绍分析力学的基本概念，包括约束、广义坐标、虚位移等以及作为基本原理的动力学普遍方程。

§1.1　基本概念

1.1.1　约束及其分类

1.1.1.1　约束

动力学中将质点系视为质点的集合来研究。质点系的约束是指对系统内各质点运动的一种限制，这种限制可以用约束方程来表示。约束是存在于确定质点位置和速度之间的关系的描述，并且在系统运动的过程中这些关系总是成立的。约束对系统运动的限制不因受力而改变。

那些彼此之间距离始终保持不变的质点的集合可认为是由连接这些点的无质量的不可拉伸杆提供约束，在动力学中这是绝对刚体的模型。若质点系不存在约束，则称为自由的，太阳系即为自由的（太阳及行星可视为质点），弹性体、压缩性液体同样是自由的。

1.1.1.2 **约束的分类**

将质点在惯性笛卡尔坐标系中进行描述，在 $OXYZ$ 坐标系中，质点 M_i 的矢径 $\boldsymbol{OM}_i$ 由向量 $\boldsymbol{r}_i$ 表示，下标 i 表示质点的标号，取值为 $1,\cdots,N$ ，N 为质点系中质点的个数。

(1) 完整和非完整约束。

最简单也是最重要的一类约束分类方法为：完整约束和非完整约束分类，这种分类方法取决于约束是否只对质点的位置(坐标) 进行限制。若约束方程仅对系统位置(质点坐标) 加以限制，则称为完整约束或几何约束(位置约束)。其约束方程为

$$f_k(x_1,x_2,\cdots,x_{3N},t)=0 \quad (k=1,\cdots,r) \tag{1.1.1}$$

式中 r—— 约束方程的个数，且 $r\leqslant 3N$，所有约束都是完整的系统称为完整系统。

【例 1.1】 图 1.1.1 所示球面摆的约束方程为

$$x^2+y^2+z^2-L^2=0 \quad (\text{为完整约束})$$

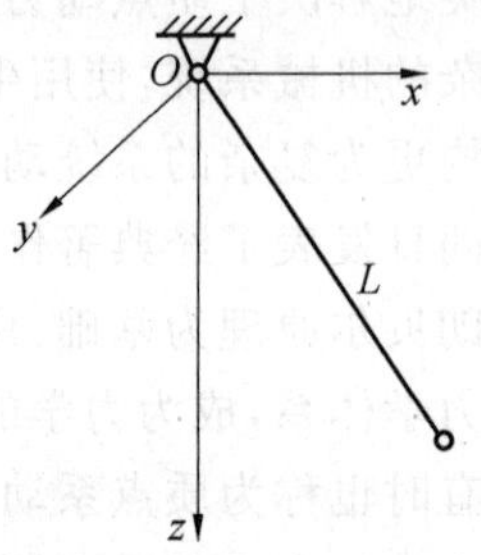

图 1.1.1

如果约束方程包括速度的分量，即 $f_k(x_1,x_2,\cdots,x_{3N},\dot{x}_1,\cdots,\dot{x}_{3N},t)=0$，则称约束为微分约束。如果微分约束可写成质点坐标与时间的函数(就像完整约束的情况)，则称微分约束是可积的。不可积的微分约束称为非完整约束。非完整约束(有时也称为运动约束) 表示系统各质点的速度之间的关系，并且不能转化为位置之间的联系。

【例 1.2】 图 1.1.2 所示为光滑水平线上做纯滚动的圆盘，其约束方程为 $\dot{x}-R\dot{\theta}=0$，不失一般性，当 $x(0)=0,\theta(0)=0$ 时，$x-R\theta=0$。

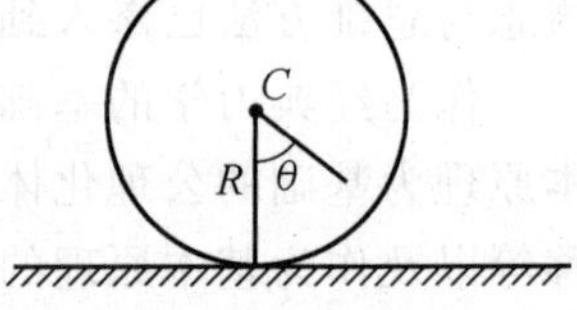

图 1.1.2

非完整约束的经典例子即为空间曲面上做纯滚动的刚体，其在滚动点处无相对滑动。大多数能实际遇到的非完整约束问题，其约束方程为质点速度的一次代数方程，可写作：

$$\sum_{i=1}^{3N}A_{ki}\dot{x}_i+A_{k0}=0 \quad (k=1,\cdots,s) \tag{1.1.2}$$

也可将各项乘以 $\mathrm{d}t$，化作

$$\sum_{i=1}^{3N}A_{ki}\mathrm{d}x_i+A_{k0}\mathrm{d}t=0 \quad (k=1,\cdots,s) \tag{1.1.3}$$

其中 $$A_{ki}=A_{ki}(x_i,t) \quad (i=0,1,\cdots,3N)$$

事实上，对完整约束方程(1.1.1) 计算全微分，可得与式(1.1.3) 相类似的形式：

$$\sum_{i=1}^{3N}\frac{\partial f_i}{\partial x_i}\mathrm{d}x_i+\frac{\partial f}{\partial t}\mathrm{d}t=0 \quad (k=1,\cdots,r) \tag{1.1.4}$$

可见微分形式的约束条件(1.1.3) 也可以同时表示完整约束，称其为一阶线性微分约束。

若系统内同时存在 r 个完整约束和 s 个非完整约束，则可统一表示为

$$\sum_{i=1}^{3N}A_{ki}\mathrm{d}x_i+A_{k0}\mathrm{d}t=0 \quad (k=1,\cdots,r+s) \tag{1.1.5}$$

其中 r 个完整约束的系数对应为

$$A_{ki}=\frac{\partial f_k}{\partial x_i},\quad A_{k0}=\frac{\partial f_k}{\partial t}\quad (k=1,\cdots,r;i=1,\cdots,3N)\tag{1.1.6}$$

(2) 定常和非定常约束。

按照约束方程中是否显含时间 t 可将约束分为定常约束和非定常约束。

定常约束表示为

$$f_k(x_1,x_2,\cdots,x_{3N},\dot{x}_1,\cdots,\dot{x}_{3N})=0\quad (k=1,\cdots,r+s)\tag{1.1.7}$$

非定常约束表示为

$$f_k(x_1,x_2,\cdots,x_{3N},\dot{x}_1,\cdots,\dot{x}_{3N};t)=0\quad (k=1,\cdots,r+s)\tag{1.1.8}$$

【例 1.3】 图 1.1.3 为安装在可移动小车上的球面摆，其运动方程为

$$[x-x_0(t)]^2+[y-y_0(t)]^2+[z-z_0(t)]^2-L^2=0$$

可以看出，定常约束的约束曲面固定不变，非定常约束的约束曲面随时间而改变。

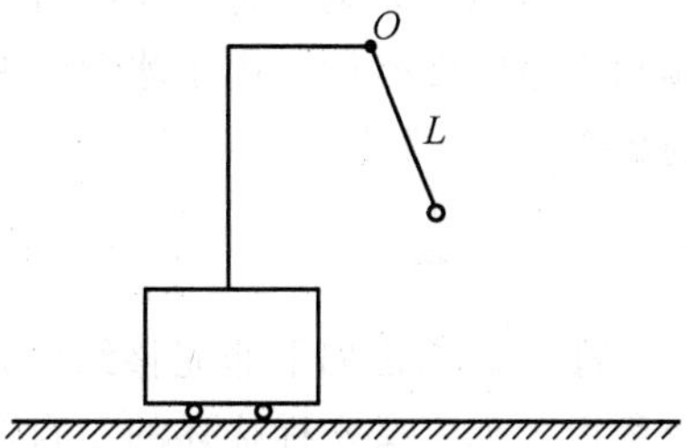

图 1.1.3

(3) 单侧约束和双侧约束。

按照约束方程是否为不等式，可将约束分为单侧约束和双侧约束。当约束方程为等式时，形成的约束为双侧约束。本书中所涉及的均为双侧约束。

单侧约束方程表示为

$$f_k(x_1,x_2,\cdots,x_{3N},\dot{x}_1,\cdots,\dot{x}_{3N};t)\leqslant 0\quad (k=1,\cdots,r+s)\tag{1.1.9}$$

双侧约束方程表示为

$$f_k(x_1,x_2,\cdots,x_{3N},\dot{x}_1,\cdots,\dot{x}_{3N};t)=0\quad (k=1,\cdots,r+s)\tag{1.1.10}$$

事实上，双侧约束方程(1.1.10) 形成了空间中的超曲面。双侧约束要求状态空间中的点不能离开约束曲面，单侧约束允许状态空间中的点在约束曲面的一侧运动，但不能进入另一侧。

【例 1.4】 图 1.1.4 在球壳内运动的小球受到的约束方程为

$$x^2+y^2+z^2-R^2\leqslant 0$$

1.1.2　广义坐标、多余坐标及准坐标

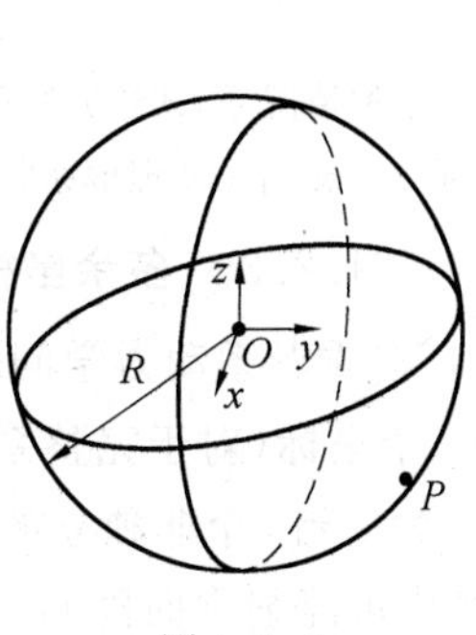

图 1.1.4

1.1.2.1　广义坐标和自由度

确定质点位形的独立参数(长度或角度) 称为广义坐标，记作 $q_j\,(j=1,2,\cdots,l)$。同一个系统其广义坐标的选取可以是不同的，具体根据实际需求进行选择。系统内各点的笛卡尔坐标与广义坐标之间的关系是运动学描述的核心内容，广义坐标单值确定各质点的笛卡尔坐标为

$$x_i=x_i(q_1,\cdots,q_l,t)\quad (i=1,\cdots,3N)\tag{1.1.11}$$

系统的广义坐标个数由质点数和约束数决定。设 N 个质点组成的系统受到 r 个完整约束的限制，则描述质点位形的 $3N$ 个笛卡尔坐标中只有 $3N-r$ 个独立变量，此组独立变量的个数称为自由度。完整系统的广义坐标数 l 与自由度数 $f=3N-r$ 相等。若系统除

r 个完整约束以外，还受到 s 个非完整约束的限制，则系统的自由度为 $f=3N-r-s$。由于非完整约束方程不可积分，确定系统位形的广义坐标仍为 $l=3N-r$ 个，大于系统的自由度 f 。广义坐标对时间 t 的导数称为广义速度。

由式(1.1.11)及(1.1.2)可得出限制广义速度的 s 个非完整约束方程：

$$\sum_{j=1}^{l} B_{kj}\dot{q}_j + B_{k0} = 0 \quad (k=1,\cdots,s) \tag{1.1.12}$$

式中

$$B_{kj} = \sum_{i=1}^{3N} A_{ki}\frac{\partial x_i}{\partial q_j}, B_{k0} = A_{k0} + \sum_{i=1}^{3N} A_{ki}\frac{\partial x_i}{\partial t}\ (k=1,\cdots,s;j=1,\cdots,l) \tag{1.1.13}$$

【例 1.5】 图 1.1.5 所示冰刀在水平面上滑动。

选择质心 C 的坐标 x_C，y_C 和雪橇对称轴 AB 相对 x 轴的倾角 θ 为广义坐标。由于冰面限制点 C 的速度方向与 AB 方向始终一致，即有

$$\frac{\dot{y}_C}{\dot{x}_C} = \tan\theta$$

冰刀需满足如下非完整约束条件：$\tan\theta\dot{x}_C - \dot{y}_C = 0$，此系统为由 3 个广义坐标描述的二自由度非完整系统。

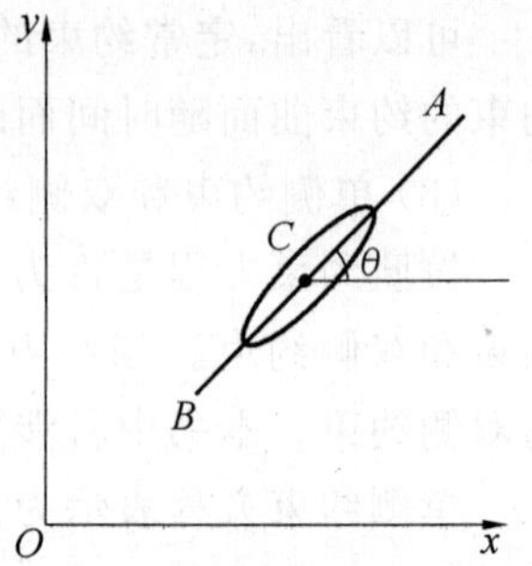

图 1.1.5

* 关于微分约束可积分条件的简要说明。

微分约束(1.1.5)可积分为几何约束，如有下式成立：

$$\frac{\partial A_{ki}}{\partial x_j} = \frac{\partial A_{kj}}{\partial x_i},\quad \frac{\partial A_{ki}}{\partial t} = \frac{\partial A_{k0}}{\partial x_i}\quad i=1,\cdots,3N;j=1,\cdots,l \tag{1}$$

特别地，若考虑约束定常时的情况，此时可积分条件为

$$\frac{\partial A_{ki}}{\partial x_j} = \frac{\partial A_{kj}}{\partial x_i}\quad i=1,\cdots,3N;j=1,\cdots,l \tag{2}$$

事实上，对于下列坐标和时间的函数 $f_k(x_1,x_2,\cdots,x_{3N};t)$，当 $A_{ki}=\dfrac{\partial f_k}{\partial x_i}$，$A_{k0}=\dfrac{\partial f_k}{\partial t}$ 时，此时式(1.1.5)表示全微分 $\mathrm{d}f_k=0$，即 f_k 为常数 C_k，关系式为

$$f_k(x_1,x_2,\cdots,x_{3N};t) - C_k = 0 \tag{3}$$

这种情况下，式(3)为完整约束方程。注意到条件(1)为充分的，但不是可积分的必要条件。试对应例 1.5 及例 1.2 理解条件(1)。

1.1.2.2　多余坐标

在质点系动力学问题分析中为了更为简便地描述系统的状态，有时会选用超过必要的 l 个坐标(对于完整系统，l 为自由度数)的参数坐标 $q_1,\cdots,q_l,\cdots,q_{l+s}$。这里 $q_{l+1},\cdots,q_{l+s}$ 为一组 s 个非独立的坐标，称其为多余坐标。显然，这 $l+s$ 个参数中存在着 s 个关系式(其中可能显含时间)：

$$f_k(q_1,\cdots,q_l,q_{l+1},\cdots,q_{l+s};t) = 0 \quad (k=1,\cdots,s) \tag{1.1.14}$$

若将此方程对时间 t 求导，可得形式与式(1.1.5)相同的一阶线性微分约束方程，其中的系数 A_{ki}，A_{k0} 由式(1.1.6)定义。注意到，完整约束方程(1.1.14)求导后使得非完整系统和含多余坐标的完整系统在形式上统一起来，区别仅在于后者的约束方程为可积分的情形。因此得出结论，需要使用非完整系统的处理方法来解决含多余坐标的完整系

统。

由式(1.1.14) 可知,多余坐标 $q_{l+1},\cdots,q_{l+s}$ 可以由 $q_1,\cdots,q_l$ 及时间 t 确定:

$$q_{l+\mu}=q_{l+\mu}(q_1,\cdots,q_l;t)\qquad(\mu=1,\cdots,s)\tag{1.1.15}$$

包含多余坐标的广义坐标 $q_1,\cdots,q_l,q_{l+1},\cdots,q_{l+s}$ 表示的笛卡尔坐标为

$$x_i=x_i(q_1,\cdots,q_{l+s};t)\qquad(i=1,\cdots,3N)\tag{1.1.16}$$

将多余坐标(1.1.15) 的值代入式(1.1.16) 中就得到了形如式(1.1.10) 的形式,但有时这个形式要远远复杂于式(1.1.16),例如下例中的平面四连杆机构。

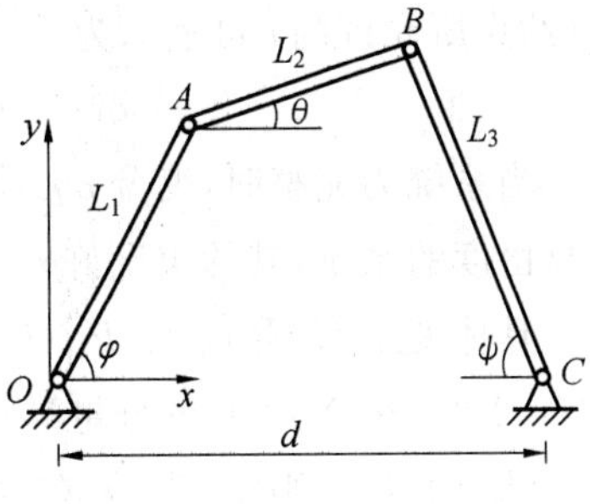

图 1.1.6

【例 1.6】 平面四连杆机构如图 1.1.6 所示,为单自由度系统。但在推导中需要三个角度坐标 ψ,θ,φ 才能使系统中任意一点的笛卡尔坐标形式变得比较简单。

约束方程(1.1.14) 很容易确定:

$$f_1:L_1\cos\varphi+L_2\cos\theta+L_3\cos\psi-d=0$$

$$f_2:L_1\sin\varphi+L_2\sin\theta-L_3\sin\psi=0$$

1.1.3　准(伪) 坐标和准(伪) 速度

设系统的位形由 l 个独立的参数 $q_1,\cdots,q_l$ 给出,其速度描述有时并不直接使用广义速度 $\dot{q}_1,\cdots,\dot{q}_l$,而是使用它们的某些线性组合形式,即

$$u_\nu=a_{\nu0}+a_{\nu1}\dot{q}_1+a_{\nu2}\dot{q}_2+\cdots+a_{\nu n}\dot{q}_n\qquad(\nu=1,\cdots,f)\tag{1.1.17}$$

其中系数 $a_{\nu i}\,(i=0,1,\cdots,n)$ 为广义坐标 q_i 和时间 t 的函数。

量 u_ν 称为准速度,在刚体的运动分析中,引入准速度可以避免复杂的推导,是极其方便的。通常,准速度不能积分,即式(1.1.17) 中的 u_ν 不能写成坐标的全微分的形式。但为了简化公式及文字叙述,引入如下的准坐标,约定:

$$\frac{\mathrm{d}\pi_\nu}{\mathrm{d}t}=u_\nu=\mathring{\pi}_\nu\qquad(\nu=1,\cdots,f)\tag{1.1.18}$$

其中小零(代替表示导数意义的点,π_ν 上方的) 表示谈及的是说明意义,而非量 π_s 关于时间的导数。当然,如果表达式(1.1.17) 可积分,那么相当于引入了关系式:

$$\pi_\nu=\pi_\nu(q_1,\cdots,l)\qquad(\nu=1,\cdots,f)\tag{1.1.19}$$

则给出的仅是由旧的广义坐标 $q_1,\cdots,q_l$ 到新的广义坐标 $\pi_1,\cdots,\pi_f$ 的变换。

1.1.4　虚位移、虚速度及虚加速度

1.1.4.1　虚位移

广义坐标 $q_1,\cdots,q_l$ 是在给出的初始条件下描述系统运动的时间的函数。这个时间的函数集合为

$$q_1(t),\cdots,q_l(t)\tag{1.1.20}$$

确定了系统实际发生的运动。广义坐标的微分 $\mathrm{d}q_j$,即其在真实运动中的无限小的位移与

时间区间 dt 成比例，即

$$\mathrm{d}q_j = \dot{q}_j \mathrm{d}t \tag{1.1.21}$$

事实上，在力学问题的分析中引入另一种类型的无限小量是十分有益的。抛开运动，我们提出问题，在当前时刻，系统的约束允许怎样的位形集合。如果仅限于分析无限接近真实路径的位形，并用 $\delta q_1,\cdots,\delta q_l$ 表示广义坐标的无限小位移，则称其为虚位移，这个集合(约束所允许的)可表示为

$$q_1^* = q_1(t) + \delta q_1, \cdots, q_l^* = q_l(t) + \delta q_l \tag{1.1.22}$$

当系统为完整时，变分 $\delta q_k (k=1,\cdots,l)$ 是完全任意的。我们可以说，在时刻 t 具有 n 个自由度的系统，其约束允许 ∞^n 个位移。

具体地，设质点系 $P_i\ (i=1,\cdots,N)$ 中各质点相对固定参考点 O 的矢径为 $\boldsymbol{r}_i (i=1,2,\cdots,N)$，$\boldsymbol{r}_i$ 的分量形式写作 $x_1, x_2, \cdots, x_{3N}$。若系统中存在 r 个完整约束和 s 个非完整约束，则各质点在无限小时间间隔 dt 内所产生的无限小位移 d$\boldsymbol{r}_i$ $(i=1,2,\cdots,N)$ 或 d$x_i (i=1,2,\cdots,3N)$ 必须满足约束方程：

$$\sum_{i=1}^{3N} A_{ki} \mathrm{d}x_i + A_{k0} \mathrm{d}t = 0 \quad (k=1,\cdots,r+s) \tag{1.1.23}$$

质点系仅需满足约束条件的运动称为可能运动，在给定的时间间隔内质点系的可能运动中满足约束方程(1.1.23)的无限小位移 dx_i 称为质点系的可能位移。当约束为定常约束时，方程(1.1.23)中的 A_{k0} 为零，可简化为

$$\sum_{i=1}^{3N} A_{ki} \mathrm{d}x_i = 0 \quad (k=1,\cdots,r+s) \tag{1.1.24}$$

质点系真实发生的微小位移称为实位移，它是无数可能位移中的一个。实位移是在一定的时间过程中发生的，如果时间间隔为零，则实位移也为零。实位移既要满足动力学基本规律和运动的初始条件，也要满足系统的约束方程(1.1.23)或(1.1.24)。

虚位移是分析力学的一个重要基本概念，与上述可能位移及实位移有着本质的区别。在给定的时间和位形上，约束允许的条件下，质点系发生的无限小位移称为虚位移。虚位移与时间的变化无关，它表示的是固定时刻约束所允许的质点的微小位移。当约束定常时，虚位移就是可能位移。对于非定常约束，质点的虚位移为约束瞬时凝固时，其所允许发生的无限小位移。在虚位移的表达式中 δ 具有等时变分的意义，即各质点的虚位移可表示为矢径或坐标的变分，$\delta\boldsymbol{r}_i\ (i=1,2,\cdots,N)$ 或 $\delta x_i\ (i=1,2,\cdots,3N)$。令式(1.1.23)中的 d$t=0$，将 d$x_i$ 换作 δx_i，则虚位移应满足下列条件：

$$\sum_{i=1}^{3N} A_{ki} \delta x_i = 0 \quad (i=1,2,\cdots,r+s) \tag{1.1.25}$$

对照式(1.1.24)可见，当约束定常时，虚位移与可能的位移完全相同，但对于非定常约束，一般情况下约束条件(1.1.25)不同于式(1.1.23)；因此虚位移不一定等同于可能位移。

下面对虚位移的定义进行进一步的解释。设质点系在同一时刻，同一位置有两组可能位移 dx_i^* 和 dx_i^{**} $(i=1,\cdots,3N)$，它们分别满足约束条件(1.1.23)，即有

$$\begin{cases} \sum_{i=1}^{3N} A_{ki}\,\mathrm{d}x_i^* + A_{ko}\,\mathrm{d}t = 0 \\ \sum_{i=1}^{3N} A_{ki}\,\mathrm{d}x_i^{**} + A_{k0}\,\mathrm{d}t = 0 \end{cases} \quad (k=1,2,\cdots,r+s) \tag{1.1.26}$$

将以上两式相减，令

$$\delta x_i = \mathrm{d}x_i^* - \mathrm{d}x_i^{**} \quad (i=1,\cdots,N) \tag{1.1.27}$$

即可得约束方程(1.1.25)。由此，也可将虚位移视为质点系在同一瞬时，同一位形上，在相同的时间间隔内两组可能位移 $\mathrm{d}x_i^*$ 和 $\mathrm{d}x_i^{**}$ 之差。如果一质点系由 N 个质点组成，其上作用 r 个完整约束，s 个非完整约束，则由约束条件(1.1.25)，虚位移 δx_i 中只有 $3N-r-s$ 个独立变量，因此也可将系统的独立虚位移数目(变分数)作为系统的自由度的定义。

对于斜面固定和做平移两种情形，来分析沿斜面运动质点的可能位移和虚位移。当斜面固定时，质点的可能位移和虚位移相同(图 1.1.7(a))，斜面做平移时质点的可能位移应考虑斜面牵连运动的影响，而质点的虚位移等于约束凝固时的可能位移，与斜面固定时的可能位移完全相同(图 1.1.7(b))。虚位移反映了约束给定时刻的性质。

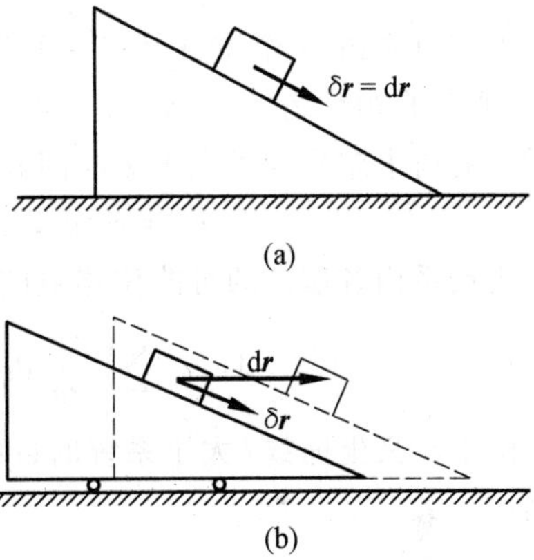

图 1.1.7

实际上，在定常约束的情况下，可能位移、实位移与虚位移的约束方程形式相同，可以将虚位移视为可能发生却尚未发生的可能位移，实位移是众多虚位移，即可能位移中的一个。在非定常约束的情况下，可能位移、实位移与虚位移的约束方程不再相同，不能将虚位移视为是可能位移，实位移与虚位移也不再具有关联性。

1.1.4.2　虚速度

质点系的可能速度是其在可能运动中的速度，这里为与可能位移对应的速度，即约束允许的运动速度。将式(1.1.23)中的质点的无限小位移 $\mathrm{d}x_i$ 除以完成此位移所需的无限小的时间间隔 $\mathrm{d}t$，即得到质点的速度 $\dot{x}_i$ 应满足的约束条件为

$$\sum_{i=1}^{3N} A_{ki}\dot{x}_i + A_{k0} = 0 \quad (k=1,2,\cdots,r+s) \tag{1.1.28}$$

质点系的真实运动中的速度称为实速度，各质点的实速度既要满足动力学基本定律和运动的初始条件，又要满足约束方程(1.1.28)。不难得出结论，实速度是可能速度中的一个。

类比于虚位移的定义，可将质点系的虚速度定义为约束瞬间“凝固”，质点系保持原有位形不变时，约束所允许发生的可能速度。这里，无须力或运动初始条件以及任何时间变化。将虚速度记作 $\Delta\dot{\boldsymbol{r}}_i\,(i=1,\cdots,N)$ 或 $\Delta\dot{x}_i\,(i=1,2,\cdots,3N)$，称为速度的变更，这里符

号 Δ 表示有限变更，即表明速度可以是有限量，与符号 δ 表示的无限小变分相区别。同样，类似于虚位移的数学解释，虚速度也可定义为在同一时刻，同一位置两组可能速度 $\dot{x}_i^*$ 和 $\dot{x}_i^{**}$ $(i=1,2,\cdots,3N)$ 之差，即

$$\Delta\dot{x}_i=\dot{x}_i^*-\dot{x}_i^{**}\quad(i=1,2,\cdots,3N)\tag{1.1.29}$$

将 $\dot{x}_i^*$ 和 $\dot{x}_i^{**}$ 代入式(1.1.2)并相减，即导出与虚位移约束条件(1.1.25)相同的约束虚速度的条件

$$\sum_{i=1}^{3N}A_{ki}\Delta\dot{x}_i=0\quad(k=1,2,\cdots,r+s)\tag{1.1.30}$$

在定常约束情况下，质点系的虚速度可视为可能速度。实速度是众多虚速度，即可能速度中的一个。在非定常约束情况下，约束条件(1.1.30)不同于式(1.1.2)，因此虚速度不能视为可能速度，实速度也与虚速度不再具有相关性。

1.1.4.3　用广义坐标表示的虚位移和虚速度

设质点系由 N 个质点 $P_i\,(i=1,2,\cdots,N)$ 组成，其上作用 r 个完整约束和 s 个非完整约束，则其自由度为 $f=3N-r-s$。适当选取 $l=3N-r$ 个广义坐标 $q_j\,(j=1,2,\cdots,l)$，各质点的笛卡尔坐标可表示为时间和这组广义坐标的函数，即

$$x_i=x_i(q_1,\cdots,q_l,t)\quad(i=1,2,\cdots,3N)\tag{1.1.31}$$

质点系内各质点的可能位移由广义坐标的微分 $\mathrm{d}q_j\,(j=1,2,\cdots,l)$ 表示为

$$\mathrm{d}x_i=\sum_{j=1}^{l}\frac{\partial x_i}{\partial q_j}\mathrm{d}q_j+\frac{\partial x_i}{\partial t}\mathrm{d}t\quad(i=1,2,\cdots,3N)\tag{1.1.32}$$

由于广义坐标数 l 大于系统的自由度数 f，$\mathrm{d}q_j$ 不是独立变量，受到约束方程(1.1.12)限制：

$$\sum_{j=1}^{l}B_{kj}\,\mathrm{d}q_j+B_{k0}\,\mathrm{d}t=0\quad(k=1,2,\cdots,s)\tag{1.1.33}$$

设质点系在同一时刻、同一位置有两组广义坐标微分 $\mathrm{d}q_j^*$ 和 $\mathrm{d}q_j^{**}$ $(j=1,2,\cdots,l)$，分别对应于两组可能位移，即

$$\left\{\begin{aligned}\mathrm{d}x_i^*&=\sum_{j=1}^{l}\frac{\partial x_i}{\partial q_j}\mathrm{d}q_j^*+\frac{\partial x_i}{\partial t}\mathrm{d}t\\\mathrm{d}x_i^{**}&=\sum_{j=1}^{l}\frac{\partial x_i}{\partial q_j}\mathrm{d}q_j^{**}+\frac{\partial x_i}{\partial t}\mathrm{d}t\end{aligned}\right.\quad(i=1,2,\cdots,3N)\tag{1.1.34}$$

将以上两式相减，由式(1.1.17)将 $\mathrm{d}x_i^*-\mathrm{d}x_i^{**}$ 以虚位移 δx_i 代替，引入 $\delta q_i\,(j=1,\cdots,l)$ 为广义坐标的等时变分，即同一时刻、同一位置两组广义坐标微分之差为

$$\delta q_j=\mathrm{d}q_j^*-\mathrm{d}q_j^{**}\quad(j=1,2,\cdots,l)\tag{1.1.35}$$

将 $\mathrm{d}q_j^*$ 和 $\mathrm{d}q_j^{**}$ 代入约束方程(1.1.23)并相减，导出广义坐标变分应满足的约束方程：

$$\sum_{j=1}^{l}B_{kj}\delta q_j=0\quad(k=1,\cdots,s)\tag{1.1.36}$$

将式(1.1.22)各项除以 $\mathrm{d}t$，重复以上推导，可导出用广义速度表示的虚速度为

$$\Delta \dot{x}_i = \sum_{j=1}^{l} \frac{\partial x_i}{\partial q_j} \Delta \dot{q}_j \quad (i=1,2,\cdots,3N) \tag{1.1.37}$$

式中 $\Delta \dot{q}_j (j=1,\cdots,l)$ 为广义速度的变更，即同一时刻、同一位置两组广义速度之差。$\Delta \dot{q}_j$ 应满足与式(1.1.36)相同的约束方程：

$$\sum_{j=1}^{l} B_{kj} \Delta q_j = 0 \quad (k=1,\cdots,s) \tag{1.1.38}$$

【例 1.7】 写出例 1.6 中 A,B 两点的虚位移与广义变分之间的关系。

对例 1.6 中的约束方程各项取变分可得

$$L_1 \sin \varphi \delta\varphi + L_2 \sin \theta \delta\theta + L_3 \sin \psi \delta\psi = 0$$

$$L_1 \cos \varphi \delta\varphi + L_2 \cos \theta \delta\theta - L_3 \cos \psi \delta\psi = 0$$

将 A,B 两点的坐标用广义坐标表示：

$$x_1 = L_1 \cos \varphi, y_1 = L_1 \sin \varphi$$

$$x_2 = d - L_3 \cos \psi, y_2 = L_3 \sin \psi$$

对上式各项取变分，导出 A,B 两点的虚位移：

$$\delta x_1 = -L_1 \sin \varphi \delta\varphi, \delta y_1 = L_1 \cos \varphi \delta\varphi$$

$$\delta x_2 = L_3 \sin \psi \delta\psi, \delta y_2 = L_3 \cos \psi \delta\psi$$

1.1.4.4　虚加速度

质点系可能运动的加速度称为可能加速度。两组可能加速度之差(同一时刻、同一位置下)称为加速度变更或虚加速度，可理解为约束瞬时凝固，质点保持原有位置和速度不变时约束允许发生的可能加速度。

§1.2　基本原理·动力学普遍方程

动力学普遍方程是分析力学的基本原理，包括虚功形式、虚功率形式和高斯形式 3 种形式，3 种形式彼此之间等价。

1.2.1　理想约束力、主动力与惯性力

在非自由质点系中，各质点的运动会受到约束的限制。约束对质点系中各质点的限制归结为约束力的作用，即约束力为约束对质点的作用力。在质点系 $P_i (i=1,\cdots,N)$ 中，第 i 质点上作用的约束力记为 $\boldsymbol{F}_{Ni} (i=1,\cdots,N)$。

在力学建模过程中，理想约束是非常重要的约束形式，它是实际约束在一定条件下的抽象。约束力对于质点系的任意虚位移所做的元功之和为零的约束称为理想约束，相应的约束力称为理想约束力，满足以下条件：

$$\sum_{i=1}^{N} \boldsymbol{F}_{Ni} \cdot \delta \boldsymbol{r}_i = 0 \tag{1.2.1}$$

作用于质点系的力有不同的分类方法，在分析力学中多按约束力与主动力进行划分。质点系内作用于各质点上的力除约束力以外的称为主动力，第 i 质点上作用的主动力记为 $\boldsymbol{F}_i (i=1,\cdots,N)$。此外，还存在与质点系内各质点的运动状态相关的惯性力，设

第 i 个质点的质量为 m_i，加速度为 $\ddot{\boldsymbol{r}}_i$，定义该质点的惯性力 $\boldsymbol{F}_i^*$ 为

$$\boldsymbol{F}_i^* = -m_i\ddot{\boldsymbol{r}}_i \tag{1.2.2}$$

【例 1.8】 质点 P 沿光滑(固定或运动)曲面运动(图 1.2.1)，无论曲面是固定还是运动的，虚位移 $\delta\boldsymbol{r}$ 都位于曲面的切平面内，曲面的约束力垂直于切平面。

$$\boldsymbol{F}_\text{N} \cdot \delta\boldsymbol{r} = 0$$

【例 1.9】 自由刚体上作用的约束为保持刚体内部任意两点之间距离不变的约束，其约束力为内力，刚体的内力不做功，因此

$$\delta W = 0$$

【例 1.10】 定点运动的刚体(图 1.2.2)。

因为约束力 $\boldsymbol{F}_\text{N}$ 的作用点不变，因此

$$\delta W = 0$$

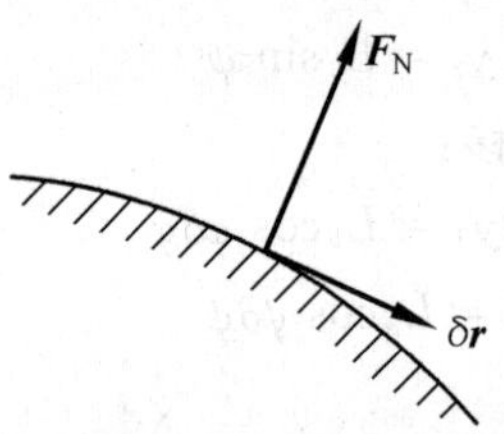

图 1.2.1

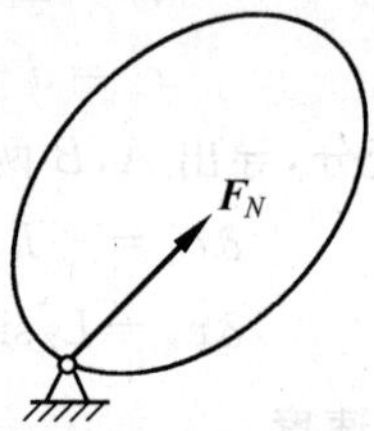

图 1.2.2

【例 1.11】 两个质点以理想细绳相连(图 1.2.3)。

理想细绳是指没有质量，不可伸长的绳。图 1.2.3 中绳绕过光滑杆 A，因为绳没有质量，作用在 P_1 和 P_2 点的约束力 $\boldsymbol{T}_1$ 和 $\boldsymbol{T}_2$ 大小相等，即 $T_1 = T_2 = T$。由绳子不可伸长，有

$$\delta r_1 \cos\alpha_1 + \delta r_2 \cos\alpha_2 = 0$$

因此

$$\delta W = \sum_{i=1}^{2} \boldsymbol{F}_{\text{N}i}\delta\boldsymbol{r}_i = T_1\delta r_1\cos\alpha_1 + T_2\delta r_2\cos\alpha_2 = 0$$

约束为理想约束。

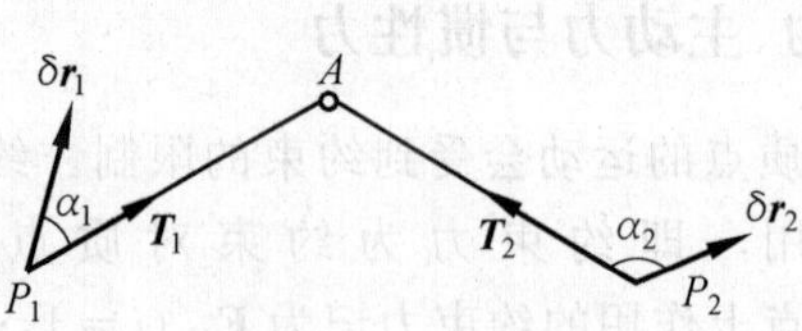

图 1.2.3

1.2.2 达朗贝尔原理

达朗贝尔原理为矢量力学的基本原理，与牛顿第二定律等价，可叙述为：质点系内作用于各质点的力(包括主动力和约束力)与惯性力相平衡，即

$$\boldsymbol{F}_i + \boldsymbol{F}_{\text{N}i} + \boldsymbol{F}_i^* = \boldsymbol{0} \quad (i=1,\cdots,N) \tag{1.2.3}$$

达朗贝尔原理将动力学问题转化为静力学问题，是工程中常用的动静法的理论根

据。

1.2.3　虚功形式的动力学普遍方程

动力学普遍方程是分析力学的基本原理，可叙述为：具有理想双侧约束的质点系在运动的任意瞬时和位形上，作用于质点系各质点上的主动力和惯性力在任意虚位移上所做的元功之和等于零。写作

$$\sum_{i=1}^{N}(\boldsymbol{F}_i - m_i\ddot{\boldsymbol{r}}_i)\cdot\delta\boldsymbol{r}_i = 0 \tag{1.2.4}$$

方程(1.2.4)称为虚功形式的动力学普遍方程，是由拉格朗日于1760年导出的，也称为拉格朗日形式的达朗贝尔原理。它是分析力学中最为重要的基本原理，除了作为各动力学方程推导的理论依据外，其本身也可直接用于建模计算。

【例 1.12】　如图 1.2.4 所示，求平面摆的运动微分方程，选 θ 为广义坐标。

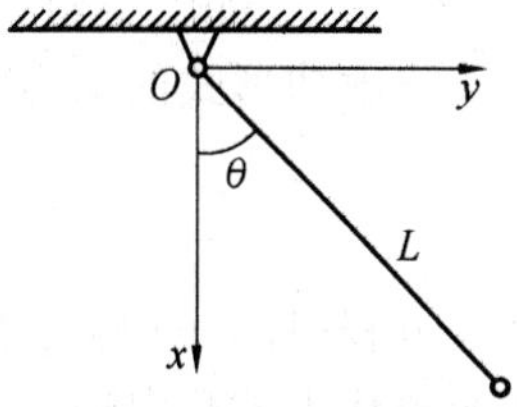

图 1.2.4

$$x = L\cos\theta,\quad y = L\sin\theta$$

$$\delta x = -L\sin\theta\delta\theta,\quad \delta y = L\cos\theta\delta\theta$$

$$\dot{x} = -L\sin\theta\cdot\dot{\theta},\quad \dot{y} = L\cos\theta\cdot\dot{\theta}$$

$$\ddot{x} = -L\cos\theta\cdot\dot{\theta}^2 - L\sin\theta\cdot\ddot{\theta},\quad \ddot{y} = -L\sin\theta\cdot\dot{\theta}^2 + L\cos\theta\cdot\ddot{\theta}$$

$$F_x = mg,\quad F_y = 0$$

代入动力学普遍方程(1.2.4)，有

$$\ddot{\theta} + \frac{g}{L}\sin\theta = 0$$

1.2.4　虚功原理

质点系的平衡状态是系统内各质点的加速度均等于零的特殊情形。令动力学普遍方程(1.2.4)中 $\ddot{\boldsymbol{r}}_i = \boldsymbol{0}$ $(i = 1,\cdots,N)$，导出主动力的虚功之和为零，即

$$\delta W = \sum_{i=1}^{N}\boldsymbol{F}_i\cdot\delta\boldsymbol{r}_i = 0 \tag{1.2.5}$$

此结论为分析静力学中的虚功原理，即质点系平衡的充分必要条件为所有主动力在系统任意虚位移中所做的元功之和为零。作为分析静力学的基本原理，虚功原理有时也称为静力学普遍方程。在分析静力学中，虚功原理的适用范围被严格限制为受完整、定常、理想、双侧约束的质点系。应当注意到，在动力学普遍方程中，由于非定常约束对质点运动的影响已经在达朗贝尔惯性力中得到体现，因此动力学普遍方程也适用于受非定常约束的质点系。

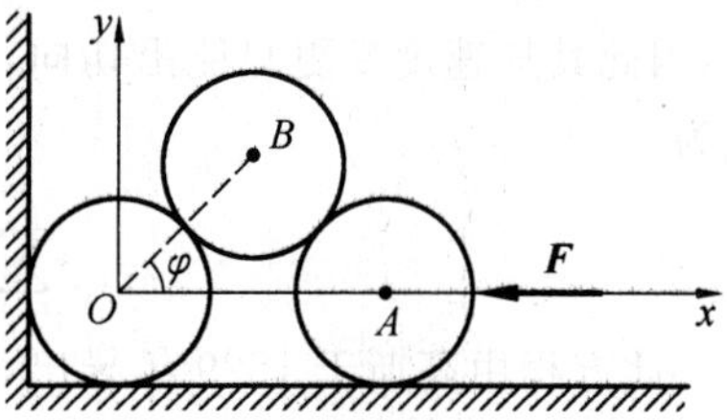

图 1.2.5

【例 1.13】　列写图 1.2.5 中质点系的平衡条件，3 个圆盘所受重力大小均为 P，圆盘半径为 a，则

$$\boldsymbol{r}_A=(4a\cos\varphi,0)$$
$$\boldsymbol{r}_B=(2a\cos\varphi,2a\sin\varphi)$$
$$\delta\boldsymbol{r}_A=(-4a\sin\varphi\delta\varphi,0)$$
$$\delta\boldsymbol{r}_B=(-2a\sin\varphi\delta\varphi,2a\cos\varphi\delta\varphi)$$
$$\boldsymbol{F}_B=(0,-P),\quad \boldsymbol{F}_A=(-F,0)$$

代入虚功方程(1.2.5)中,有

$$\sum_{i=1}^{N}\boldsymbol{F}_i\cdot\delta\boldsymbol{r}_i=-P2a\cos\varphi\delta\varphi+4aF\sin\varphi\delta\varphi=0$$

$$F=\frac{1}{2}P\cot\varphi$$

1.2.5 虚功率形式的动力学普遍方程

将虚功形式的动力学普遍方程(1.2.4)中的虚位移 $\delta\boldsymbol{r}_i$ 用虚速度 $\Delta\dot{\boldsymbol{r}}_i$ 代替,可写作

$$\sum_{i=1}^{N}(\boldsymbol{F}_i-m_i\ddot{\boldsymbol{r}}_i)\cdot\Delta\dot{\boldsymbol{r}}_i=0 \tag{1.2.6}$$

方程(1.2.6)称为虚功率形式的动力学普遍方程,由若丹(Jourdain)于1908年导出,因此也称为若丹定理。可表述为:具有理想约束的质点系中,在任意瞬时和位形上,作用于各质点上的主动力和惯性力在任意虚位移中所做的元功率之和等于零。由于刚体的运动学描述中角速度是基本变量,因此在分析刚体或刚体系的运动时,应用虚功率形式的动力学普遍方程更为简便。此外,在包含速度约束的非完整系统中若丹原理也更为适用。

1.2.6 高斯形式的动力学普遍方程

虚加速度的矢量形式 $\Delta\ddot{\boldsymbol{r}}_i$ 与理想约束力 $\boldsymbol{F}_{Ni}$ 之间也满足与式(1.2.1)相似的正交条件:

$$\sum_{i=1}^{N}\boldsymbol{F}_{Ni}\cdot\Delta\ddot{\boldsymbol{r}}_i=0 \tag{1.2.7}$$

约束曲面在约束瞬时"凝固"时,质点保持位置和速度不变的条件下,质点系的各质点的虚加速度与曲面的法向垂直(在切平面内),即质点可能运动的法向加速度必保持不变,因此其加速度变更只能沿切向,而与理想约束力正交。因此,动力学普遍方程可改写成为

$$\sum_{i=1}^{N}(\boldsymbol{F}_i-m_i\ddot{\boldsymbol{r}}_i)\cdot\Delta\ddot{\boldsymbol{r}}_i=0 \tag{1.2.8}$$

此方程由高斯于1829年导出,因此称为高斯形式的动力学普遍方程,也称为高斯原理。

§ 1.3　基本动力学量

基本动力学量能够反映系统的基本性质，是连接运动学与动力学的桥梁。

1.3.1　质点系的动量

质点系包含 N 个质点，其动量定义为

$$\boldsymbol{P}=\sum_{i=1}^{N}m_i\dot{\boldsymbol{r}}_i=\sum_{i=1}^{N}m_i\boldsymbol{v}_i \tag{1.3.1}$$

考虑到 $M\boldsymbol{r}_c=\sum_{i=1}^{N}m_i\boldsymbol{r}_i$，$M$ 为系统的总质量。

$$\boldsymbol{P}=M\dot{\boldsymbol{r}}_c=M\boldsymbol{v}_c \tag{1.3.2}$$

即质点系的动量等于系统的质量乘以质心速度。

1.3.2　质点系的动量矩

N 个质点组成的质点系相对某点 O 的动量主矩（动量矩）定义为

$$\boldsymbol{L}=\sum_{i=1}^{N}\boldsymbol{r}_i\times m_i\dot{\boldsymbol{r}}_i=\sum_{i=1}^{N}\boldsymbol{r}_i\times m_i\boldsymbol{v}_i \tag{1.3.3}$$

这里 $\boldsymbol{r}_i$ 为质点系中的点 P_i 相对选定点 O 的矢径，点 O 称为矩心。改变矩心 O 会改变系统的动量矩。

1.3.3　质点系的动能 · 柯尼希定理*

质点系的动能定义为

$$T=\frac{1}{2}\sum_{i=1}^{N}m_i\dot{\boldsymbol{r}}_i\cdot\dot{\boldsymbol{r}}_i=\frac{1}{2}\sum_{i=1}^{N}m_i\boldsymbol{v}_i^2 \tag{1.3.4}$$

系统相对质心的运动：这个运动是指系统质点相对以质心为原点的平动坐标系的运动。这个坐标系也称为柯尼希坐标系。

给出在质点系动能计算中常用到的一个定理。

柯尼希定理：系统的动能等于位于系统质心处且具有系统质量的质点的动能，再加上系统相对质心运动的动能。

证明：由于柯尼希坐标系做平动，系统所有点的牵连速度都等于质心速度 $\dot{\boldsymbol{r}}_c$，因此，质点 P_i 的绝对速度为 $\dot{\boldsymbol{r}}_i=\dot{\boldsymbol{r}}_c+\dot{\boldsymbol{r}}'_i$，$\dot{\boldsymbol{r}}'_i$ 为质点相对质心的速度，代入式(1.3.4)，有

$$\begin{aligned}T&=\frac{1}{2}\sum_{i=1}^{N}m_i(\dot{\boldsymbol{r}}_c+\dot{\boldsymbol{r}}'_i)\cdot(\dot{\boldsymbol{r}}_c+\dot{\boldsymbol{r}}'_i)\\&=\frac{1}{2}\Big(\sum_{i=1}^{N}m_i\Big)\dot{\boldsymbol{r}}_c^2+\Big(\sum_{i=1}^{N}m_i\dot{\boldsymbol{r}}_i\Big)\cdot\dot{\boldsymbol{r}}_c+\frac{1}{2}\sum_{i=1}^{N}m_i\dot{\boldsymbol{r}}'^2_i\\&=\frac{1}{2}M\dot{\boldsymbol{r}}_c^2+(M\dot{\boldsymbol{r}}'_c)\cdot\dot{\boldsymbol{r}}_c+\frac{1}{2}\sum_{i=1}^{N}m_i\dot{\boldsymbol{r}}'^2_i\end{aligned}$$

因为质心的相对速度$\dot{\boldsymbol r}'_c=0$，所以有 $T=\frac{1}{2}M\dot{\boldsymbol r}_c^2+\frac{1}{2}\sum_{i=1}^{N}m_i\dot{\boldsymbol r}'^2_i$。

1.3.4 用广义坐标表示的质点系的动能

将式(1.1.11)对时间求导后代入式(1.3.4)即可得到由广义坐标表示的质点系动能：

$$\begin{aligned}T&=\frac{1}{2}\sum_{i=1}^{N}m_i\dot{\boldsymbol r}\cdot\dot{\boldsymbol r}_i\\&=\frac{1}{2}\sum_{i=1}^{N}m_i\Big(\sum_{j=1}^{l}\frac{\partial\boldsymbol r_i}{\partial q_j}\dot q_j+\frac{\partial\boldsymbol r_i}{\partial t}\Big)\cdot\Big(\sum_{j=1}^{l}\frac{\partial\boldsymbol r_i}{\partial q_j}\dot q_j+\frac{\partial\boldsymbol r_i}{\partial t}\Big)\\&=\frac{1}{2}\sum_{j=1}^{l}\sum_{k=1}^{l}a_{jk}\dot q_j\dot q_k+\sum_{j=1}^{l}a_j\dot q_j+\frac{1}{2}a_0\end{aligned}\tag{1.3.5}$$

其中

$$a_{jk}=\sum_{i=1}^{N}m_i\frac{\partial\boldsymbol r_i}{\partial q_j}\cdot\frac{\partial\boldsymbol r_i}{\partial q_k},\quad a_j=\sum_{i=1}^{N}m_i\frac{\partial\boldsymbol r_i}{\partial q_j}\cdot\frac{\partial\boldsymbol r_i}{\partial t},\quad a_0=\sum_{i=1}^{N}m_i\frac{\partial\boldsymbol r_i}{\partial t}\cdot\frac{\partial\boldsymbol r_i}{\partial t}\tag{1.3.6}$$

$$(j=1,\cdots,l,k=1,\cdots,l)$$

此时，动能可写作三项和的形式

$$T=T_2+T_1+T_0\tag{1.3.7}$$

其中 T_0,T_1,T_2 分别表示广义速度 $\dot q_j\,(j=1,2,\cdots,l)$ 的零次、一次和二次项函数。当约束定常时$\frac{\partial\boldsymbol r_i}{\partial t}=\boldsymbol 0$，即 $a_0=a_j=0$，有

$$T=T_2\tag{1.3.8}$$

因此，约束定常时质点系的动能是广义速度的二次齐次函数。

§1.4 功与势能

1.4.1 力系的功

设 $\boldsymbol F_i$ 是作用在质点 P_i 上的所有力(内力和外力)的合力，$\mathrm d\boldsymbol r_i$ 为质点沿着其运动轨迹的微小位移，则力所做的元功为

$$\mathrm d'W_i=\boldsymbol F_i\cdot\mathrm d\boldsymbol r_i\tag{1.4.1}$$

将(1.4.1)对 i 求和可得力系的元功

$$\mathrm d'W=\sum_{i=1}^{N}\boldsymbol F_i\mathrm d\boldsymbol r_i$$

这里，d′ 表示(1.4.1)和(1.4.2)的右端不一定是全微分。

类似地，可定义固定时刻使质点 P_i 发生虚位移$\delta\boldsymbol r_i$的力$\boldsymbol F_i$所做的元功为

$$\delta'W_i=\boldsymbol F_i\cdot\delta\boldsymbol r_i\tag{1.4.3}$$

将式(1.4.3)对 i 求和可得力系的元功为

$$\delta' W=\sum_{i=1}^{N}\boldsymbol{F}_i\cdot\delta\boldsymbol{r}_i \tag{1.4.4}$$

这里，δ' 仅表示小量意义，而非 W 的变分。

1.4.2　力场、力函数、势能

假设质点在空间中相对惯性参考系运动，在质点上作用的力依赖于质点的位置(可能还依赖于时间)，但不依赖于质点的速度。这种情况下，我们说在空间中给定了力场，质点在力场中运动。对于质点系有类似概念。

在力学中经常遇到这种依赖于位置的力，如在弹簧作用下沿着直线运动的质点上的力等。自然界中最重要的力场是引力场：太阳对给定质量的行星在空间每一点的作用力由万有引力定律确定。

如果存在仅依赖于质点 P_i 的坐标 x_i, y_i, z_i 的标量函数 U，使得

$$F_{ix}=\frac{\partial U}{\partial x_i},\quad F_{iy}=\frac{\partial U}{\partial y_i},\quad F_{iz}=\frac{\partial U}{\partial z_i}\quad (i=1,\cdots,N) \tag{1.4.5}$$

则力场称为有势力场，函数 U 称为力函数，而函数 $V=-U$ 称为势或势能。有势力场根据函数 V 是否显含时间称为非定常或定常的。满足式(1.4.5)的力 $\boldsymbol{F}_i$ 称为有势力。

定常有势力的元功是全微分，事实上，由式(1.4.2)和(1.4.5)可得

$$\mathrm{d}' W=\sum_{i=1}^{N}\left(\frac{\partial U}{\partial x_i}\mathrm{d}x_i+\frac{\partial U}{\partial y_i}\mathrm{d}y_i+\frac{\partial U}{\partial z_i}\mathrm{d}z_i\right)=\mathrm{d}U=-\mathrm{d}V \tag{1.4.6}$$

因此，如果我们研究的空间区域 V 是 $x_i, y_i, z_i\ (i=1,\cdots,N)$ 的单值函数，则在系统从一位置到另一位置的运动中，有势力的功不依赖于从初始位置到末位置的途径。特别地，如果系统的所有点的轨迹都是封闭的曲线，则全功等于零。

1.4.3　广义坐标形式的力系的元功·广义力

将式(1.4.4)中的虚位移由相应的广义坐标变分表示，有

$$\delta' W=\sum_{i=1}^{N}\boldsymbol{F}_i\cdot\left(\sum_{j=1}^{l}\frac{\partial\boldsymbol{r}_i}{\partial q_j}\delta q_j\right)=\sum_{j=1}^{l}\delta q_j\sum_{i=1}^{N}\boldsymbol{F}_i\cdot\frac{\partial\boldsymbol{r}_i}{\partial q_j} \tag{1.4.7}$$

标量

$$Q_j=\sum_{i=1}^{N}\boldsymbol{F}_i\cdot\frac{\partial\boldsymbol{r}_i}{\partial q_j}\quad (j=1,\cdots,l) \tag{1.4.8}$$

为对应于广义坐标 q_j 的广义力。此时，元功的表达式为

$$\delta' W=\sum_{j=1}^{l}Q_j\delta q_j \tag{1.4.9}$$

【例 1.14】　质点在力 F_x 作用下沿 OX 轴运动。

此时，选 x 为广义坐标，元功为 $\delta W=F_x\delta x$，广义力为 $Q_x=F_x$。

【例 1.15】　重力场内双摆在竖直平面内运动(图 1.4.1)。

$$\boldsymbol{F}_1=(mg,0)$$

$$\boldsymbol{F}_2=(mg,0)$$

$$\boldsymbol{r}_1=(l\cos\theta, l\sin\theta)$$

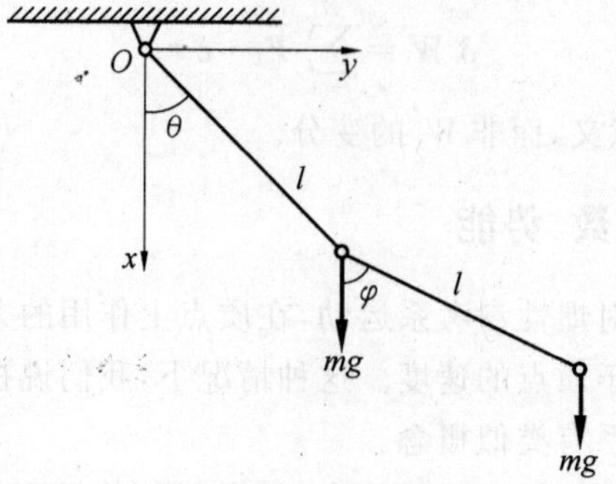

图 1.4.1

$$\boldsymbol{r}_2=(l(\cos\theta+\cos\varphi),l(\sin\theta+\sin\varphi))$$

$$\delta\boldsymbol{r}_1=(-l\sin\theta\delta\theta,l\cos\theta\delta\theta)$$

$$\delta\boldsymbol{r}_2=(l(-\sin\theta\delta\theta-\sin\varphi\delta\varphi),l(\cos\theta\delta\theta+\cos\varphi\delta\varphi))$$

$$\delta W=-2mgl\sin\theta\delta\theta-mgl\sin\varphi\delta\varphi$$

可得 $Q_\theta=-2mgl\sin\theta,Q_\varphi=-mgl\sin\varphi$

§1.5　动力学基本定理

设质点系 $P_i(i=1,\cdots,N)$ 在某惯性坐标系中运动，m_i为P_i的质量，$\boldsymbol{r}_i$为P_i对坐标原点的矢径。如果质点系是非自由的，则除了作用在系统上的主动力，还存在约束力，那么由达朗贝尔原理(1.2.3)可得

$$m_i\ddot{\boldsymbol{r}}_i+\boldsymbol{F}_i+\boldsymbol{F}_{Ni}=\boldsymbol{0}\quad(i=1,\cdots,N)\tag{1.5.1}$$

为得到系统的运动规律，须在给定的初始条件下求解方程组(1.5.1)，得到$\boldsymbol{r}_i(t)$ 的表达式。在大多数情况下这是不可能的，尤其是方程的数目很多时。

事实上，在研究实际运动中经常不需要分析方程组(1.5.1)，而只需研究某些坐标和速度(也可能包括时间)的函数。这些函数表征的量对系统具有一般性，如果这些量在系统运动的过程中始终保持常数，则称之为运动微分方程(1.5.1)的首次积分(初积分，第一积分)。利用首次积分可以简化研究的运动，有时还可以完全分解运动。

最常用的寻找方程组(1.5.1)首次积分的方法是研究系统的基本动力学量：动量、动量矩和动能。这些量随时间的变化由动力学基本定理来描述，动力学基本定理与方程组(2.2.10)是完全等价的。使基本动力学量保持常量的定理称为守恒定律。

1.5.1　动量定理

质点系动量定理可叙述为：系统动量随时间的变化率等于系统的外力主矢量。

动量定理微分形式还有另一种表达：系统质心的运动可视为全部质量集中在质心上后形成的质点在系统外力主矢作用下的运动。这个结论也称为质心运动定理。

如果外力主矢为零，则有动量守恒定理：作用于质点系的外力主矢等于零，质点系的动量保持不变。

1.5.2　动量矩定理

质点系的动量矩定理可叙述为：系统相对固定矩心的动量矩对时间的导数等于质点系上作用的外力对该矩心的主矩。

当外力对于某固定矩心的主矩等于零时，质点系对该矩心的动量矩保持不变，这就是质点系动量矩守恒定律。

1.5.3　动能定理

质点系的动能定理可叙述为：系统动能的微分等于所有力的元功之和。

动能与势能之和称为系统的机械能。如果系统所有主动力均有势且势能不显含时间，当约束定常时系统在运动过程中机械能保持常数，这就是机械能守恒定律，称下式为能量积分：

$$E = T + V = h = \text{const} \tag{1.5.2}$$

1.6　哈密顿变分原理

经典力学的分析以基本原理为基础。存在着称作变分原理的基本原理，其给出了相同约束及主动力条件下从可能运动中判别出真实运动的准则，这种准则在数学上一般表现为某个函数或泛函的极值条件。根据判断准则形式的不同，变分原理可划分为两类，一类为微分型变分原理，一类为积分型变分原理。微分型变分原理给出固定时刻判定真实运动的准则，表现为函数的极值问题，前面提到的动力学普遍方程即为微分型变分原理；积分型变分原理给出有限时间段内判定真实运动的准则，表现为泛函的极值问题。存在多种形式的积分原理，其中最为常用的就是哈密顿原理，本节将简要介绍这个原理。

积分形式的变分原理指出在一切可能运动中，只有真实运动使称为"作用量"的描述系统运动特征的物理量取极值。作用量 S 由下面积分形式表示

$$S = \int_{t_1}^{t_2} F(q_j, \dot{q}_j, t)\,\mathrm{d}t \tag{1.6.1}$$

式中 $q_j(j=1,\cdots,f)$ 为广义坐标，f 为系统自由度数；被积函数为系统状态变量的函数；作用量 S 为泛函数，依赖于自变函数 $F(q_j, \dot{q}_j, t)$。

哈密顿原理于 1834 年由哈密顿提出，所采用的哈密顿作用量为

$$H = \int_{t_1}^{t_2} (T - V)\,\mathrm{d}t \tag{1.6.2}$$

这里 T 为系统动能，V 为系统势能。存在定义 $L = T - V$，称为拉格朗日函数，即系统动势能之差（详见 2.1 节）。

对于具有双侧、理想、完整约束的系统，若其主动力均为有势力，则哈密顿原理可叙述为：完整有势系统在任一有限时间间隔内真实运动与具有相同起迄位形的可能运动相比较，真实运动的哈密顿作用量取驻值，即

$$\delta H = \delta \int_{t_1}^{t_2} L\,\mathrm{d}t = 0 \tag{1.6.3}$$

由于所有可能运动都具有相同的起迄位形，所以在始末位置上有 $\delta q_j=0,(j=1,\cdots,f)$，即这里研究的是固定边界条件下的泛函极值问题。1871 年赛里特证明了在对积分加上一些限制的条件下，真实运动对应作用量的二阶变分 $\delta^2 H$ 为正值，因而对于真实运动哈密顿作用量 H 取极小值。所以此原理也称为哈密顿最小作用量原理。

作为分析力学基本原理之一的哈密顿原理本不需要证明，这里为说明经典力学基本原理的一致性，由动力学普遍方程进行哈密顿原理的推导。

对于受到理想双侧约束的 N 个质点组成的质点系，虚功形式的动力学普遍方程为

$$\sum_{i=1}^{N}(\boldsymbol{F}_i-m_i\ddot{\boldsymbol{r}}_i)\cdot\delta\boldsymbol{r}_i=0 \tag{1.6.4}$$

这里F_i 为主动力，m_i，r_i 分别为第 i 个质点的质量和矢径，式中第二项

$$m_i\ddot{\boldsymbol{r}}_i\cdot\delta\boldsymbol{r}_i=\frac{\mathrm{d}}{\mathrm{d}t}(m_i\dot{\boldsymbol{r}}_i\cdot\delta\boldsymbol{r}_i)-m_i\dot{\boldsymbol{r}}_i\cdot\frac{\mathrm{d}}{\mathrm{d}t}(\delta\boldsymbol{r}_i) \tag{1.6.5}$$

由等时变分与微分的顺序可交换性，即$\frac{\mathrm{d}}{\mathrm{d}t}(\delta\boldsymbol{r}_i)=(\delta\dot{\boldsymbol{r}}_i)$，可得

$$m_i\ddot{\boldsymbol{r}}_i\cdot\delta\boldsymbol{r}_i=\frac{\mathrm{d}}{\mathrm{d}t}(m_i\dot{\boldsymbol{r}}_i\cdot\delta\boldsymbol{r}_i)-\delta(\frac{1}{2}m_i\dot{\boldsymbol{r}}_i\cdot\dot{\boldsymbol{r}}_i) \tag{1.6.6}$$

将其带入动力学普遍方程(1.6.4)，即有

$$\int_{t_1}^{t_2}(\delta T+\delta W)\mathrm{d}t=\left[\sum_{i=1}^{N}m_i\dot{\boldsymbol{r}}_i\cdot\delta\boldsymbol{r}_i\right]\Big|_{t_1}^{t_2} \tag{1.6.7}$$

这里 $\delta W=\sum_{i=1}^{N}\boldsymbol{F}_i\cdot\delta\boldsymbol{r}_i$ 为主动力虚功。由固定边界条件有 t_1，t_2 时刻虚位移为零，有

$$\int_{t_1}^{t_2}(\delta T+\delta W)\mathrm{d}t=0 \tag{1.6.8}$$

当主动力为有势力时，有关系式 $\delta W=-\delta V$，这里 V 为系统势能，式(1.6.8) 转化为

$$\int_{t_1}^{t_2}\delta(T-V)\mathrm{d}t=\int_{t_1}^{t_2}\delta L\mathrm{d}t=0 \tag{1.6.9}$$

对于完整系统，等时变分可与积分交换次序，从而有

$$\delta\int_{t_1}^{t_2}L\mathrm{d}t=0 \tag{1.6.10}$$

式(1.6.10) 即为完整有势系统哈密顿原理的一般形式。

分析力学的基本原理是构建学科的基础，由基本概念和基本原理即可得到分析力学的全部内容。不同形式的基本原理都是相通的，具有一致性。但应当指出的是，寻求形式多样的基本原理是分析力学理论研究的重要方向之一。这是因为基于系统状态描述的数学特征，使用不同类型的原理可能会带来更为丰富的结论。

习　题

1. 如图所示，系统由 4 根杆组成，计算其自由度数。

2. 如图所示，质量相同的质点 m_1，m_2，m_3 由 4 根长度均为 l 的无质量细杆相连，A，B 两点间的距离为 d，确定系统的自由度数。

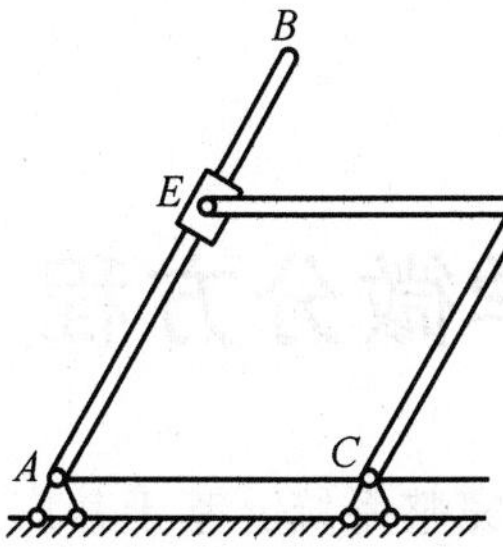

1 题图

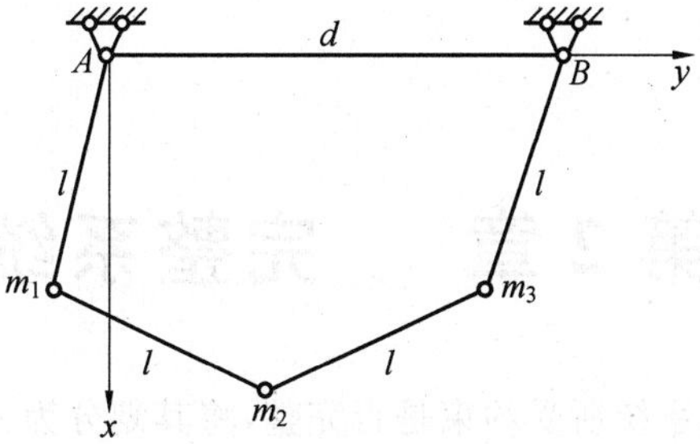

2 题图

3. 将人体抽象为 10 个刚体组成的系统，包括头部、身体及四肢。如图所示，限定运动发生在铅垂面内，人的双脚始终挨紧地面，且前后脚的距离保持为 d，计算系统的自由度。

4. 设系统由 A，B 两个质点组成，运动过程中，A 点的速度 $\boldsymbol{v}_A$ 始终指向 B 点(跟踪系统)，列写系统的约束方程。

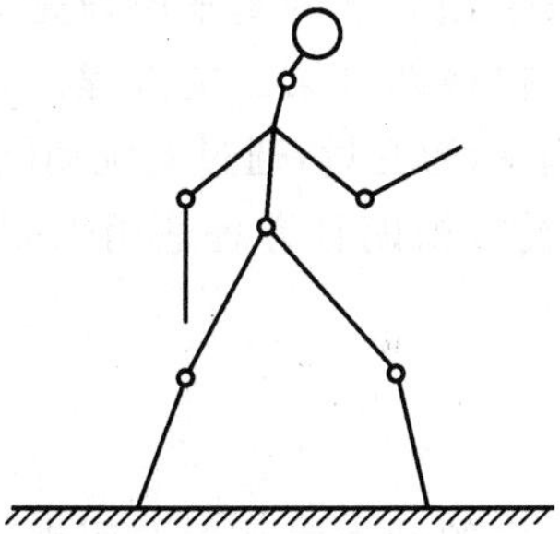

3 题图

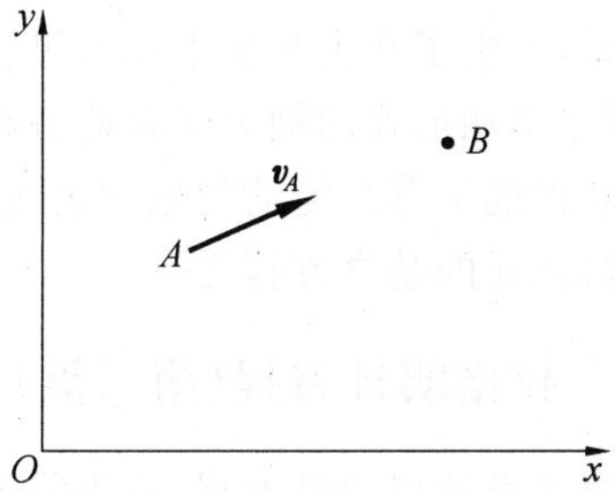

4 题图

5. 两个质点 A，B 由长度为 l 的直杆相连，在水平面内运动，杆的中点 C 的速度始终沿着 AB 方向，写出系统的约束方程。

6. 说明齿轮传动机构中啮合点处的约束为理想约束。

7. 利用虚功形式的动力学普遍方程列写平面双摆系统的动力学方程。

8. 质量为 m 长度为 l 的均质杆靠在铅直墙面上，并以一根弹簧连接在天花板上。弹簧的刚度为 k，且有 $mg < 2kl$。已知杆直立时，弹簧不受力，为自然状态，忽略弹簧质量及摩擦，利用虚功原理求平衡时杆与水平地板的夹角。

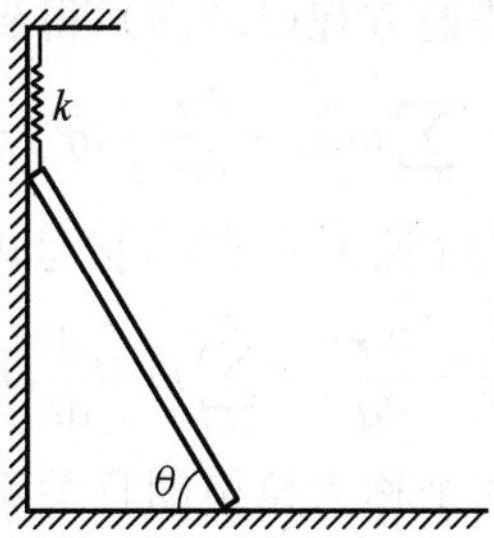

8 题图

第 2 章 完整系统动力学微分方程

根据系统所受约束是否完整，将其划分为完整系统与非完整系统。基于其广义坐标变分的独立性问题，二者的研究方法略有不同。本章介绍完整系统的经典动力学建模方法，包括拉格朗日第二类方程、哈密顿正则方程和劳斯方程。本章还研究平衡方程的建立问题，并基于动力学方程的首次积分对其进行分析。

§2.1 拉格朗日方程(第二类)

1788 年拉格朗日在其著作《分析力学》中将经典牛顿力学的基本原理完美地扩展至分析力学体系，给出了在力学史上具有里程碑意义的拉格朗日第二类方程。方程从能量观点出发，基于虚功形式的动力学普遍方程，以广义坐标为变量，通过系统动能、势能表示的动力学函数得到了形式简洁的数学表达式。第二类拉格朗日方程适用于完整系统，是分析力学中最重要的基本方程之一。

2.1.1 拉格朗日方程(第二类)

为推导第二类拉格朗日方程，首先需要将虚功形式的动力学普遍方程表示成动能形式的。

考虑 N 个质点 $P_i\,(i=1,\cdots,N)$ 组成的带有 r 个完整约束，s 个非完整约束的系统，系统位形由 $l=3N-r$ 个广义坐标 $q_j\,(j=1,\cdots,N)$ 给定，其自由度为 $f=3N-r-s$。用广义坐标表示各质点的矢径 $\boldsymbol{r}_i\,(i=1,2,\cdots,N)$，有

$$\boldsymbol{r}_i=\boldsymbol{r}_i(q_1,\cdots,q_l,t)\qquad(i=1,2,\cdots,N)\tag{2.1.1}$$

进一步，写出广义坐标 $q_j\,(j=1,2,\cdots,l)$ 的等时变分表示的各质点虚位移：

$$\delta\boldsymbol{r}_i=\sum_{j=1}^{l}\frac{\partial\boldsymbol{r}_i}{\partial q_j}\delta q_j\qquad(i=1,\cdots,N)\tag{2.1.2}$$

将其代入虚功形式的动力学普遍方程(1.2.4)，得到

$$\sum_{j=1}^{l}\left(\sum_{i=1}^{N}\boldsymbol{F}_i\cdot\frac{\partial\boldsymbol{r}_i}{\partial q_j}-\sum_{i=1}^{N}m_i\ddot{\boldsymbol{r}}_i\cdot\frac{\partial\boldsymbol{r}_i}{\partial q_j}\right)\delta q_j=0\qquad(j=1,\cdots,l)\tag{2.1.3}$$

括号内的第一项即为广义力 Q_j(见 1.4 节)，括号内的第二项为

$$\sum_{i=1}^{N}m_i\ddot{\boldsymbol{r}}_i\cdot\frac{\partial\boldsymbol{r}_i}{\partial q_j}=\sum_{i=1}^{N}m_i\frac{\mathrm{d}\dot{\boldsymbol{r}}_i}{\mathrm{d}t}\cdot\frac{\partial\boldsymbol{r}_i}{\partial q_j}=\sum_{i=1}^{N}m_i\left[\frac{\mathrm{d}}{\mathrm{d}t}\left(\dot{\boldsymbol{r}}_i\cdot\frac{\partial\boldsymbol{r}_i}{\partial q_j}\right)-\dot{\boldsymbol{r}}_i\cdot\frac{\mathrm{d}}{\mathrm{d}t}\left(\frac{\partial\boldsymbol{r}_i}{\partial q_j}\right)\right]\tag{2.1.4}$$

为理解式(2.1.4)，下面引入两个称为拉格朗日关系式的恒等式。将式(2.1.1)对时间求导，得到

$$\dot{\boldsymbol{r}}_i=\sum_{j=1}^{l}\frac{\partial\boldsymbol{r}_i}{\partial q_j}\dot{q}_j+\frac{\partial\boldsymbol{r}_i}{\partial t}\qquad(i=1,\cdots,N)\tag{2.1.5}$$

上式两边对广义速度 $\dot{q}_j$ 求偏导数，导出第一个恒等式：

$$\frac{\partial \dot{\boldsymbol{r}}_i}{\partial \dot{q}_j}=\frac{\partial \boldsymbol{r}_i}{\partial q_j} \qquad (i=1,\cdots,N,j=1,\cdots,l) \tag{2.1.6}$$

将 $\dot{\boldsymbol{r}}_i$ 对广义坐标 q_j 求偏导数，并交换对时间 t 的求导的次序，导出第二个恒等式：

$$\frac{\partial \dot{\boldsymbol{r}}_i}{\partial q_j}=\frac{\mathrm{d}}{\mathrm{d}t}\left(\frac{\partial \boldsymbol{r}_i}{\partial q_j}\right) \qquad (i=1,\cdots,N,j=1,\cdots,l) \tag{2.1.7}$$

由式(2.1.6)和(2.1.7)可将式(2.1.4)化简为

$$\sum_{j=1}^{N} m_i \ddot{\boldsymbol{r}}_i \cdot \frac{\partial \boldsymbol{r}_i}{\partial q_j}=\sum_{j=1}^{N} m_i\left[\frac{\mathrm{d}}{\mathrm{d}t}\left(\dot{\boldsymbol{r}}_i \cdot \frac{\partial \dot{\boldsymbol{r}}_i}{\partial \dot{q}_j}\right)-\dot{\boldsymbol{r}}_i \cdot \frac{\partial \dot{\boldsymbol{r}}_i}{\partial q_j}\right]=\frac{\mathrm{d}}{\mathrm{d}t}\left(\frac{\partial T}{\partial \dot{q}_j}\right)-\frac{\partial T}{\partial q_j} \tag{2.1.8}$$

将式(2.1.8)和式(1.4.8)代入式(2.1.3)，即得到用动能表示的动力学普遍方程：

$$\sum_{j=1}^{l}\left[Q_j-\frac{\mathrm{d}}{\mathrm{d}t}\left(\frac{\partial T}{\partial \dot{q}_j}\right)+\frac{\partial T}{\partial q_j}\right]\delta q_j=0 \tag{2.1.9}$$

若系统为无多余坐标的完整系统，则广义坐标数 l 与自由度 f 相等，动能形式的动力学普遍方程(2.1.9)进一步写作

$$\sum_{j=1}^{f}\left[Q_j-\frac{\mathrm{d}}{\mathrm{d}t}\left(\frac{\partial T}{\partial \dot{q}_j}\right)+\frac{\partial T}{\partial q_j}\right]\delta q_j=0 \tag{2.1.10}$$

由于 f 个广义坐标变分 $\delta q_j\,(j=1,\cdots,f)$ 为独立变量，可以任意选取，因此方程(2.1.10)成立的充分必要条件为 δq_j 前的系数等于零，导出

$$\frac{\mathrm{d}}{\mathrm{d}t}\left(\frac{\partial T}{\partial \dot{q}_j}\right)-\frac{\partial T}{\partial q_j}=Q_j \quad (j=1,\cdots,f) \tag{2.1.11}$$

这 f 个独立方程称为拉格朗日方程(第二类)，它们完全确定了质点系的运动规律，是关于 f 个函数 $q_j(t)$ 的 f 个二阶微分方程，$q_j,\dot{q}_j\,(j=1,\cdots,f)$ 的初始值可以任意选取。

为了得到上述拉格朗日方程，必须将系统的动能 T 表示成广义坐标和广义速度的函数，还需求出广义力，并且要计算动能 $T(q_j,\dot{q}_j,t)$ 对广义坐标和广义速度的偏导数。顺便指出，在拉格朗日方程中不包含理想约束的约束力。

若质点系为保守系统，由式(1.4.5)和式(1.4.8)可知

$$Q_j=\sum_{i=1}^{N}\boldsymbol{F}_i \cdot \frac{\partial \boldsymbol{r}_i}{\partial q_j}=\sum_{i=1}^{3N} F_i \frac{\partial x_i}{\partial q_j}=-\sum_{i=1}^{N}\frac{\partial V}{\partial x_i}\frac{\partial x_i}{\partial q_j}=-\frac{\partial V}{\partial q_j} \tag{2.1.12}$$

这里 V—— 势能，将上式代入拉格朗日方程(2.1.11)，得到

$$\frac{\mathrm{d}}{\mathrm{d}t}\left(\frac{\partial T}{\partial \dot{q}_j}\right)-\frac{\partial}{\partial q_j}(T-V)=0 \quad (j=1,\cdots,f) \tag{2.1.13}$$

定义质点系的动能 T 与势能 V 之差为拉格朗日函数，即

$$L=T-V \tag{2.1.14}$$

由于势能 V 与广义速度 $\dot{q}_j$ 无关，有 $\dfrac{\partial T}{\partial \dot{q}_j}=\dfrac{\partial L}{\partial \dot{q}_j}$，方程(2.1.13)可写作

$$\frac{\mathrm{d}}{\mathrm{d}t}\left(\frac{\partial L}{\partial \dot{q}_j}\right)-\frac{\partial L}{\partial q_j}=0 \quad (j=1,\cdots,f) \tag{2.1.15}$$

拉格朗日函数 L 是 $q_j,\dot{q}_j,t$ 的函数。质点系的运动规律可通过拉格朗日函数 L 完全

确定，称其为质点系的动力学函数。分析力学中存在多种动力学函数，拉格朗日函数是其中之一。若质点系同时还受到非有势力 Q_j^* 的作用，可将拉格朗日方程写作更一般的形式：

$$\frac{\mathrm{d}}{\mathrm{d}t}\left(\frac{\partial L}{\partial \dot{q}_j}\right)-\frac{\partial L}{\partial q_j}=Q_j^* \quad (j=1,\cdots,f) \tag{2.1.16}$$

2.1.2 拉格朗日方程的展开式·陀螺力与耗散力

2.1.2.1 拉格朗日方程的展开式

利用式(1.3.5)～(1.3.7)将拉格朗日方程(2.1.16)展开，导出

$$\sum_{j=1}^{f}a_{ju}\ddot{q}_j+\sum_{j=1}^{f}\sum_{k=1}^{f}\frac{\partial a_{ju}}{\partial q_k}\dot{q}_k\dot{q}_j+\sum_{j=1}^{f}\frac{\partial a_{ju}}{\partial t}\dot{q}_j+\sum_{j=1}^{f}\frac{\partial a_u}{\partial q_j}\dot{q}_j+\frac{\partial a_u}{\partial t}$$
$$-\frac{1}{2}\sum_{j=1}^{f}\sum_{k=1}^{f}\frac{\partial a_{jk}}{\partial q_u}\dot{q}_k\dot{q}_j-\sum_{j=1}^{f}\frac{\partial a_j}{\partial q_u}\dot{q}_j-\frac{1}{2}\frac{\partial a_0}{\partial q_u}-Q_u^{\Delta}=Q_u^*$$
$$(u=1,\cdots,f) \tag{2.1.17}$$

式中 Q_u^{Δ}—— 有势力；

Q_u^* —— 非有势力。

式(2.1.17)中的和项可进一步简化合并为

$$\sum_{j=1}^{f}a_{ju}\ddot{q}_j+\sum_{j=1}^{f}\sum_{k=1}^{f}\left(\frac{\partial a_{ju}}{\partial q_k}-\frac{\partial a_{jk}}{\partial q_u}\right)\dot{q}_k\dot{q}_j+\sum_{j=1}^{f}\left(\frac{\partial a_u}{\partial q_j}-\frac{\partial a_j}{\partial q_u}\right)\dot{q}_j$$
$$-\frac{1}{2}\frac{\partial a_0}{\partial q_u}+\sum_{j=1}^{f}\frac{\partial a_{ju}}{\partial t}\dot{q}_j+\frac{\partial a_u}{\partial t}=Q_u$$
$$(u=1,\cdots,f) \tag{2.1.18}$$

式中，Q_u 既包含有势力，也包含非有势力。

2.1.2.2 陀螺力

在拉格朗日方程的展开式(2.1.18)中，方程左端的第三项为陀螺力，实际情况中比较常见的是由旋转运动产生的科氏惯性力所引起的，记为

$$Q_{uj}=-\sum_{j=1}^{f}\left(\frac{\partial a_u}{\partial q_j}-\frac{\partial a_j}{\partial q_u}\right)\dot{q}_j \tag{2.1.19}$$

将广义速度的系数记作

$$g_{uj}=\frac{\partial a_u}{\partial q_j}-\frac{\partial a_j}{\partial q_u} \quad (u,j=1,\cdots,f)$$

具有反对称特点，即

$$g_{uj}=-g_{ju},\quad g_{uu}=0 \quad (u,j=1,\cdots,f)$$

因此，以 $g_{ju}\ (u,j=1,\cdots,f)$ 为元素组成的矩阵 $\boldsymbol{G}=(g_{ju})$ 为反对称阵。陀螺力的特殊性在于它的功率为零。元功及功率表达式为

$$\mathrm{d}W=\boldsymbol{F}\cdot\mathrm{d}\boldsymbol{r},\quad P=\frac{\mathrm{d}W}{\mathrm{d}t}=\boldsymbol{F}\cdot\dot{\boldsymbol{r}} \tag{2.1.20}$$

则陀螺力的功率为

$$
\begin{aligned}
P &= \sum_{u=1}^{f} Q_{ju}\dot{q}_u = \sum_{u=1}^{f}\sum_{j=1}^{f}\left(\frac{\partial a_u}{\partial q_j}-\frac{\partial a_j}{\partial q_u}\right)\dot{q}_j\dot{q}_u \\
&= -\sum_{j=1}^{f}\sum_{u=1}^{f}\left(\frac{\partial a_j}{\partial q_u}-\frac{\partial a_u}{\partial q_j}\right)\dot{q}_u\dot{q}_j \\
&= -P
\end{aligned}
\tag{2.1.21}
$$

可知

$$P=0 \tag{2.1.22}$$

【例 2.1】 定常系统中的科利奥里惯性力是陀螺力。

科利奥里惯性力为 $\boldsymbol{F}_i=-2m_i\boldsymbol{\omega}\times\boldsymbol{v}_i$，对于定常系统，真实位移是虚位移之一，因此科利奥里惯性力的元功为

$$
\begin{aligned}
\delta W &= \sum_i \boldsymbol{F}_i\cdot\delta\boldsymbol{r}_i=\sum_i -2m_i(\boldsymbol{\omega}\times\boldsymbol{v}_i)\cdot\delta\boldsymbol{r}_i=\sum_i -2m_i(\boldsymbol{\omega}\times\boldsymbol{v}_i)\cdot\mathrm{d}\boldsymbol{r}_i \\
&= \sum_i -2m_i(\boldsymbol{\omega}\times\boldsymbol{v}_i)\cdot\boldsymbol{v}_i\mathrm{d}t=0
\end{aligned}
\tag{2.1.23}
$$

陀螺力的名称源于保证陀螺规则进动的力。陀螺力的一般定义为：如果非有势力的功率为零，则称之为陀螺力。

【例 2.2】 如图 2.1.1 所示，设质量为 m 的小球在转盘上受到相互正交的弹簧的作用，$oxyz$ 与转盘固连，转盘以角速度 Ω 绕 oz 轴匀速转动，弹簧的等效刚度为 K，系统静止时小球的平衡位置在盘心处。试写出小球的动能和势能，指出陀螺力，并列出动力学方程。

解 (1) 系统的动能为

$$T=\frac{1}{2}m[(\dot{x}-\Omega y)^2+(\dot{y}+\Omega x)^2]$$

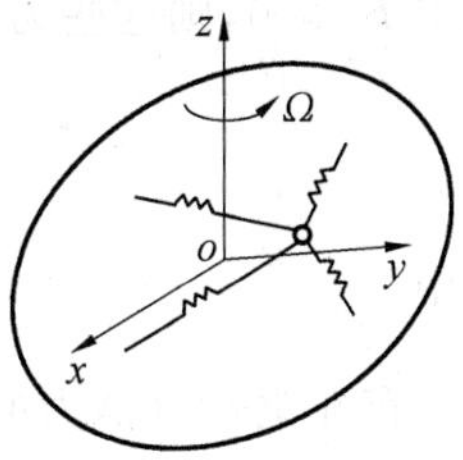

图 2.1.1

势能为

$$V=\frac{1}{2}K(x^2+y^2)$$

(2) 拉格朗日函数为

$$L=T-V=\frac{1}{2}m(\dot{x}^2+\dot{y}^2)+\frac{1}{2}m[-2\Omega\dot{x}y+2\Omega x\dot{y}]+$$

$$\frac{1}{2}m\Omega^2(x^2+y^2)-\frac{1}{2}K(x^2+y^2)$$

(3) 拉格朗日动力学方程为

$$\frac{\mathrm{d}}{\mathrm{d}t}\frac{\partial L}{\partial\dot{q}_j}-\frac{\partial L}{\partial q_j}=0\quad(j=1,\cdots,f)$$

则系统方程为

$$
\begin{cases}
m\ddot{x}-2m\Omega\dot{y}+(K-m\Omega^2)x=0\\
m\ddot{y}+2m\Omega\dot{x}+(K-m\Omega^2)y=0
\end{cases}
$$

对应陀螺力定义，可知

$$a_1=-m\Omega y,\quad a_2=m\Omega x$$

$$g_{12}=-2m\Omega,\quad g_{21}=2m\Omega$$

2.1.2.3 **耗散力**

如果非有势力的功率是负的或者等于零，但不恒等于零，则称其为耗散力。对于定常系统，当耗散力存在时，在系统运动过程中机械能将减小。这种情况下系统称为耗散系统，有时也说能量发生了耗散。如果耗散力的功率是广义速度 $\dot{q}_j\ (j=1,\cdots,f)$ 的负定函数，则耗散称为完全耗散，如果耗散力的功率是广义速度的常负函数，则耗散称为非完全耗散或部分耗散。耗散力中最为常见的类型是黏性摩擦力，记作 Q_{dj}，通常可表示为广义速度 $\dot{q}_j$ 的线性函数：

$$Q_{dj}=-\sum_{i=1}^{f}c_{ij}\dot{q}_i \tag{2.1.24}$$

引入瑞利函数 Ψ：

$$\Psi=\frac{1}{2}\sum_{i=1}^{f}c_{ij}\dot{q}_i\dot{q}_j \tag{2.1.25}$$

则黏性摩擦力 Q_{dj} 可用瑞利耗散函数表示为 $Q_{dj}=-\dfrac{\partial\Psi}{\partial\dot{q}_j}$。黏性摩擦力所做的负功引起系统总能量 E 的变化，能量耗散率等于耗散函数的两倍。

$$\frac{\mathrm{d}E}{\mathrm{d}t}=\sum_{j=1}^{f}Q_{dj}\dot{q}_j=-\sum_{j=1}^{f}c_{ij}\dot{q}_i\dot{q}_j=-2\Psi \tag{2.1.26}$$

作为例子我们来看一个定常系统，在其每个质点上作用一个正比于该点速度的阻力：

$$\boldsymbol{F}_i=-K\dot{\boldsymbol{r}}_i \quad (i=1,\cdots,N)$$

其中 $K>0$，则这些力的功率为

$$P=\sum_{i=1}^{N}\boldsymbol{F}_i\cdot\dot{\boldsymbol{r}}_i=-2\Psi$$

其中

$$\Psi=\frac{1}{2}K\sum_{i=1}^{N}\dot{\boldsymbol{r}}_i^2$$

存在黏性摩擦力的系统的拉格朗日方程(2.1.16)可写作

$$\frac{\mathrm{d}}{\mathrm{d}t}\left(\frac{\partial L}{\partial\dot{q}_j}\right)-\frac{\partial L}{\partial q_j}+\frac{\partial\Psi(q)}{\partial\dot{q}_j}=Q_j \quad (j=1,\cdots,f)$$

式中 Q_j—— 质点系内除有势力和黏性摩擦力以外的其他广义力。

2.1.2.4 **拉格朗日方程的构造**

现在我们来分析拉格朗日方程的构造。系统的拉格朗日函数(2.1.14)考虑式(1.3.7)可表示为

$$L=T-V=T_2+T_1+T_0-V=T_2+T_1-V^* \tag{2.1.27}$$

这里 V^* 定义为系统的变势能：

$$V^*=V-T_0 \tag{2.1.28}$$

这样处理使得动能的一部分进入了式(2.1.28)的变势能的表达式，对后面力学系统平衡位置的分析是十分有好处的。

将式(2.1.27)代入拉格朗日方程(2.1.16)并考虑表达式(1.3.6)，有

$$\frac{\mathrm{d}}{\mathrm{d}t}\frac{\partial T_2}{\partial\dot{q}_j}-\frac{\partial T_2}{\partial q_j}=-\left(\frac{\mathrm{d}}{\mathrm{d}t}\frac{\partial T_1}{\partial\dot{q}_j}-\frac{\partial T_1}{\partial q_j}\right)-\frac{\partial V^*}{\partial q_j}+Q_j^* \quad (j=1,\cdots,f) \tag{2.1.29}$$

其中

$$\frac{\mathrm{d}}{\mathrm{d}t}\frac{\partial T_1}{\partial \dot{q}_j}-\frac{\partial T_1}{\partial q_j}=\frac{\mathrm{d}}{\mathrm{d}t}\frac{\partial}{\partial \dot{q}_j}\left(\sum_{j=1}^{f}a_j\dot{q}_j\right)-\frac{\partial}{\partial q_j}\left(\sum_{k=1}^{f}a_k\dot{q}_k\right)$$

$$=\dot{a}_j-\sum_{k=1}^{f}\frac{\partial a_k}{\partial q_j}\dot{q}_k=\sum_{k=1}^{f}\frac{\partial a_j}{\partial q_k}\dot{q}_k+\frac{\partial a_j}{\partial t}-\sum_{k=1}^{f}\frac{\partial a_k}{\partial q_j}\dot{q}_k$$

$$=\frac{\partial a_j}{\partial t}+\sum_{k=1}^{f}\left(\frac{\partial a_j}{\partial q_k}-\frac{\partial a_k}{\partial q_j}\right)\cdot\dot{q}_k=\frac{\partial a_j}{\partial t}-Q_{gj}\quad (j=1,\cdots,f)\qquad(2.1.30)$$

此时式(2.1.29)可写为

$$\frac{\mathrm{d}}{\mathrm{d}t}\frac{\partial T_2}{\partial \dot{q}_j}-\frac{\partial T_2}{\partial q_j}=Q_j+Q_{gj}-\frac{\partial V^*}{\partial q_j}-\frac{\partial a_j}{\partial t}\qquad(2.1.31)$$

当拉格朗日函数 L 中不显含时间 t 时，上式的最后一项为零。式(2.1.31)的左端仅包含动能的二次齐次项，可视为某系统的动能，除去非有势力 Q_j，余下的包括有陀螺力及与变势能对应的力。

【例 2.3】 质量为 m_A 半径为 R 的圆环沿水平线在铅垂面内做纯滚动，如图 2.1.2 所示，一质量为 m_B，长度为 L 的均质杆在圆环内做无摩擦的相对滑动，$L=\sqrt{2}R$，圆环受力矩 M 的作用，建立其运动微分方程。

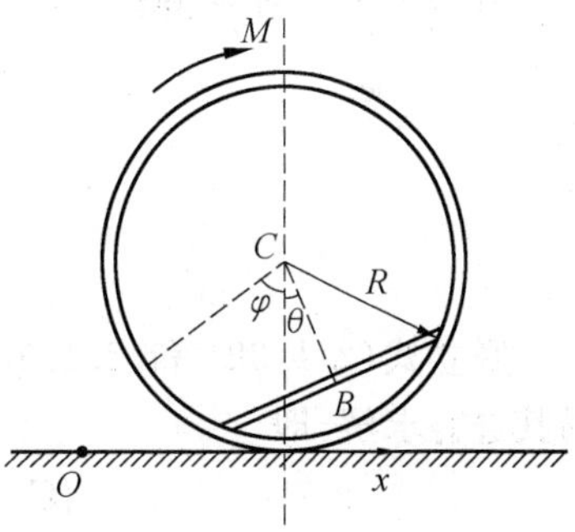

图 2.1.2

设圆环质心在 x 轴方向的坐标为 x，转过角度为 φ，如图 2.1.2 所示，纯滚动条件 $x=R\varphi$ 为完整约束，此为两自由度完整系统。圆环中心 A 与杆的中点 B 的连线相对铅垂轴的角度为 θ，取 x 和 θ 为广义坐标。AB 的距离为 $R/\sqrt{2}$。

(1) 写出其动能和势能。

$$T=\frac{1}{2}m_A\left[\dot{x}^2+R^2\left(\frac{\dot{x}}{R}\right)^2\right]+$$
$$\frac{1}{2}m_B\left[\left(\dot{x}+\frac{R}{\sqrt{2}}\dot{\theta}\cos\theta\right)^2+\left(\frac{R}{\sqrt{2}}\dot{\theta}\sin\theta\right)^2+\frac{1}{12}\left(\sqrt{2}R\right)^2\dot{\theta}^2\right]$$

$$V=-m_Bg\left(R/\sqrt{2}\right)\cos\theta$$

(2) 计算非保守力虚功 δW。

$$\delta W=M\delta\varphi=\frac{M}{R}\delta x$$

得到对应的广义力为

$$Q_x=\frac{M}{R},\quad Q_\theta=0$$

(3) 代入拉格朗日方程，得

$$\begin{cases}(2m_A+m_B)\ddot{x}+\dfrac{1}{\sqrt{2}}m_BR\left(\ddot{\theta}\cos\theta-\dot{\theta}^2\sin\theta\right)=\dfrac{M}{R}\\ \ddot{\theta}+\dfrac{3}{4}\dfrac{\sqrt{2}}{R}\left(\ddot{x}\cos\theta+g\sin\theta\right)=0\end{cases}$$

2.1.3 拉格朗日方程的首次积分

前面两个小节说明了使用自由度数 f 个独立广义坐标建立完整系统的 f 个二阶运动微分方程 —— 拉格朗日第二类方程的过程，并且详细分析了拉格朗日方程中各项的意义，此后将面临如何根据给定的初始条件求解问题。一般来说拉格朗日方程的结构复杂，难以直接求解，所以接下来讨论如何对运动微分方程进行简化。

系统运动微分方程为 $2f$ 个二阶常微分方程，对其积分，需要 $2f$ 个由初始条件确定的积分常量，即为 $C_1,\cdots,C_{2f}$，则方程的解可写作

$$\begin{cases} q_1 = q_1(C_1,\cdots,C_{2f},t) \\ q_2 = q_2(C_1,\cdots,C_{2f},t) \\ \quad\vdots \\ q_f = q_f(C_1,\cdots,C_{2f},t) \end{cases} \tag{2.1.32}$$

将以上各式对时间求导，得到广义速度的表达式

$$\begin{cases} \dot{q}_1 = \dot{q}_1(C_1,\cdots,C_{2f},t) \\ \dot{q}_2 = \dot{q}_2(C_1,\cdots,C_{2f},t) \\ \quad\vdots \\ \dot{q}_f = \dot{q}_f(C_1,\cdots,C_{2f},t) \end{cases} \tag{2.1.33}$$

联立式(2.1.32)和(2.1.33)，得到 $2f$ 个关于积分常数 $C_1,\cdots,C_{2f}$ 的代数方程组，可对其进行求解，即

$$\begin{cases} C_1 = C_1(q_1,\cdots,q_f,\dot{q}_1,\cdots,\dot{q}_f,t) \\ C_2 = C_2(q_1,\cdots,q_f,\dot{q}_1,\cdots,\dot{q}_f,t) \\ \quad\vdots \\ C_{2f} = C_{2f}(q_1,\cdots,q_f,\dot{q}_1,\cdots,\dot{q}_f,t) \end{cases} \tag{2.1.34}$$

式(2.1.34)中给出的 $2f$ 个函数 C_j 即为拉格朗日第二类方程的 $2f$ 个首次积分。

对于 f 个自由度的完整系统，如果能够求得 $2f$ 个首次积分，在给定初始条件下，就能够完全确定质点系的运动规律。即使只求得一部分首次积分，也能使原来的拉格朗日方程降阶。所以，首次积分对方程的求解具有重要意义。

下面介绍拉格朗日第二类方程的两类最重要的首次积分 —— 循环积分和能量积分。这里，首先需要假设质点系上作用的所有主动力均为有势力。

2.1.3.1 循环积分

对于只受到有势力作用的完整系统，适当地选择确定系统位形的广义坐标，使拉格朗日函数中不再显含某个坐标 q_j，则称 q_j 为循环坐标(或可遗坐标)，对应的速度 $\dot{q}_j$ 称为循环速度，由于 $\partial L/\partial q_j = 0$，且没有非有势主动力的作用，由拉格朗日方程(2.1.15)导出

$$\frac{\mathrm{d}}{\mathrm{d}t}\left(\frac{\partial L}{\partial \dot{q}_j}\right) = 0 \quad (j = 1,\cdots,m) \tag{2.1.35}$$

积分后有

$$\frac{\partial L}{\partial \dot{q}_j} = C_j \quad (j = 1,\cdots,m) \tag{2.1.36}$$

这里，$m < f$，为循环坐标个数。

式(2.1.36)即为一个首次积分，称其为循环积分，其中，C_j 为积分常数。$\partial L/\partial \dot{q}_j$ 称为广义动量。但是应当指出，广义动量不一定具有动量的量纲，在不同的问题中，可能具有动量、动量矩或更广泛的物理意义。循环积分也可表述为：与循环坐标对应的广义动量守恒。因此循环积分也称为广义动量积分。动量守恒和动量矩守恒均为广义动量积分的特例。若系统内有 m 个循环坐标，则必存在 m 个循环积分。

【例 2.4】 设沿水平面运动的质量为 m 的质点用弹簧与固定点 O 联结，如图 2.1.3 所示，弹簧可绕点 O 运动，其刚度系数为 k，未变形时长度为 L_0。试讨论此系统存在循环积分的可能性。

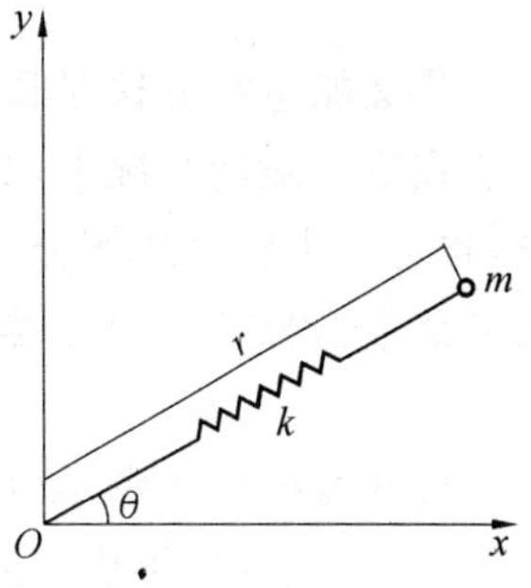

图 2.1.3

解　采用极坐标 r,θ 为质点的广义坐标，写出质点的动能和势能，得到

$$T=\frac{1}{2}m(\dot{r}^2+r^2\dot{\theta}^2),\quad V=\frac{1}{2}k\,(r-L_0)^2$$

$L=T-V$ 中不显含 θ，其中 θ 为循环坐标，存在循环积分

$$mr^2\dot{\theta}=C_1$$

其物理意义为质点相对点 O 的动量矩守恒。若改选质点的直角坐标 x,y 为广义坐标，则不存在循环积分。可见系统内是否存在循环积分与广义坐标的选取有关。

2.1.3.2　**能量积分**

系统的所有主动力均有势，动能 T 和势能 V 都不显含时间 t，计算拉格朗日函数 L 对 t 的全导数，由于 $\partial L/\partial t=0$，有

$$\frac{\mathrm{d}L}{\mathrm{d}t}=\sum_{j=1}^{f}\left(\frac{\partial L}{\partial q_j}\dot{q}_j+\frac{\partial L}{\partial \dot{q}_j}\ddot{q}_j\right)\tag{2.1.37}$$

将拉格朗日方程组(2.1.15)中的每个方程相应地乘以 $\dot{q}_j$ 后相加，得到

$$\sum_{j=1}^{f}\left[\dot{q}_j\frac{\mathrm{d}}{\mathrm{d}t}\left(\frac{\partial L}{\partial \dot{q}_j}\right)-\dot{q}_j\frac{\partial L}{\partial q_j}\right]=0\tag{2.1.38}$$

将式(2.1.37)与(2.1.38)相加，得到

$$\frac{\mathrm{d}L}{\mathrm{d}t}=\sum_{j=1}^{f}\left[\dot{q}_j\frac{\mathrm{d}}{\mathrm{d}t}\left(\frac{\partial L}{\partial \dot{q}_j}\right)+\ddot{q}_j\frac{\partial L}{\partial \dot{q}_j}\right]=\sum_{j=1}^{f}\frac{\mathrm{d}}{\mathrm{d}t}\left(\dot{q}_j\frac{\partial L}{\partial \dot{q}_j}\right)\tag{2.1.39}$$

交换求导和求和的次序，并移项得到

$$\frac{\mathrm{d}}{\mathrm{d}t}\left(\sum_{j=1}^{f}\dot{q}_j\frac{\partial L}{\partial \dot{q}_j}-L\right)=0\tag{2.1.40}$$

从而导出另一个首次积分

$$\sum_{j=1}^{f}\dot{q}_j\frac{\partial L}{\partial \dot{q}_j}-L=C\tag{2.1.41}$$

称其为广义能量积分。

接下来对广义能量积分进一步分解整理并讨论其物理意义。将动能表达式(1.3.6)代入式(2.1.40)，根据欧拉齐次定理有以下关系成立：

$$\sum_{j=1}^{f}\dot{q}_j\frac{\partial T_0}{\partial \dot{q}_j}=0,\quad \sum_{j=1}^{f}\dot{q}_j\frac{\partial T_1}{\partial \dot{q}_j}=T_1,\quad \sum_{j=1}^{f}\dot{q}_j\frac{\partial T_2}{\partial \dot{q}_j}=2T_2 \tag{2.1.42}$$

式中　T_2,T_1,T_0—— 分别是广义速度的二次、一次及零次齐次函数。

首次积分(2.1.41)可化作

$$T_2-T_0+V=C \tag{2.1.43}$$

如果质点系上的约束是定常的，则 $T_2=T$，上式改写为

$$T+V=C \tag{2.1.44}$$

广义能量积分这时具有的物理意义为保守系统的机械能守恒，即机械能守恒定律。

在更一般的情况下，具有非定常约束的系统的首次积分(2.1.43)称为广义能量积分，也可称为雅可比积分。由系统的变势能表达式(2.1.28)，首次积分(2.1.43)也可写为与能量积分(2.1.44)类似的形式：

$$T_2+V^*=C \tag{2.1.45}$$

考察系统动参考系内的相对势能，其由主动有势力势能 V 和坐标转动产生的离心力场势能 $-T_0$ 两项组成。因此雅可比积分的物理意义也可理解为：质点系相对匀速转动参考系运动时，其相对动能与相对势能之和守恒。值得说明的是，基于动能表达式(1.3.5)～(1.3.7)研究完整系统机械能的变化规律对于理解广义能量积分是十分有益的。

【例 2.5】　质量为 m 的圆环在圆心 A 上铰接一长度为 l 质量亦为 m 的单摆 B，如图 2.1.4 所示。圆环在铅垂面内沿水平直线做纯滚动，列写系统的首次积分。

(1) 此系统为二自由度系统。以圆环中心 A 在 x 轴上的坐标 x 和单摆相对铅垂线的偏角 θ 为广义坐标。动能 T 和势能 V 分别为

$$T=\frac{m}{2}(3\dot{x}^2+l^2\dot{\theta}^2+2l\dot{x}\dot{\theta}\cos\theta)$$

$$V=-mgl\cos\theta$$

(2) 拉格朗日函数 $L=T-V$ 中不显含 x，存在循环积分：

$$\frac{\partial L}{\partial \dot{x}}=m(3\dot{x}+l\dot{\theta}\cos\theta)=C_x$$

(3)L 中不显含时间 t，且约束为定常，存在能量积分

$$T+V=\frac{m}{2}(3\dot{x}^2+l^2\dot{\theta}^2+2l\dot{x}\dot{\theta}\cos\theta)-mgl\cos\theta=C$$

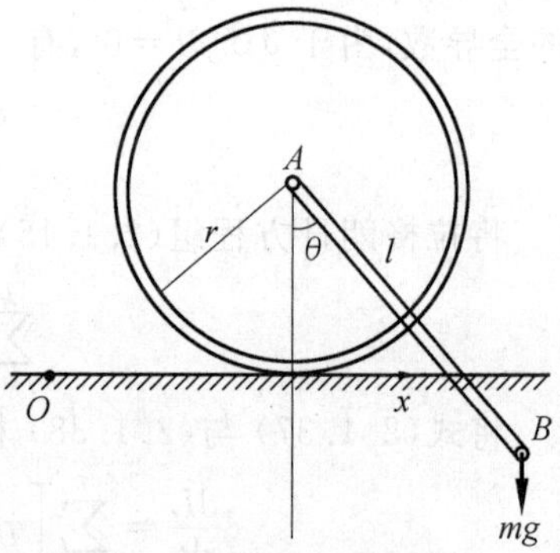

图 2.1.4

尽管循环积分表示广义动能守恒，但按矢量力学观点，由于接触处存在摩擦力，系统沿 x 轴的动量并不守恒。为验证此结论，将循环积分代入系统含 x 轴的动量 P_x：

$$P_x=m(2\dot{x}+l\dot{\theta}\cos\theta)=C_1-m\dot{x}$$

对 t 求导，得到 $\dot{P}_x=-m\ddot{x}\neq 0$ 。

但若将圆环改为滑块，则其循环积分表示系统沿 x 轴的动量守恒。因此一般情况下，广义动量积分具有动量或动量矩守恒的物理意义，但并非适用于任何情况。

【例 2.6】　半径为 r 的圆环管绕垂直轴以匀角速度 Ω 转动，如图 2.1.5 所示，质量为

m 的小球 P 可在管内无摩擦地滑动，写出小球运动的广义能量积分。

此为带有非定常完整约束的单自由度系统，但动能和势能不显含时间 t。以小球 P 与圆心 O 连线相对垂直轴的偏角 θ 为广义坐标

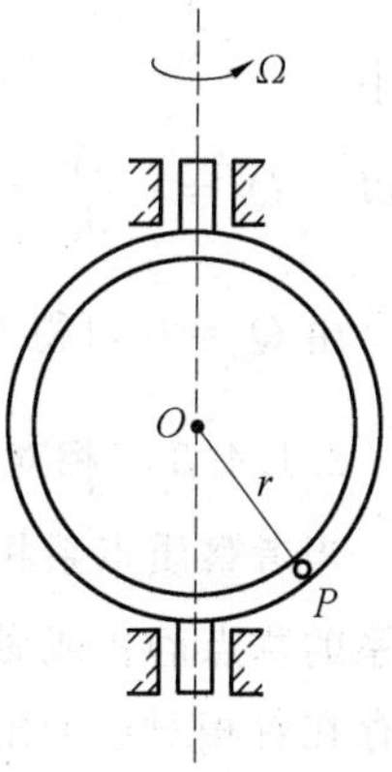

图 2.1.5

(1) 系统的动能和势能为

$T=\frac{1}{2}mr^2(\dot{\theta}^2+\Omega^2\sin^2\theta)$，$V=-mgr\cos\theta$。有

$$T_2=\frac{1}{2}mr^2\dot{\theta}^2,\quad T_0=\frac{1}{2}mr^2\Omega^2\sin^2\theta$$

(2) 小球的相对势能为

$$V^*=V-T_0=-mr\left(g\cos\theta+\frac{1}{2}r\Omega^2\sin^2\theta\right)$$

(3) 代入式(2.1.45)，得到广义能量积分

$$T_2+V^*=\frac{1}{2}mr(r\dot{\theta}^2-r\Omega^2\sin^2\theta-2g\cos\theta)=C$$

2.1.4　平衡条件

2.1.4.1　无多余坐标的完整系统的平衡条件

由虚功原理(1.2.5)及广义力的定义(1.4.8)可得广义坐标形式的虚功原理为

$$\sum_{j=1}^{f}Q_j\delta q_j=0 \tag{2.1.46}$$

由于广义坐标变分彼此独立，上式成立的必要充分条件为

$$Q_j=0\quad(j=1,\cdots,f) \tag{2.1.47}$$

即对于无多余坐标的完整系统，其平衡的必要充分条件为所有广义力为 0。式(2.1.47)也可认为是“静问题”时拉格朗日方程的简化。

【例 2.7】 求例 1.15 中所示双摆的平衡位置：

由 $Q_j=0$ 可得 $Q_\theta=-2mgl\sin\theta=0$，$Q_\varphi=-mgl\sin\varphi=0$

故平衡位置为(1) $\theta=\varphi=0$；(2) $\theta=0,\varphi=\pi$；(3) $\theta=\pi,\varphi=0$；(4) $\theta=\varphi=\pi$。

2.1.4.2　完整无多余坐标的保守系统的平衡条件

由无多余坐标的完整系统的平衡条件(2.1.47)及保守系统中广义力与势能的关系式(2.1.12)可得保守系统的平衡条件为

$$\frac{\partial V}{\partial q_j}=0\quad(j=1,\cdots,f) \tag{2.1.48}$$

【例 2.8】 已知质量为 m 的两个质点用一长度为 l_0、质量不计、弹性系数为 k 的弹性棒相连，并置于半径为 a 的光滑固定球壳内，如图 2.1.6 所示，弹性棒在圆球壳内所对应的角度为 φ，求平衡时 φ 应满足的方程。

系统势能为

$$V=V_k+V_g$$

$$V_k=-mga\sin\theta-mga\sin(\theta+\varphi)$$

$$V_k=\frac{1}{2}k\ (l-l_0)^2$$

其中 $l^2=2a^2(1-\cos\varphi)$

所以 $Q_\theta=-\frac{\partial V}{\partial\theta}=-mga\cos\theta-mga\cos(\theta+\varphi)$

由 $Q_\theta=0$ 可得 $\theta=\frac{1}{2}(\pi-\varphi)$

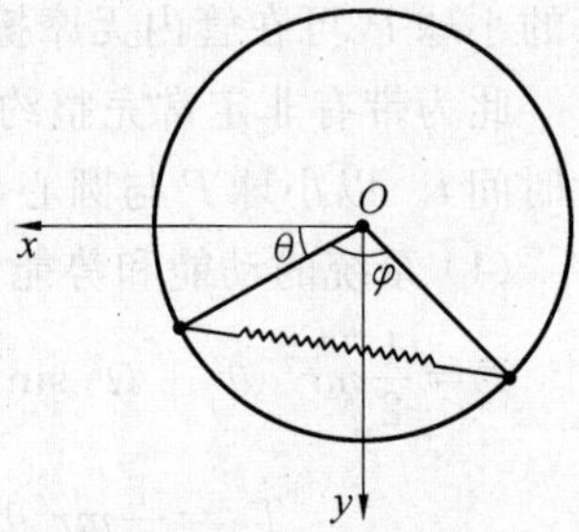

图 2.1.6

2.1.4.3 **相对平衡(完整且无多余坐标的系统)**

当考察质点系相对运动的参考系具有如下特点时:① 参考系的基点静止或做匀速直线运动;② 参考系相对过基点的某轴匀速转动。此时,质点系存在着相对这个角度的循环积分,系统的变势能即为式(2.1.28)。所有位置坐标和循环速度保持为常数的系统的运动称为相对平衡。相对平衡由下式来确定:

$$\frac{\partial V^*}{\partial q_j}=0\quad(j=1,\cdots,f)\tag{2.1.49}$$

式中 V^* —— 式(2.1.45)中定义的相对势能。

【例 2.9】 确定例 2.6 中小球在管内的相对平衡位置。

小球的相对势能为

$$V^*=V-T_0=-mr\left(g\cos\theta+\frac{1}{2}r\Omega^2\sin^2\theta\right)$$

$$\frac{\partial V^*}{\partial\theta}=mr\sin\theta(g-r\Omega^2\cos\theta)$$

当 $\frac{\partial V^*}{\partial\theta}=0$ 时,可得相对平衡位置为 $\theta_1=0,\theta_2=\arccos(g/r\Omega^2)$,$\theta_3=\pi$,其中 θ_2 仅在 $\Omega>\sqrt{g/r}$ 时存在。

§ 2.2 哈密顿正则方程

本节中所叙述的哈密顿正则方程与拉格朗日方程完全等价,其形式简洁而对称。与拉格朗日方程一样,哈密顿正则方程也只适用于不含多余坐标的完整系统。拉格朗日方程是一组以 f 个广义坐标 $q_j(j=1,\cdots,f)$ 为独立变量的二阶微分方程组,哈密顿正则方程以广义坐标和广义动量(取代广义速度)作为新的独立变量,是形式对称的 $2f$ 个变量的一阶微分方程组。

2.2.1 勒让德变换

勒让德变换是一个很有用的数学工具,它把空间上的函数变换成其对偶空间上的函数。

2.2.1.1 **勒让德变换的定义**

给出以 $x_1,\cdots,x_n$ 为变量的函数 $f(x_1,\cdots,x_n)$,其海斯式不等于零,即

$$\det \left\| \frac{\partial^2 f}{\partial x_i \partial x_j} \right\|_{i,j=1}^{n} \neq 0 \tag{2.2.1}$$

从变量 $x_1, \cdots, x_n$ 到变量 $y_1, \cdots, y_n$ 的变换由下式定义：

$$y_v = \frac{\partial f}{\partial x_v} \quad (v = 1, \cdots, n) \tag{2.2.2}$$

函数 $f(x_1, \cdots, x_n)$ 的勒让德变换是指由下式确定的新变量的函数 $\tilde{f}(y_1, \cdots, y_n)$ ：

$$\tilde{f}(y_1, \cdots, y_n) = \left[\sum_{v=1}^{n} x_v y_v - f(x_1, \cdots, x_n) \right] \Big|_{x_v = \tilde{x}_v} \tag{2.2.3}$$

其中，式(2.2.3)的右端变量 x_v 需借助方程(2.2.2)由新变量 $y_1, \cdots, y_n$ 表示出来，即将其写作

$$\tilde{x}_v = \tilde{x}_v(y_1, \cdots, y_n) \quad (v = 1, \cdots, n) \tag{2.2.4}$$

2.2.1.2　勒让德变换的性质

勒让德变换的一个重要性质即其具有逆变换，如果在勒让德变换下函数 f 变为 $\tilde{f}$，则勒让德变换的逆变换也可重新令 $\tilde{f}$ 变为 f。由式(2.2.3)对 $y_\mu (\mu = 1, \cdots, n)$ 求偏导，有

$$\frac{\partial \tilde{f}}{\partial y_\mu} = x_\mu + \sum_{v=1}^{n} y_v \frac{\partial x_v}{\partial y_\mu} - \sum_{v=1}^{n} \frac{\partial f}{\partial x_v} \cdot \frac{\partial x_v}{\partial y_\mu} = x_\mu \quad (\mu = 1, \cdots, n) \tag{2.2.5}$$

即当新变量为旧函数对旧变量的偏导数时，通过勒让德变换得到的新函数对新变量的偏导数就是旧变量。

2.2.2　哈密顿正则方程

2.2.2.1　正则变量(P_j, q_j)

记广义动量的定义为 $P_j (j = 1, \cdots, f)$，则有

$$P_j = \frac{\partial L}{\partial \dot{q}_j} = \frac{\partial T}{\partial \dot{q}_j} \quad (j = 1, \cdots, f) \tag{2.2.6}$$

由式(1.3.5)、(1.3.7)可得

$$P_j = \sum_{v=1}^{f} a_{jv} \dot{q}_v + a_j \quad (v = 1, \cdots, f) \tag{2.2.7}$$

式中　a_{jv}, a_j——$q_v (v = 1, \cdots, f)$ 和时间 t 的函数，其具体定义见式(1.3.6)。

质点系的动能 T 为广义速度的正定函数，因此函数 $a_{jv} (j, v = 1, \cdots, f)$ 应满足

$$\det(a_{jv}) \neq 0 \tag{2.2.8}$$

则由方程组(2.2.7)可解出

$$\dot{q}_v = \tilde{\dot{q}}_v (q_j, P_j, t) \quad (v = 1, \cdots, f) \tag{2.2.9}$$

上式括号中 q_j, P_j 表示广义坐标和广义动量共 $2f$ 个系统变量。将广义动量作为新变量替换作为旧变量的广义速度，则 q_j, P_j 可代替 $q_j, \dot{q}_j$ 作为系统的状态变量，称其为正则变量或哈密顿变量。这里，广义动量是广义速度的线性组合形式，因此正则变量也是系统的状态变量，所张成的 $2f$ 维空间为哈密顿形式的相空间。

2.2.2.2 **正则函数**

将拉格朗日函数 $L(q_j,\dot{q}_j,t)$ 对变量 $\dot{q}_j$ 进行勒让德变换，得到函数

$$H(q_j,P_j,t)=\left[\sum_{j=1}^{f}P_j\dot{q}_j-L(q_j,\dot{q}_j,t)\right]\Big|_{\dot{q}_j=\tilde{q}_j} \tag{2.2.10}$$

其中$\tilde{q}_j$ 由式

$$P_j=\frac{\partial L}{\partial \dot{q}_j}\quad (j=1,\cdots,f) \tag{2.2.11}$$

解出，即$\tilde{q}_j=\tilde{q}_j(P_1,\cdots,P_f,q_1,\cdots,q_f,t)$。在这个变换中将变量 q_j,t 视作参数，不参与变换，得到的函数 H 称为哈密顿函数。拉格朗日函数 $L(q_j,\dot{q}_j,t)$ 和哈密顿函数 $H(q_j,P_j,t)$ 都是系统的描述函数。

2.2.2.3 **正则方程**

作为动力学基本规律的不同导出形式，正则方程与拉格朗日方程是完全等价的，下面使用拉格朗日方程来推导哈密顿正则方程。

将哈密顿函数对变量 q_j 求偏导，由式(2.2.10)可得

$$\frac{\partial H}{\partial q_j}=-\frac{\partial L}{\partial q_j}\quad (j=1,\cdots,f) \tag{2.2.12}$$

将拉格朗日方程(2.1.16)变形为

$$-\frac{\partial L}{\partial q_j}=-\left[\frac{\mathrm{d}}{\mathrm{d}t}\left(\frac{\partial L}{\partial \dot{q}_j}\right)-Q_j^*\right]\quad (j=1,\cdots,f) \tag{2.2.13}$$

由广义动量表达式(2.2.11)可将式(2.2.13)转化为

$$-\frac{\partial L}{\partial q_j}=-\dot{P}_j+Q_j^*\quad (j=1,\cdots,f) \tag{2.2.14}$$

将上式代入式(2.2.12)可得

$$\frac{\partial H}{\partial q_j}=-\dot{P}_j+Q_j^*\quad (j=1,\cdots,f) \tag{2.2.15}$$

当主动力有势时，上式可表示为

$$\frac{\partial H}{\partial q_j}=-\dot{P}_j\quad (j=1,\cdots,f) \tag{2.2.16}$$

注意到勒让德变换的可逆性，直接可得

$$\frac{\partial H}{\partial P_j}=\dot{q}_j\quad (j=1,\cdots,f) \tag{2.2.17}$$

式(2.2.16)与(2.2.17)组成了 $2f$ 个方程的一阶微分方程组，称其为哈密顿正则方程。与拉格朗日方程相比，正则方程形式更简单，且具有对偶形式的结构。

2.2.3 正则方程的首次积分·哈密顿函数的物理意义

如同拉格朗日方程的求解分析一样，降低方程的阶数和维数是简化方程以便于求解的重要途径之一，而寻找系统的首次积分是方程降阶和降维的方法。因此对于正则方程而言，讨论首次积分问题同样是十分有意义的。类似于拉格朗日方程，讨论正则方程的首

次积分，首先需要假设系统上作用的主动力有势。

2.2.3.1　能量积分(哈密顿函数的物理意义)

设哈密顿函数 H 不显含时间 t，即$\dfrac{\partial H}{\partial t}=0$。

首先研究哈密顿函数(2.2.10)，对照式(2.1.41)可以看出哈密顿函数的物理意义就是系统的广义能量。计算 H 对 t 的全微分：

$$\frac{\mathrm{d}H}{\mathrm{d}t}=\sum_{j=1}^{f}\left(\frac{\partial H}{\partial q_j}\dot{q}_j+\frac{\partial H}{\partial p_j}\dot{P}_j\right)+\frac{\partial H}{\partial t} \tag{2.2.18}$$

由哈密顿正则方程(2.2.16)和(2.2.17)及 $\partial H/\partial t=0$ 可得

$$\frac{\mathrm{d}H}{\mathrm{d}t}=0 \tag{2.2.19}$$

从而得到广义能量积分：

$$H=C \tag{2.2.20}$$

考虑到式(2.1.42)，广义能量积分(2.2.20)也可写作与拉格朗日能量积分类似的形式：

$$H=T_2-T_0+V=C \tag{2.2.21}$$

如果系统为保守系统，则 $T_2=T, T_0=0$，因此广义能量积分(2.2.21)退化为系统的机械能守恒定律，此时哈密顿正则函数等于系统的总机械能。

2.2.3.2　循环积分

当 H 中不显含某个坐标 q_j 时，称其为循环坐标，有

$$\partial H/\partial q_j=0\quad(j=1,\cdots,m;m<f) \tag{2.2.22}$$

将式(2.2.22)代入正则方程(2.2.16)直接可得

$$\dot{P}_j=0\ 或\ P_j=C_j\quad(j=1,\cdots,m) \tag{2.2.23}$$

将上式代入哈密顿函数 $H(q_j,P_j,t)$ 中，并注意到存在循环积分时，H 中不显含相应的坐标，设存在 m 个循环坐标 $q_1,\cdots,q_m$，则此时的哈密顿函数为

$$H=H(q_{m+1},\cdots,q_f,P_{m+1},\cdots,P_f,C_1,\cdots,C_f,t) \tag{2.2.24}$$

由此建立哈密顿正则方程(2.2.16)和(2.2.17)，可以看出正则方程的个数从 $2f$ 个减少为 $2f-2m$ 个。对于一个力学系统，总是希望能够找到尽可能多的循环坐标，循环坐标越多，对于求解方程就越有利。

如果在哈密顿函数中存在循环坐标，则在拉格朗日函数中也一定存在相同的循环坐标，这一点可由式(2.2.12)直接说明。

【例 2.10】 已知质量为 m 的质点在重力场中沿铅垂线 x 运动，并受到一个与速度 $\dot{x}$ 平方成正比的阻尼，比例系数为 K，写出正则方程。

解　系统的拉格朗日函数为

$$L=T-V=\frac{1}{2}m\dot{x}^2-(-mgx)$$

则广义动量为 $P_x=\dfrac{\partial L}{\partial \dot{x}}=m\dot{x}$，有 $\dot{x}=\dfrac{P_x}{m}$。

哈密顿函数为

$$H=[P_x\dot{x}-L]\big|_{\dot{x}=\dot{x}(P_x)}=\frac{1}{2}\frac{P_x{}^2}{m}-mgx$$

哈密顿正则方程为

$$\dot{P}_x=-\frac{\partial H}{\partial x}+Q_x$$

由 $\boldsymbol{F}=-K\dot{x}^2\boldsymbol{e}_x$，可知 $Q_x=-K\dot{x}^2$。

因此有 $$\dot{x}=\frac{P}{m},\quad \dot{P}_x=mg-K\dot{x}^2$$

【例 2.11】 列出例 2.6 中小球运动的正则方程。

系统的广义动量为 $P=\frac{\partial L}{\partial\dot{\theta}}=mr^2\dot{\theta}$，有 $\dot{\theta}=\frac{P}{mr^2}$。

代入哈密顿函数 $H=T_2-T_0+V$ 中有

$$H=\frac{P^2}{2mr^2}-\frac{1}{2}mr(r\Omega^2\sin^2\theta+2g\cos\theta)$$

可得正则方程为

$$\dot{\theta}=\frac{P}{mr^2},\quad \dot{P}=mr\sin\theta(r\Omega^2\cos\theta-g)$$

§2.3 劳斯方程(完整系统)

劳斯于 1876 年给出了适用于完整系统的劳斯方程，提出了拉格朗日变量和哈密顿变量的组合变量，对具有循环坐标的系统使用方便简洁。劳斯指出，若系统存在循环坐标，则可将系统运动分解为“显”运动和“隐”运动两种运动。使用循环积分可将拉格朗日第二类方程降维，使得具有 f 个广义坐标的系统中保留 $f-m$ 个非循环坐标的拉格朗日方程，与 m 个循环积分方程组合，即得到了劳斯方程。劳斯方程中非循环坐标对应的方程具有拉格朗日方程的形式，循环坐标对应的方程即为循环积分，得到的系统运动方程即具有一定的物理意义，又简化了循环坐标对应运动的计算，同时，两种坐标对应的运动是分离开来的。

2.3.1 劳斯变量

为了描述完整系统的运动状态，劳斯给出了由拉格朗日变量和哈密顿变量组合而成的劳斯变量，其中对循环坐标使用哈密顿变量，对非循环广义坐标使用拉格朗日变量。定义劳斯变量为

$$q_v,P_v;q_j,\dot{q}_j\quad(v=1,\cdots,m;j=m+1,\cdots,f)\tag{2.3.1}$$

式中 m—— 循环坐标数，为任意小于 f 的常数。

2.3.2 劳斯函数

设完整系统的 f 个广义坐标中有 m 个循环坐标，其拉格朗日函数为

$$L=L(q_{m+1},\cdots,q_f,\dot{q}_1,\cdots,\dot{q}_f,t) \tag{2.3.2}$$

存在循环积分：

$$P_v=\frac{\partial L}{\partial \dot{q}_v}=C_v \quad (v=1,\cdots,m) \tag{2.3.3}$$

构造拉格朗日函数(2.3.2)的勒让德变换，以 $C_v(v=1,\cdots,m)$ 为新变量代替 $\dot{q}_v(v=1,\cdots,m)$，由式(2.2.3)可得

$$R=\left[\sum_{v=1}^{m}\dot{q}_v P_v - L\right]\Big|_{\dot{q}_v=\dot{q}_v(P_v)} \tag{2.3.4}$$

式(2.3.4)称为劳斯函数。

2.3.3　劳斯方程

由勒让德变换的可逆性式(2.2.5)及劳斯函数的定义(2.3.4)，可得

$$\frac{\partial R}{\partial \dot{q}_j}=-\frac{\partial L}{\partial \dot{q}_j},\quad \frac{\partial R}{\partial q_j}=-\frac{\partial L}{\partial q_j} \quad (j=m+1,\cdots,f) \tag{2.3.5}$$

将式(2.3.3)及其逆变换(2.2.9)代入拉格朗日方程(2.1.15)中，可得非循环坐标的劳斯方程为

$$\frac{\mathrm{d}}{\mathrm{d}t}\left(\frac{\partial R}{\partial \dot{q}_j}\right)-\frac{\partial R}{\partial q_j}=0 \quad (j=m+1,\cdots,f) \tag{2.3.6}$$

2.3.4　劳斯方程的首次积分

由于劳斯方程与拉格朗日方程具有相同形式的表达式，因而当 R 不显含时间 t 时，同样存在能量积分，即有

$$\sum_{j=m+1}^{f}\frac{\partial R}{\partial \dot{q}_j}\dot{q}_j - R=\mathrm{const} \tag{2.3.7}$$

或类似于拉格朗日函数的构造形式，将劳斯函数写成广义速度 $\dot{q}_j(j=m+1,\cdots,f)$ 的二次项、一次项和零次项函数之和，即

$$R=R_2+R_1+R_0 \tag{2.3.8}$$

根据欧拉齐次原理，可得

$$\sum_{j=m+1}^{f}\frac{\partial R}{\partial \dot{q}_j}\dot{q}_j=2R_2+R_1 \tag{2.3.9}$$

将式(2.2.32)和式(2.2.33)代入式(2.2.31)，可得能量积分为

$$R_2-R_0=\mathrm{const} \tag{2.3.10}$$

对于一个完整系统，如果存在 m 个循环积分，可以通过劳斯方法将拉格朗日方程中的拉格朗日函数 L 以劳斯函数 R 代替，二阶动力学微分方程的个数从 f 降低为 $f-m$。方程(2.2.30)完全确定非循环坐标 $q_j(j=m+1,\cdots,f)$ 的变化规律，循环坐标 $q_v(v=1,\cdots,m)$ 及其导数均已在方程中消失，因此也称循环坐标为可遗坐标，它所表示的运动通过积分常数 $C_j(j=1,2,\cdots,m)$ 在方程中间接地反映出来。若将非循环坐标表示的运动称为显运动，则可将循环坐标表示的运动称为隐运动。同样，能量积分(2.3.10)中的 R_2 可理解为显运动的动能，$-R_0$ 可理解为有势主动力的势能与隐运动引起的惯性

力场势能之和，称作劳斯势能。此时，能量积分(2.3.10)具有与广义能量积分类似的物理意义，即显运动动能与劳斯势能之和守恒。

【例 2.12】 空间球面摆如图 2.3.1 所示，列写劳斯方程并写出其首次积分。

系统的动势能分别为

$$T=\frac{1}{2}m\left[l^2\sin^2\theta\dot{\varphi}^2+l^2\dot{\theta}^2\right]$$

$$V=-mgl\cos\theta$$

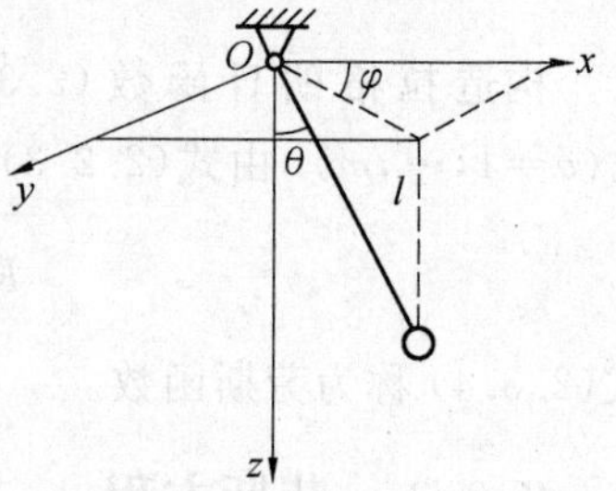

图 2.3.1

拉格朗日函数为 $L=T-V$

其中循环坐标为 φ，则广义动量为

$$P_\varphi=\frac{\partial L}{\partial\dot{\varphi}}=ml^2\sin^2\theta\dot{\varphi}=C_\varphi$$

有 $$\dot{\varphi}=\frac{C_\varphi}{ml^2\sin^2\theta}$$

劳斯函数为

$$R=\left[C_\varphi\dot{\varphi}-L\right]\Big|_{\dot{\varphi}=\dot{\varphi}(C_\varphi)}=\frac{1}{2}\frac{C_\varphi^2}{ml^2\sin^2\theta}-\frac{1}{2}ml^2\dot{\theta}^2+mgl\cos\theta$$

对非循环坐标 θ，代入劳斯方程 $\frac{\mathrm{d}}{\mathrm{d}t}\frac{\partial R}{\partial\dot{\theta}}-\frac{\partial R}{\partial\theta}=0$，有

$$\ddot{\theta}-\frac{C_\varphi{}^2}{m^2l^4}\frac{\cot\theta}{\sin^2\theta}-\frac{g}{l}\sin\theta=0$$

能量积分为 $R_2-R_0=-\frac{1}{2}ml^2\dot{\theta}^2-\frac{1}{2}\frac{C_\varphi^2}{ml^2\sin^2\theta}-mgl\cos\theta=\mathrm{const}$

习　　题

1. 如图所示，密度为 ρ 的均质链条两端分别连接质量为 m_A 和 m_B 的小球，放置在半径为 R 的光滑圆柱面上，其圆心为 O，夹角 $\angle AOB$ 由 θ 表示，求平衡时 OB 与水平线的夹角 φ。

2. 如图所示，长度为 l，质量为 m 的均质杆 OA 一端与 O 点铰接，另一端与无质量杆 ABC 连接，杆可通过 B 点处的铰链滑动，$OB=OA=l$。弹簧的刚度系数为 k，当 $\varphi=0$ 时，处于未变形状态。试说明，若适当选择弹簧的刚度系数 k，杆 OA 在任何位置均能处于平衡状态。

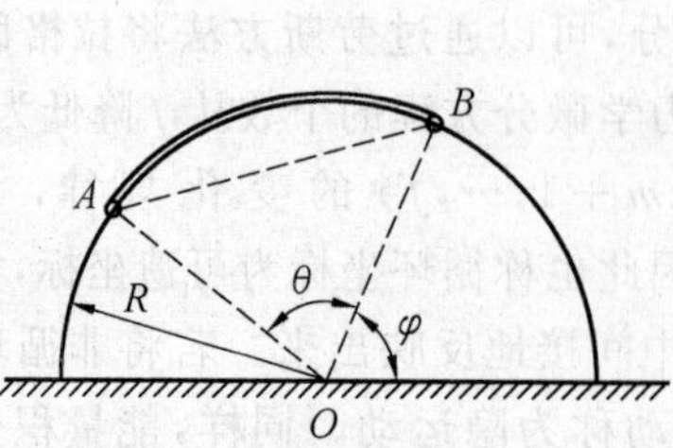

1 题图

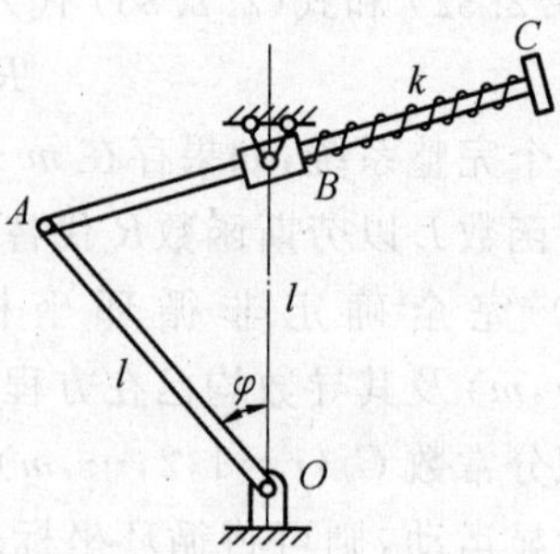

2 题图

3. 如图所示系统中，长度为 l 质量为 m 的均质杆 OA 一端与地面的支座 O 铰接，另一端通过刚度系数为 k 的弹簧与天花板上的支座 O_1 连接，$OO_1=2l$ 沿铅垂方向。当 OA 杆直立时，弹簧不受力，求杆的平衡位置。

4. 如图所示，两质量同为 m 的球 A，B 与 4 根长度均为 l 的细杆组成的系统始终位于同一铅垂面内，并可绕铅垂线 OC 转动，套筒 C 可沿此轴上下无摩擦地滑动（瓦特离心调速器）。当系统以匀角速度 Ω 绕 OC 轴转动时，称其做稳态运动，求此时杆与 OC 轴的夹角 α。

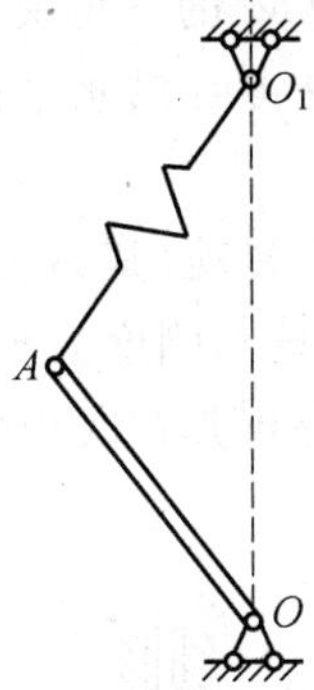

3 题图

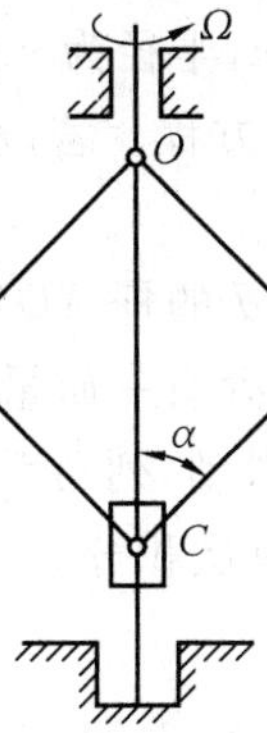

4 题图

5. 如图所示，质量为 m 的小环 A 沿半径为 R 的光滑圆环运动，圆环绕点 O 在水平面内转动。不计圆环质量，求系统的运动微分方程。

6. 图示圆盘质量为 M，半径为 R，通过刚度为 k 的弹簧与墙壁相连接。圆盘在倾角为 α 的斜面上做纯滚动，弹簧原长为 l_0，列写系统的运动微分方程。

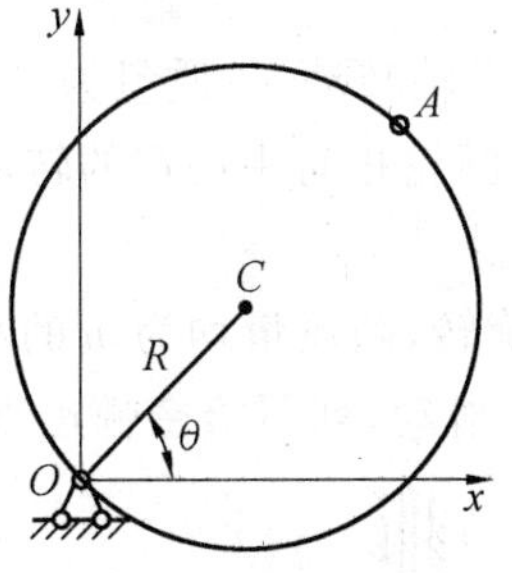

5 题图

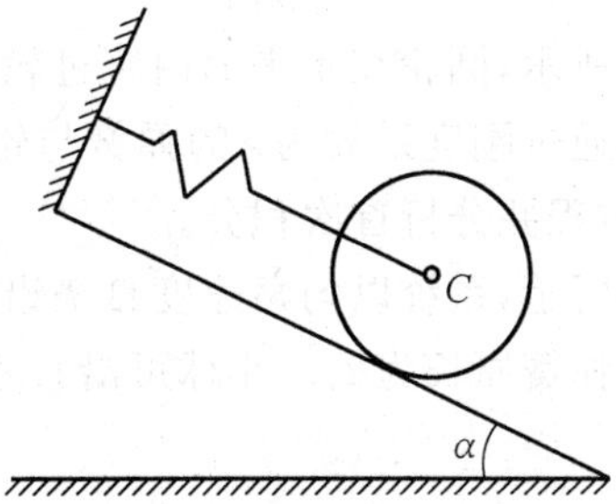

6 题图

7. 如图所示，质量为 M 的立方体 A 具有半径为 R 的圆柱形空腔，内有一质量为 m，半径为 r 的匀质圆柱在空腔内做纯滚动。立方体通过刚度为 k 的弹簧与墙壁相连，列写系统的运动微分方程。

8. 如图所示，质量为 m_1 和 m_2 的质点由长为 l 的无质量细杆相连，在半径为 R 的球壳内运动，列写系统的运动微分方程。

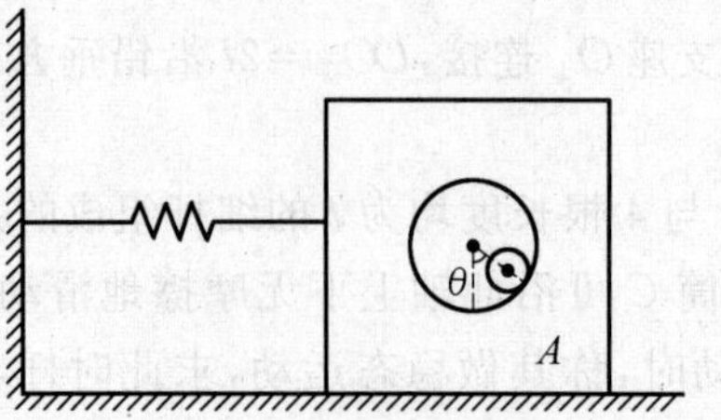

7 题图

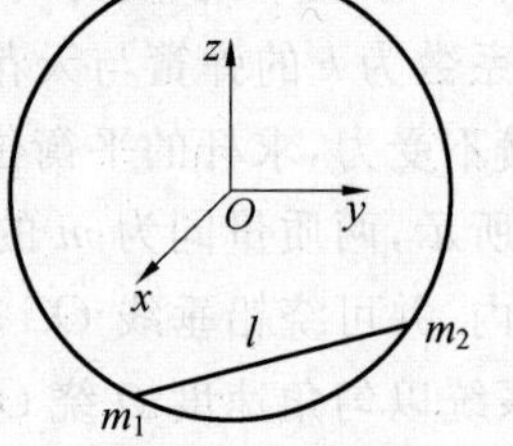

8 题图

9. 如图所示，质量为 m，半径为 r 的圆盘沿质量为 M 的三角块斜面无滑动地滚动，斜面倾角为 α，列写运动微分方程。若设三角块以匀加速度 a 沿水平面平动，重新列写其运动微分方程。

10. 如图所示，长度为 d 的杆 AD 可绕铅垂轴 OE 转动，其 A 点处与另一长度为 l 的 AB 杆铰接。AB 杆的末端处有一质量为 m 的小球，小球与刚度为 k 的弹簧相连，弹簧另一端通过小环 C 可沿 OE 轴滑动，列写系统微分方程并分析其首次积分。若设 OE 轴以角速度 Ω 匀速转动，再分析其首次积分。

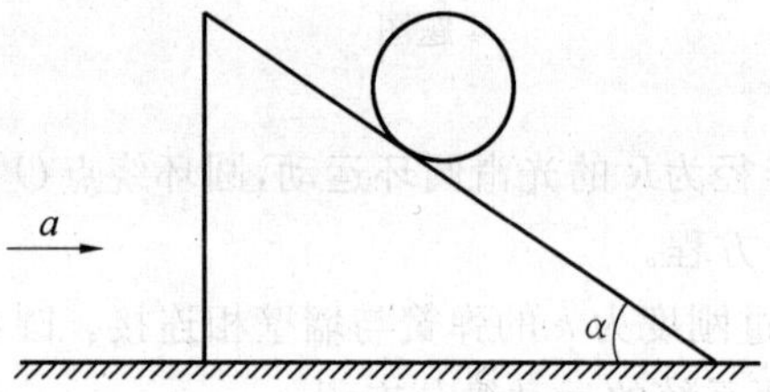

9 题图

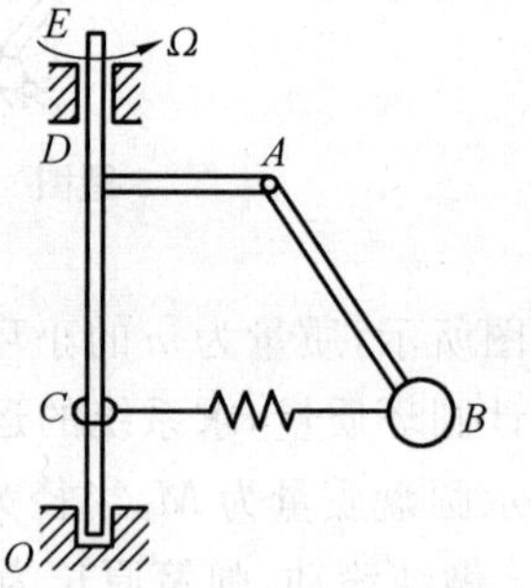

10 题图

11. 如图所示，圆轮在水平面内绕过轮心 O 的铅垂轴转动，一质量为 m 的滑块 A 套在轮的轮辐上，通过刚度系数为 k 的弹簧与轮心相连。圆轮相对中心 O 的转动惯量为 J_O，列写运动微分方程并分析首次积分。

12. 如图所示，系统以匀角速度 Ω 绕铅垂轴 AB 旋转，两质量均为 m 的小球由刚度为 k 的弹簧相连，弹簧原长为 l_0。小球可沿直管无摩擦地滑动，列写哈密顿正则方程。

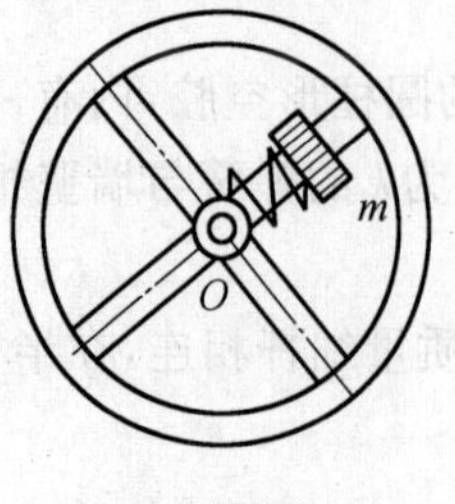

11 题图

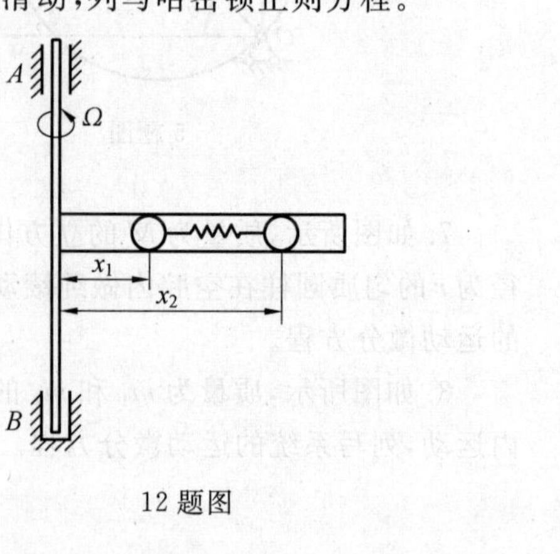

12 题图

第 3 章　非完整系统动力学微分方程

第 2 章中我们介绍了完整系统动力学的经典方程，本章来研究非完整系统动力学方程。拉格朗日最初提出分析力学的基本思想、得到的经典拉格朗日方程(第二类）只是针对完整系统，后经哈密顿等人完善发展，使得完整系统动力学研究日臻完善，但是在当时还没有系统地认识到非完整系统动力学问题。直到1894年德国科学家Hertz首次提出将约束分为完整和非完整两类，正式明确了非完整系统的定义，由此开始了非完整系统动力学的研究。实际上，许多完整系统为便于分析，常常会引入多余坐标，对于有多余坐标的完整系统也需要使用非完整系统的分析方法。同时，非完整系统分析方法也适用于完整系统，具有更高的普适性。

20 世纪初期非完整系统动力学的研究成果主要包括拉格朗日(Lagrange) 第一类方程、劳斯(Routh) 方程、马可 — 米兰(Mac-Millan) 方程、沃特拉(Volterra) 方程、阿贝尔(Appell) 方程、强普里亚金(Чаплыгин) 方程、瓦伦涅茨(Воронец) 方程、巴慈曼 — 汉米尔(Boltzmann-Hamel) 方程、尼尔森(Nielsen) 方程、采诺夫(Ценов) 方程等。这些方程在整体上可划分为两类，一类是引入拉格朗日乘子，将约束力通过乘子的函数形式表现在动力学方程中，如拉格朗日乘子法。乘子类方法的特点是物理意义明确，并且能够求出系统的约束力。其状态变量为广义坐标及广义速度，并可由约束方程得到笛卡尔坐标及速度，但是由于乘子的引入而必须在求解中使用约束方程，使得动力学方程个数多于广义坐标数，得到的系统动力学方程为微分代数方程。另一类方法基于准速度的概念，如阿贝尔方程等。此类方法得到的动力学方程为纯微分方程，个数等于自由度数，但是方程变量为准坐标，物理意义不明确。两类方法各具特色，均得到了广泛的应用。

随着计算技术的高度发展，非完整系统动力学建模方法以其万能性得到了高度重视，非完整系统动力学的基础理论研究，以及寻求具有清晰物理意义又便于计算编程的建模方法是主要研究内容。1965 年，凯恩(Kane) 提出了一种结合矢量力学与广义坐标描述的动力学建模方法，得到了具有清晰物理意义且便于编程计算的凯恩方程。凯恩方程的上述特征引起了研究者的极大兴趣，对其进行了一系列的研究推广，在现代工程中占据了日益重要的地位。

本章主要介绍经典非完整系统动力学方程，包括拉格朗日乘子法的两类方程和阿贝尔方程以及凯恩方程。

§ 3.1 拉格朗日乘子法·拉格朗日第一类方程与劳斯方程

拉格朗日乘子法是处理非完整系统的一种实用方法,对应于数学分析中的乘子法,其主要思想是通过乘子的引入将约束力表现在动力学方程中。拉格朗日乘子法包括拉格朗日第一类方程和劳斯方程,它们的区别在于前者使用笛卡尔坐标,而后者使用广义坐标。

3.1.1 第一类拉格朗日方程

设质点系由 N 个质点 $P_i\,(i=1,\cdots,N)$ 组成,系统上作用 r 个完整约束和 s 个线性非完整约束,这里,约束方程可统一写作形如式(1.1.5)的微分形式:

$$\sum_{i=1}^{3N} A_{ki}\,\mathrm{d}x_i + A_{k0}\,\mathrm{d}t = 0 \quad (k=1,\cdots,r+s) \tag{3.1.1}$$

虚位移的约束条件为

$$\sum_{i=1}^{3N} A_{ki}\delta x_i = 0 \quad (k=1,\cdots,r+s) \tag{3.1.2}$$

动力学普遍方程(1.2.4)的标量形式为

$$\sum_{i=1}^{3N}(F_i - m_i\ddot{x}_i)\delta x_i = 0 \tag{3.1.3}$$

由于存在 $r+s$ 个约束条件(3.1.2),在 $3N$ 个坐标变分 $\delta x_i\,(i=1,\cdots,3N)$ 中只有 $f=3N-r-s$ 个独立变量,类似于线性方程组解的最大无关组,独立的变量可任意选择。

引入 $r+s$ 个未定乘子 λ_k,分别与式(3.1.2)中标号相同的各式相乘,然后将它们的和与式(3.1.3)相加,得到

$$\sum_{i=1}^{3N}\Big(F_i - m_i\ddot{x}_i + \sum_{k=1}^{r+s}\lambda_k A_{ki}\Big)\delta x_i = 0 \tag{3.1.4}$$

如果适当选取 $r+s$ 个待定乘子 λ_k,使得上式中 $r+s$ 个预先任意选定的不独立坐标变分 $\delta x_i\,(i=1,\cdots,r+s)$ 前的系数等于零,可得到 $r+s$ 个方程。这样在方程(3.1.4)中还有 $3n-r-s=f$ 个独立的坐标变分 $\delta x_i\,(i=r+s+1,\cdots,3N)$。由这 f 个坐标变分独立,可知使方程(3.1.4)成立的必要充分条件是各坐标变分前的系数等于零,从而得到 f 个方程,连同已得到的 $r+s$ 个方程,共可列出 $f+r+s=3N$ 个方程:

$$F_i - m_i\ddot{x}_i + \sum_{k=1}^{r+s}\lambda_k A_{ki} = 0 \quad (i=1,\cdots,3N) \tag{3.1.5}$$

方程组包含 $r+s$ 个待定乘子 $\lambda_k\,(k=1,\cdots,r+s)$,称其为拉格朗日乘子。应当注意到,方程组(3.1.5)是不封闭的,因为方程中除未知的质点坐标 $x_i\,(i=1,\cdots,3N)$ 外,还包括待定的拉格朗日乘子 $\lambda_k\,(k=1,\cdots,r+s)$,共计 $3N+r+s$ 个未知变量,因此还必须加入 r 个完整约束方程和 s 个线性非完整约束方程才能求解,得到的方程组称为第一类拉格朗日方程。

3.1.2 拉格朗日乘子的物理意义

下面使用拉格朗日乘子法对一个具体系统列写动力学方程,并通过与牛顿第二定律

比较来说明拉格朗日乘子的物理意义。设一质点在固定曲面 $f(x_1,x_2,x_3)=0$ 上运动，取 λ 为拉格朗日乘子，其第一类拉格朗日方程为

$$F_i - m_i\ddot{x}_i + \lambda\left(\frac{\partial f}{\partial x_i}\right)=0 \quad (i=1,2,3) \tag{3.1.6}$$

对其进行简单变形可得

$$m_i\ddot{x}_i = F_i + \lambda\left(\frac{\partial f}{\partial x_i}\right) \quad (i=1,2,3) \tag{3.1.7}$$

将上式与牛顿第二定律：

$$m_i\ddot{x}_i = F_i + N_i \quad (i=1,2,3) \tag{3.1.8}$$

相比较，得到

$$\lambda\left(\frac{\partial f}{\partial x_i}\right)=N_i \quad (i=1,2,3) \tag{3.1.9}$$

由此可以看出约束力与拉格朗日乘子之间的关系。拉格朗日第一类方程的推导基于动力学普遍方程，因此其中不会出现约束力。但是由于拉格朗日乘子的引入，使得约束力通过乘子表现在方程中。对于本例的单质点情形，拉格朗日乘子正比于约束力，类似可推广于对于质点系情形，也可得到的拉格朗日乘子与约束力之间的关系式。特别应当指出的是，拉格朗日第一类方程的这一特点使得系统的约束力可求。此外，尽管方程的未知变量和个数都有所增加，但其建模过程极为程式化，便于计算机编程，因此在工程技术中具有广泛的应用空间。

【例 3.1】　建立空间球面摆的第一类拉格朗日方程，设摆长为 l，质量为 m，重力沿 z 轴负向。

写出约束方程：

$$f: x_1^2 + x_2^2 + x_3^2 - l^2 = 0$$

其变分式为

$$x_1\delta x_1 + x_2\delta x_2 + x_3\delta x_3 = 0$$

其中

$$A_1 = x_1, \quad A_2 = x_2, \quad A_3 = x_3$$

主动力

$$\boldsymbol{F} = (0,0,-mg)^{\mathrm{T}}$$

代入拉格朗日第一类方程，有

$$\begin{cases} -m\ddot{x}_1 + \lambda x_1 = 0 \\ -m\ddot{x}_2 + \lambda x_2 = 0 \\ -m\ddot{x}_3 + \lambda x_3 - mg = 0 \end{cases}$$

与约束方程 f 联立，方程组封闭。

【例 3.2】　长度为 l 的无质量杆一端由球铰 O 与支座固定，如图 3.1.1 所示，另一端连接一质量为 m 的小球 A，长度为 h 的软绳一端固定于点 C，另一端固定于杆上的点 O，BO 的距离为 b，平衡时 OA 水平，而 BC 垂直。试用拉格朗日乘子法建立小球运动的微分方程。

小球 A 具有 1 个自由度，设小球的坐标为 (x_1,x_2,x_3)，如图 3.1.1 所示，则点 B 的坐标为 $bx_1/l, bx_2/l, bx_3/l$。由于 OA 和 BC 的长度不变，可列出两个约束方程：

$$\begin{cases} f_1: x_1^2+x_2^2+x_3^2-l^2=0 \\ f_2: \left(\dfrac{bx_1}{l}-b\right)^2+\left(\dfrac{bx_2}{l}-h\right)^2+\left(\dfrac{bx_3}{l}\right)^2-h^2=0 \end{cases}$$

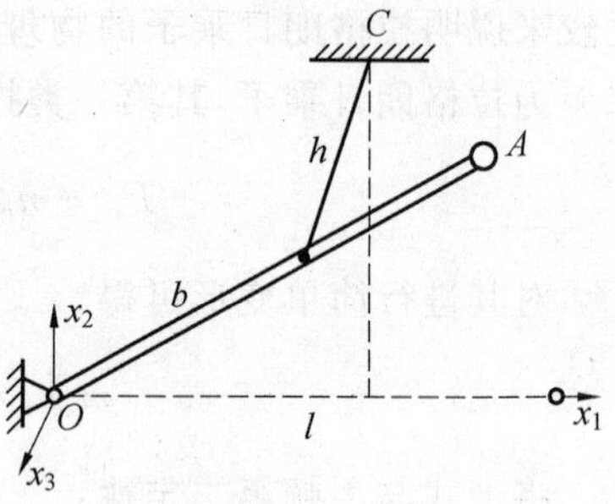

图 3.1.1

写出约束方程的变分式：

$$\begin{cases} x_1\delta x_1+x_2\delta x_2+x_3\delta x_3=0 \\ b^2(x_1-l)\delta x_1+b(bx_2-hl)\delta x_2+b^2x_3\delta x_3=0 \end{cases}$$

小球 A 受到主动力为

$$F_1=0,\quad F_2=-mg,\quad F_3=0$$

代入拉格朗日第一类方程，有

$$\begin{cases} m\ddot{x}_1=\lambda_1x_1+\lambda_2b^2(x_1-l) \\ m\ddot{x}_2=-mg+\lambda_1x_2+\lambda_2b(bx_2-hl) \\ m\ddot{x}_3=\lambda_1x_3+\lambda_2b^2x_3 \end{cases}$$

将其与约束方程 f 联立，可确定小球的运动规律。

3.1.3　劳斯方程(非完整系统)

前面给出的适用于非完整系统的拉格朗日第一类方程是以笛卡尔坐标来描述系统运动的，方程的变量数较多，而不便求解。如果选取广义坐标来描述系统的运动，则使描述系统的参数减少，有效地减少了方程中的变量数。这就是劳斯方程的基本思想。

设由 N 个质点 $P_i(i=1,\cdots,N)$ 组成的质点系，其上作用 r 个完整约束和 s 个线性非完整约束。选择 $l=3N-r$ 个广义坐标 $q_j(j=1,\cdots,l)$，由其表示笛卡尔坐标，有

$$x_i=x_i(q_1,\cdots,q_l,t)\qquad(i=1,\cdots,3N)$$

非完整约束方程形如式(1.1.12)所示，可写作

$$\sum_{j=1}^{l}B_{kj}dq_j+B_{k0}\,\mathrm{d}t=0\qquad(k=1,\cdots,s)\tag{3.1.10}$$

从上式导出广义坐标的等时变分 $\delta q_j(j=1,\cdots,l)$ 应满足的约束条件：

$$\sum_{j=1}^{l}B_{kj}\delta q_j=0\qquad(k=1,2,\cdots,s)\tag{3.1.11}$$

将式(3.1.11)的每个方程乘以标号相同的拉格朗日乘子 λ_k，求和后与动能形式的动力学普遍方程(2.1.9)相加，得到

$$\sum_{j=1}^{l}\left[Q_j-\frac{\mathrm{d}}{\mathrm{d}t}\left(\frac{\partial T}{\partial\dot{q}_j}\right)+\frac{\partial T}{\partial q_j}+\sum_{k=1}^{S}\lambda_kB_{kj}\right]\delta q_j=0\tag{3.1.12}$$

如果选择适当的 s 个待定乘子 λ_k，使式(3.1.12)中 s 个事先指定的独立变分 δq_j $(j=1,\cdots,s)$ 之前的系数等于零，可得到 s 个方程，方程(3.1.12)中只剩下 $l-s$ 个独立坐标变分 $\delta q_j(j=s+1,\cdots,l)$。由这 $l-s$ 个坐标变分独立，方程(3.1.12)成立的充分必要条件就是各坐标变分前的系数等于零，由此得到 $l-s$ 个方程，连同前面得到的 s 个方程，总共得到 l 个方程：

$$\frac{\mathrm{d}}{\mathrm{d}t}\left(\frac{\partial T}{\partial\dot{q}_j}\right)-\frac{\partial T}{\partial q_j}=Q_j+\sum_{k=1}^{s}\lambda_kB_{kj}\qquad(j=1,\cdots,l)\tag{3.1.13}$$

将这 l 个方程与 s 个非完整约束条件(1.1.12)联立，共计 $l+s$ 个方程，可确定 l 个坐

标和 s 个拉格朗日乘子，方程组封闭。方程(3.1.13)由费勒斯(Ferrers)于1873年及劳斯(Routh)于1884年导出，通常称其为劳斯方程。方程右边含拉格朗日乘子的附加项可理解为是对应于广义坐标 q_j 的广义约束力。

【例3.3】 希立克测振仪由小球 A 和无质量杆组成，如图3.1.2所示。O，B 均为圆柱铰，O' 为滑移铰，设小球质量为 m，试用劳斯方程列写其运动微分方程。

约束条件为

$$a^2+x^2-2ax\cos\varphi-b^2=0$$

其变分形式为

$$(x-a\cos\varphi)\delta x+ax\sin\varphi\delta\varphi=0$$

系统的动能和势能分别为

$$T=\frac{1}{2}m[\dot{x}^2+(x+c)^2\dot{\varphi}^2]$$

$$V=-mg(x+c)\cos\varphi$$

代入劳斯方程，并注意到 $Q_j=-\partial V/\partial q_j$，$(j=x,\varphi)$，有

$$\begin{cases}(x+c)^2\ddot{\varphi}+2(x+c)\dot{x}\dot{\varphi}=-mg(x+x)\sin\varphi+\lambda ax\sin\varphi\\ m\ddot{x}-m(x+c)\dot{\varphi}^2=mg\cos\varphi+a(x-a\cos\varphi)\end{cases}$$

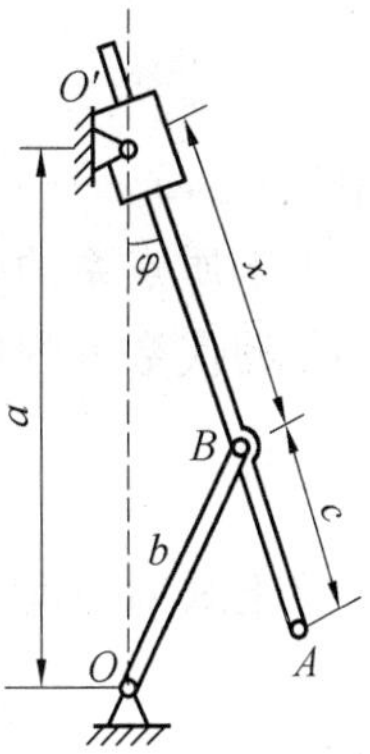

图3.1.2

系统的运动由动力学方程与约束方程共同确定。

【例3.4】 在倾角为 α 的冰面上运动的冰刀简化为长度为 l 的均质杆 AB，如图3.1.3所示，其质心 O_c 的速度方向保持与刀刃 AB 一致。用劳斯方程建立其运动微分方程。

选择 x_c，y_c，θ 为坐标，应满足非完整约束条件：

(1) $\dot{y}_c\cos\theta-\dot{x}_c\sin\theta=0$。

(2) 其变分形式为 $\cos\theta\delta y_c-\sin\theta\delta x_c=0$。

(3) 冰刀的动能和势能分别为

$$T=\frac{1}{2}(\dot{x}_c^2+\dot{y}_c^2)+\frac{1}{2}\left(\frac{1}{12}ml^2\right)\dot{\theta}^2$$

$$V=mgy_c\sin\alpha$$

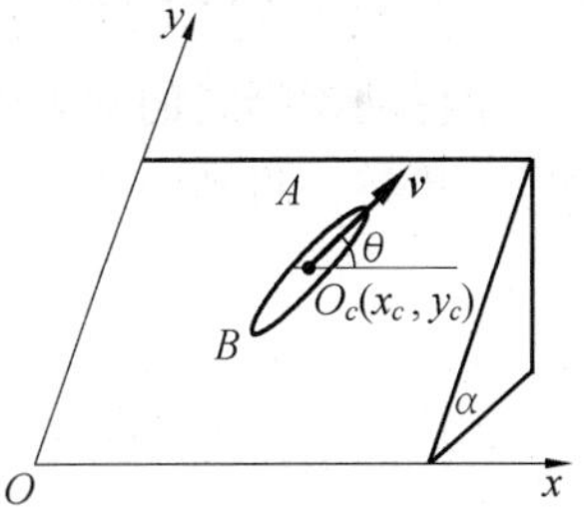

图3.1.3

(4) 代入劳斯方程，有

$$\begin{cases}m\ddot{x}_c=-\lambda\sin\theta\\ m\ddot{y}_c+mg\sin\alpha=\lambda\cos\theta\\ \ddot{\theta}=0\end{cases}$$

动力学方程与约束方程共同确定冰刀的运动规律。

§3.2　阿贝尔方程

非完整系统中由于非完整约束的存在使得广义坐标变分不独立，拉格朗日乘子类方法通过引入乘子调整不独立的广义坐标变分系数解决这一问题，但是方程的个数也相应的增多。能否在不增加方程个数的前提下解决非完整系统的动力学问题呢？1899年法国数学家阿贝尔引入独立的速度变量，即准速度，由虚功率形式的动力学普遍方程推导得

到了阿贝尔方程，其方程个数与系统自由度数相等，开辟了解决非完整系统动力学问题的另一思路。

3.2.1 准速度表示的广义速度

准速度的定义式(1.1.17)可写作

$$u_v=\sum_{j=1}^{l}a_{vj}\dot{q}_j+a_{v0}\quad(v=1,\cdots,f)\tag{3.2.1}$$

式中 a_{vj}，a_{v0}——均为 q_j 和 t 的函数。

由于质点系的自由度为 f，准速度之间是彼此独立的，与式(1.1.12)共构成了 l 个线性无关的代数方程组。可从中解出 $\dot{q}_j$，得到

$$\dot{q}_j=\sum_{v=1}^{f}h_{jv}u_v+h_{j0}\quad(j=1,\cdots,l)\tag{3.2.2}$$

将上式对时间 t 再微分一次，得到

$$\ddot{q}_j=\sum_{v=1}^{f}h_{jv}\dot{u}_v+(\text{与 }\dot{u}_v\text{ 无关项})\quad(j=1,\cdots,l)\tag{3.2.3}$$

式中参数 h_{jv} 应满足：

$$h_{jv}=\frac{\partial\dot{q}_j}{\partial u_v}=\frac{\partial\ddot{q}_j}{\partial\dot{u}_v}\quad(j=1,\cdots,l;v=1,\cdots,f)\tag{3.2.4}$$

3.2.2 阿贝尔方程

由虚功率形式的动力学普遍方程(1.2.6)，限制虚速度为小量，将变更符号 Δ 由变分符号 δ 代替。得到

$$\sum_{i=1}^{N}(\boldsymbol{F}_i-m_i\ddot{\boldsymbol{r}}_i)\cdot\delta\dot{\boldsymbol{r}}_i=0\tag{3.2.5}$$

各质点的速度 $\dot{\boldsymbol{r}}_i(i=1,\cdots,N)$ 由广义速度 $\dot{q}_j$ 表示为

$$\dot{\boldsymbol{r}}_i=\dot{\boldsymbol{r}}_i(\dot{q}_1,\dot{q}_2,\cdots,\dot{q}_l;q_1,\cdots,q_l,t)\quad(i=1,\cdots,N)\tag{3.2.6}$$

计算各个质点在同一时间同一位置的速度变分，可得

$$\delta\dot{\boldsymbol{r}}_i=\sum_{j=1}^{l}\frac{\partial\dot{\boldsymbol{r}}}{\partial q_j}\delta\dot{q}_j\quad(i=1,\cdots,N)\tag{3.2.7}$$

将式(3.2.7)中的 $\delta\dot{q}_j$ 以准速度变分 δu_v 表示，即

$$\delta\dot{q}_j=\sum_{v=1}^{f}h_{jv}\delta u_v\tag{3.2.8}$$

将式(3.2.6)对 t 再微分一次得到

$$\ddot{\boldsymbol{r}}_i=\sum_{j=1}^{f}\frac{\partial\dot{\boldsymbol{r}}_i}{\partial\dot{q}_j}\ddot{q}_j+(\text{与 }\ddot{q}_j\text{ 无关项})\quad(i=1,\cdots,N)\tag{3.2.9}$$

由上式及(2.1.6)可得

$$\frac{\partial\ddot{\boldsymbol{r}}_i}{\partial\ddot{q}_j}=\frac{\partial\dot{\boldsymbol{r}}_i}{\partial\dot{q}_j}=\frac{\partial\boldsymbol{r}_i}{\partial q_j}\quad(i=1,\cdots,N;j=1,\cdots,l)\tag{3.2.10}$$

将式(3.2.7),(3.2.8)和(3.2.10)代入动力学普遍方程(3.2.5),适当改变求和次序,得到

$$\sum_{v=1}^{f}\left[\sum_{j=1}^{l}\left(\sum_{i=1}^{N}\boldsymbol{F}_i\cdot\frac{\partial \boldsymbol{r}_i}{\partial q_j}\right)h_{jv}-\sum_{i=1}^{N}m_i\ddot{\boldsymbol{r}}_i\left(\sum_{j=1}^{l}\frac{\partial \ddot{\boldsymbol{r}}_i}{\partial \ddot{q}_j}h_{jv}\right)\right]\delta u_v=0 \tag{3.2.11}$$

上式第一项圆括号内的和式,即为式(1.4.8)所定义的广义力 $Q_j(j=1,\cdots,l)$ 。将式(3.2.4)代入上式第二项,可得

$$\sum_{j=1}^{l}\frac{\partial \ddot{\boldsymbol{r}}_i}{\partial \ddot{q}_j}h_{jv}=\sum_{j=1}^{l}\frac{\partial \ddot{\boldsymbol{r}}_i}{\partial \ddot{q}_j}\frac{\partial \ddot{q}_j}{\partial \dot{u}_v}=\frac{\partial \ddot{\boldsymbol{r}}_i}{\partial \dot{u}_v}\quad(i=1,\cdots,N;v=1,\cdots,f) \tag{3.2.12}$$

整理式(3.2.11),有

$$\sum_{v=1}^{f}\left(\sum_{j=1}^{l}Q_jh_{jv}-\sum_{j=1}^{N}m_i\ddot{\boldsymbol{r}}_i\cdot\frac{\partial \ddot{\boldsymbol{r}}_i}{\partial \dot{u}_v}\right)\delta u_v=0 \tag{3.2.13}$$

引入以下定义:

$$\tilde{Q}_v=\sum_{j=1}^{l}Q_jh_{jv}\quad(v=1,\cdots,f) \tag{3.2.14}$$

$$G=\sum_{i=1}^{N}\frac{1}{2}m_i\ddot{\boldsymbol{r}}_i\cdot\ddot{\boldsymbol{r}}_i \tag{3.2.15}$$

$\tilde{Q}_v(v=1,\cdots,f)$ 称为与准速度 u_v 对应的广义力,G 称为质点系的加速度能量或吉布斯函数,是系统的动力学函数。注意到,加速度能只是一种定义方式,虽然与动能表达式相类似,但并不具有能量的含义。此时,可将方程(3.2.13)写作

$$\sum_{v=1}^{f}\left(\tilde{Q}_v-\frac{\partial G}{\partial \dot{u}_v}\right)\delta u_v=0 \tag{3.2.16}$$

由于 $\delta u_v(v=1,\cdots,l-s)$ 为独立变分,方程(3.2.16)成立的必要充分条件为各变分前的系数为零,从而导出 f 个独立的运动微分方程:

$$\frac{\partial G}{\partial \dot{u}_v}=\tilde{Q}_v\quad(v=1,\cdots,f) \tag{3.2.17}$$

应当说明的是,虽然现在我们是以阿贝尔的名字命名这组动力学方程,但是同样的结果更早由吉布斯(Gibbs. W)于 1879 年得到,所以动力学方程中的 G 函数称为吉布斯函数。阿贝尔方程形式简洁,方程个数等于系统自由度数,其构建的关键在于吉布斯函数的列写及求导。

§3.3　凯恩方程

1961 年美国学者 T. R. Kane 给出动力学方程的一种新形式,称为凯恩方程或凯恩方法。凯恩方程的主要优点是特别适用于复杂力学系统,如果应用得当,可以简化建立动力学方程的过程,而便于使用计算机进行计算。由于现代科学的发展,要求求解广义坐标数很大的多自由度力学问题,而计算技术的发展又为求解此类力学问题的运动方程提供了数值解的途径。对这类系统,通常用拉格朗日方法建立方程十分烦琐,T. R. Kane 教授借

助于他提出的“偏速度”“偏角速度”和“广义速率”等概念建立了凯恩方程，不仅能简明地建立多自由度力学系统的动力学方程，而且能直接导出便于使用计算机计算的形式。凯恩方程已被广泛地应用于航天力学、多刚体和机器人动力学以及各种工程问题中。

设系统由 N 个质点 $P_i(i=1,2,\cdots,N)$ 组成，其上作用 r 个完整约束和 s 个非完整约束。凯恩方法以准速度作为系统的独立变量，称其为广义速率。选择 f 个广义速率 $u_v(v=1,\cdots,f)$，将系统内各质点 P_i 的速度$\boldsymbol{V}_i=\dot{\boldsymbol{r}}_i$ 唯一地表示为广义速率的线性组合：

$$\boldsymbol{V}_i=\sum_{v=1}^{f}\boldsymbol{V}_i^{(v)}u_v+\boldsymbol{V}_i^{(0)} \quad (i=1,\cdots,N) \tag{3.3.1}$$

矢量系数$\boldsymbol{V}_i^{(v)}$ $(v=0,1,\cdots,f)$ 均为q_j $(j=1,\cdots,l)$ 和t 的函数，称$\boldsymbol{V}_i^{(v)}$ 为第i质点的第 v 阶偏速度。注意到，这里广义速率 u_v是具有速度或角速度量纲的标量，而偏速度是一个矢量，但不具有速度的量纲。对式(3.3.1) 各项取速度变分，用独立的广义速率变分 δu_v 表示各质点速度的变分，有

$$\delta\boldsymbol{V}_i=\sum_{v=1}^{f}\boldsymbol{V}_i^{(v)}\delta u_v \quad (i=1,\cdots,N) \tag{3.3.2}$$

将式(3.3.2) 代入虚功率形式的动力学普遍方程(3.2.5)，定义$\boldsymbol{F}_i^*=-m_i\ddot{\boldsymbol{r}}_i$表示质点 P_i 的惯性力，改变求和顺序，可得

$$\sum_{v=1}^{f}\Big(\sum_{i=1}^{N}\boldsymbol{F}_i\cdot\boldsymbol{V}_i^{(v)}+\sum_{i=1}^{N}\boldsymbol{F}_i^*\cdot\boldsymbol{V}_i^{(v)}\Big)\delta u_v=0 \tag{3.3.3}$$

定义广义主动力$\widetilde{F}_v$和广义惯性力$\widetilde{F}_v^*$ 为

$$\widetilde{F}_v=\sum_{i=1}^{N}\boldsymbol{F}_i\cdot\boldsymbol{V}_i^{(v)},\quad \widetilde{F}_v^*=\sum_{i=1}^{N}\boldsymbol{F}_i^*\cdot\boldsymbol{V}_i^{(v)} \quad (v=1,\cdots,f) \tag{3.3.4}$$

由此可将方程(3.3.3) 写作

$$\sum_{v=1}^{f}(\widetilde{F}_v+\widetilde{F}_v^*)\delta u_v=0 \tag{3.3.5}$$

由于广义速率变分 δu_v 独立，方程(3.3.5) 成立的必要充分条件为

$$\widetilde{F}_v+\widetilde{F}_v^*=0 \quad (v=1,\cdots,f) \tag{3.3.6}$$

即各广义速率对应的广义主动力与广义惯性力之和为零。使用凯恩方程建立动力学方程时将系统的主动力和惯性力向某些特定的基矢量投影，得到的广义主动力与广义惯性力具有一定的物理意义，而且方程中不包含约束力，因此兼具矢量力学和分析力学的特点。

【例 3.5】 卫星在固定中心引力场中运动，写出卫星的偏速度(图 3.3.1)。

卫星坐标为

$$x=r\sin\theta\cos\varphi$$
$$y=r\sin\theta\sin\varphi$$
$$z=r\cos\theta$$

速度为
$$\boldsymbol{V}=\dot{x}\boldsymbol{i}+\dot{y}\boldsymbol{j}+\dot{z}\boldsymbol{k}$$

其中

$\dot{x} = \dot{r}\sin\theta\cos\varphi + r\dot{\theta}\cos\theta\cos\varphi - r\dot{\varphi}\sin\theta\sin\varphi$

$\dot{y} = (\dot{r}\sin\theta\sin\varphi + r\dot{\theta}\cos\theta\sin\varphi + r\dot{\varphi}\sin\theta\cos\varphi)$

$\dot{z} = \dot{r}\cos\theta - r\dot{\theta}\sin\theta$

选广义速率为

$$u_1 = \dot{r},\quad u_2 = \dot{\theta},\quad u_3 = \dot{\varphi}$$

则有偏速度

$\boldsymbol{V}^{(1)} = \sin\theta\cos\varphi\boldsymbol{i} + \sin\theta\sin\varphi\boldsymbol{j} + \cos\theta\boldsymbol{k}$

$\boldsymbol{V}^{(2)} = r\cos\theta\cos\varphi\boldsymbol{i} + r\cos\theta\sin\varphi\boldsymbol{j} - r\sin\theta\boldsymbol{k}$

$\boldsymbol{V}^{(3)} = -r\sin\theta\sin\varphi\boldsymbol{i} + r\sin\theta\cos\varphi\boldsymbol{j}$

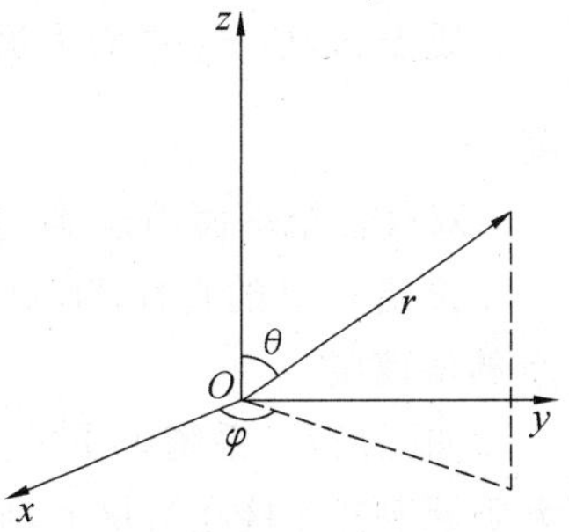

图 3.3.1

【例 3.6】 计算水平面上纯滚动圆盘中心的偏速度。

解　圆盘中心速度为

$$\boldsymbol{V}_c = \dot{x}_c\boldsymbol{i} + \dot{y}_c\boldsymbol{j} + \dot{z}_c\boldsymbol{k}$$

其中

$$\begin{cases}\dot{x}_c - r\dot{\varphi}\cos\psi - r\dot{\theta}\cos\theta\sin\psi - r\dot{\psi}\sin\theta\cos\psi = 0\\ \dot{y}_c - r\dot{\varphi}\sin\psi + r\dot{\theta}\cos\theta\cos\psi - r\dot{\psi}\sin\theta\sin\psi = 0\\ \dot{z}_c + r\dot{\theta}\sin\theta = 0\end{cases}$$

取 $u_1 = \dot{\psi}, u_2 = \dot{\theta}, u_3 = \dot{\varphi}$，得

偏速度为

$$\boldsymbol{V}_c^{(1)} = r\sin\theta\cos\psi\boldsymbol{i} + r\sin\theta\sin\psi\boldsymbol{j}$$

$$\boldsymbol{V}_c^{(2)} = r\cos\theta\sin\psi\boldsymbol{i} - r\cos\theta\cos\psi\boldsymbol{j} - r\sin\theta\boldsymbol{k}$$

$$\boldsymbol{V}_c^{(3)} = r\cos\psi\boldsymbol{i} + r\sin\psi\boldsymbol{j}$$

最后还需要说明的是，对于作为特殊的质点系的刚体，其广义主动力和广义惯性力的列写具有鲜明的特点。由于刚体运动学描述与质点系有较大差异，我们将在下一章全面讨论刚体运动学及动力学基本内容后再具体介绍使用凯恩方程建立含有刚体的系统动力学方程的过程。

习　　题

1. 两个质量均为 m 的质点 A 和 B 由长度为 l 的无质量杆相连在铅垂面内运动。杆中点 C 的速度始终沿着杆的方向，建立系统的动力学方程。

2. 质量为 m 的两质点 A 和 B 以长为 l 的无质量杆相连，A 和 B 处装有小刀刃支承，使得两点的绝对速度始终与杆垂直。系统在光滑水平面内运动，列写系统动力学方程。

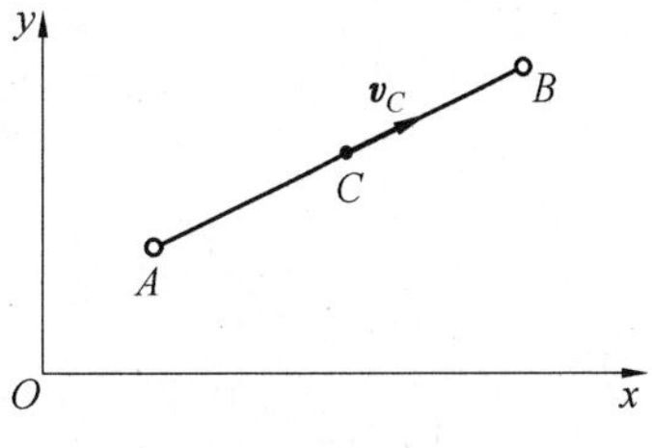

1 题图

3. 刚体在重力作用下自由运动，选择刚体内部任意不共线三点 A，B 和 C 的笛卡尔坐标描述刚体运动，列写系统动力学方程。

4. 质点 m 在 oxy 平面内沿固定的抛物线轨道运动，轨道方程为 $y=\frac{a}{2}x^2$，求质点的偏速度。

5. 双摆在铅垂面内运动，求偏速度。

6. 长度为 $2l$ 的直杆 AB 在水平面内运动，其 A 端的速度始终指向另一端 B，写出其中点 C 的偏速度。

7. 如图所示，系统中质量为 m_A 的滑块 A 沿水平线滑动，质量为 m_B 的质点由长度为 l 的无质量细杆连接在滑块上，使用凯恩方程列写系统运动微分方程。

8. 如图所示，质量为 m_A 的质点 A 固结于无质量细杆 AC 上，质量为 m_B 的滑块 B 通过弹簧与 A 相连并沿细杆无摩擦地滑动，弹簧刚度为 k，原长为 l_0。系统在倾角为 α 的斜面上运动，A 点的速度始终指向 B 点，列写运动微分方程。

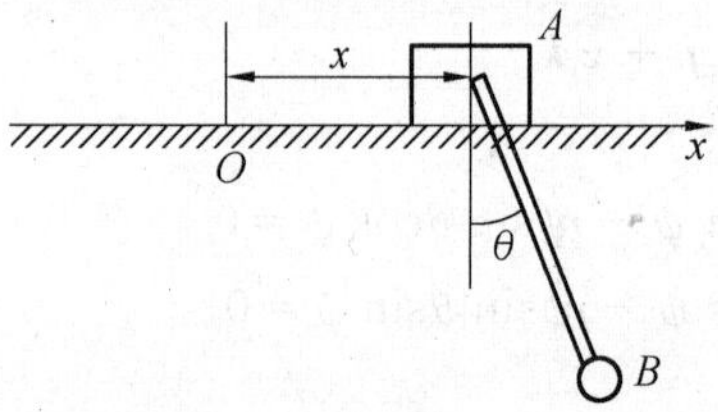

7 题图

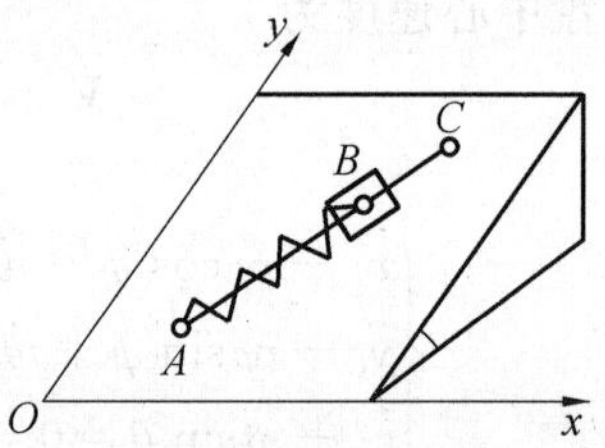

8 题图

9. 如图所示，质量为 m，长度为 $2l$ 的杆在重力作用下运动，杆的两端分别沿铅垂轴 OZ 和水平轴 $O'X'$ 运动，$\overline{OO'}=l$。适当选择坐标，列写系统运动微分方程。

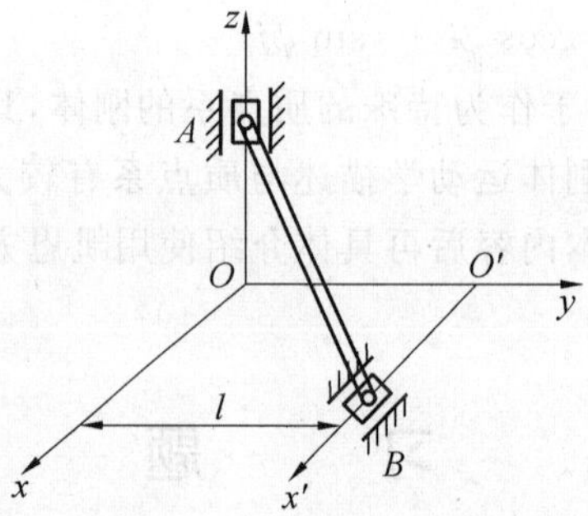

9 题图

第 4 章　刚体动力学

刚体是对刚硬物体的力学抽象，由连续充满空间中的某个确定域内的物质组成，在运动过程中其任意两点之间的距离始终保持不变。绝对刚体实际上是不存在的，这里所谓的刚体只是一种理想的力学模型，对于变形很小的物体或者虽然有变形但不影响整体运动的物体都可以简化为刚体。作为动力学重要的基本研究对象之一，刚体也可视为是特殊的质点系，其研究方法既与质点系研究方法在基础理论上保持一致，又有其独特性。刚体动力学研究始于 18 世纪，对刚体动力学的发展做出了奠基性工作的是瑞典科学家欧拉，他在 1758 年导出的欧拉动力学方程给出了刚体绕定点运动的数学表达式，奠定了经典刚体动力学的基础。由于刚体的一般运动可分解为随质心的平移及相对质心的转动，而刚体随质心的平移运动分析可归结为质点动力学问题，因此，刚体绕质心或定点的转动是刚体动力学的最为基础的内容。本章首先介绍刚体绕定点转动相关的运动学基本概念和动力学的基本定理，给出定点运动的欧拉动力学方程。然后讨论刚体的质心运动和绕质心运动相互耦合的一般运动。最后通过若干工程实际问题说明刚体及含有刚体的系统的动力学建模方法。

§4.1　刚体运动学·基本定义与定理

运动学的基本任务是抛开影响物体运动的物理因素，单独研究物体运动的几何性质（轨迹、速度和加速度等），运动学是学习动力学的基础。刚体内部任意两点之间的距离在运动过程中始终保持不变，这使得由无数个质点组成的刚体的运动学描述具有鲜明特征。刚体如果不受到其他外部约束，称其为自由刚体。自由刚体是定常完整系统，其自由度数为 6。刚体运动学的任务就是研究描述刚体运动状态的几何方法，以及如何根据为数不多的整个刚体的一般特性来确定刚体上每一个点的运动。

4.1.1　刚体的有限位移·基本定义及定理

刚体是分析动力学中的重要研究对象，这一节首先介绍刚体位置的确定。引入如下坐标系：固连在刚体上的坐标系 $oxyz$，其原点 o 为刚体内任意一点，在运动过程中坐标系 $oxyz$ 始终与刚体固结，这个坐标系的原点在惯性系 $OXYZ$ 中的位置由其矢径$\boldsymbol{r}_0=\overrightarrow{Oo}$来表示，点 o 称为基点。为描述坐标系 $oxyz$ 的运动（即刚体的运动）再引入平动的中间坐标系 $oXYZ$，其原点为基点 o，在运动过程中各坐标轴始终与惯性系 $OXYZ$ 的相应轴平行，如图 4.1.1 所示（刚体在图中没有画出来）。

设 p_i为刚体上的某个点，矢量$\boldsymbol{r}_i$ 及$\boldsymbol{\rho}_i$ 分别表示 p_i相对于点 O 及点 o 的矢径，有

$$\boldsymbol{r}_i=\boldsymbol{r}_o+\boldsymbol{\rho}_i \tag{4.1.1}$$

4.1.1.1 刚体的位置描述

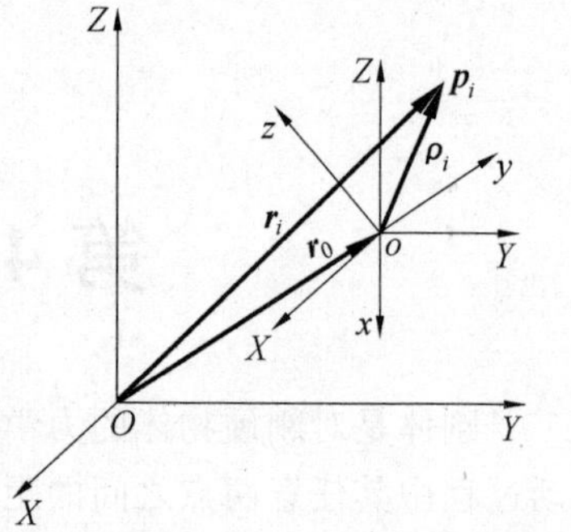

图 4.1.1

(1) 方向余弦矩阵及其性质。

由式(4.1.1)可知,刚体内任意一点的位置可由基点 o 的位置及该点相对基点 o 的位置来描述。由坐标变换的基本理论可知,刚体的位置即固连坐标系 $oxyz$ 相对中间坐标系 $oXYZ$ 的位置可由坐标系 $oxyz$ 到坐标系 $oXYZ$ 的转换矩阵来描述,又由 $oXYZ$ 坐标系的定义知,这个矩阵与坐标系 $oxyz$ 到 $OXYZ$ 的转换矩阵是相同的,称其为描述刚体位置的方向余弦矩阵。设坐标系 $oXYZ$(及 $OXYZ$)各轴的单位矢量为 $\boldsymbol{e}_{i0}\ (i=x,y,z)$,固连坐标系 $oxyz$ 各轴的单位矢量定义为 $\boldsymbol{e}_{i1}\ (i=x,y,z)$,此时坐标系 $oxyz$(刚体)相对坐标系 $oXYZ$(及 $OXYZ$)的方向余弦矩阵记为 $\boldsymbol{A}_{01}$:

$$\boldsymbol{A}_{01}=\begin{bmatrix}\cos(\widehat{\boldsymbol{e}_{x1},\boldsymbol{e}_{x0}}) & \cos(\widehat{\boldsymbol{e}_{y1},\boldsymbol{e}_{x0}}) & \cos(\widehat{\boldsymbol{e}_{z1},\boldsymbol{e}_{x0}})\\ \cos(\widehat{\boldsymbol{e}_{x1},\boldsymbol{e}_{y0}}) & \cos(\widehat{\boldsymbol{e}_{y1},\boldsymbol{e}_{y0}}) & \cos(\widehat{\boldsymbol{e}_{z1},\boldsymbol{e}_{y0}})\\ \cos(\widehat{\boldsymbol{e}_{x1},\boldsymbol{e}_{z0}}) & \cos(\widehat{\boldsymbol{e}_{y1},\boldsymbol{e}_{z0}}) & \cos(\widehat{\boldsymbol{e}_{z1},\boldsymbol{e}_{z0}})\end{bmatrix} \tag{4.1.2}$$

设存在矢量 $\boldsymbol{a}$,其在坐标系 $oxzy$ 中的坐标列阵为

$$\boldsymbol{a}^{(1)}=\begin{bmatrix}a_1^{(1)}\\ a_2^{(1)}\\ a_3^{(1)}\end{bmatrix} \tag{4.1.3}$$

在 $oXYZ$ 中的坐标列阵为

$$\boldsymbol{a}^{(0)}=\begin{bmatrix}a_1^{(0)}\\ a_2^{(0)}\\ a_3^{(0)}\end{bmatrix} \tag{4.1.4}$$

则 $\boldsymbol{a}^{(0)}$ 与 $\boldsymbol{a}^{(1)}$ 间的关系式可由方向余弦矩阵(4.1.2)表示为

$$\boldsymbol{a}^{(0)}=\boldsymbol{A}_{01}\boldsymbol{a}^{(1)} \tag{4.1.5}$$

方向余弦矩阵(4.1.2)不仅可以用来描述刚体相对中间坐标系 $oXYZ$ 的位置,而且由于其本身的一些特殊性质,使得其在刚体运动学和动力学中占据极为重要的地位。下面就来介绍方向余弦矩阵的一些重要性质。

性质 1 方向余弦矩阵为单位正交阵,即

$$\boldsymbol{A}^{\mathrm{T}}=\boldsymbol{A}^{-1},\ \det\boldsymbol{A}=1 \tag{4.1.6}$$

性质 2 方向余弦矩阵有等于 1 的特征值。

证明:

$$\det(\boldsymbol{A}-\boldsymbol{E})=\det(\boldsymbol{A}-\boldsymbol{A}\boldsymbol{A}^{\mathrm{T}})=\det\boldsymbol{A}\cdot\det(\boldsymbol{E}-\boldsymbol{A}^{\mathrm{T}})=\det(\boldsymbol{E}-\boldsymbol{A}^{\mathrm{T}})=\det(\boldsymbol{E}-\boldsymbol{A})^{\mathrm{T}}=\det(\boldsymbol{E}-\boldsymbol{A})=(-1)^3\det(\boldsymbol{A}-\boldsymbol{E})$$

即有 $\det(\boldsymbol{A}-\boldsymbol{E})=0$,方向余弦矩阵有等于 1 的特征值。

推论:存在一个矢量,其在两个相同原点的坐标系中坐标列阵相同。

证 明：设与特征值 1 对应的特征向量为 $\boldsymbol{b}$，即 $\boldsymbol{A}\boldsymbol{b}=\boldsymbol{b}$，将其在标号为“1”的坐标系中投影为 $\boldsymbol{A}\boldsymbol{b}^{(1)}=\boldsymbol{b}^{(1)}$，其中 $\boldsymbol{b}^{(1)}$ 为 $\boldsymbol{b}$ 在这个坐标系中的坐标列阵。由方向余弦矩阵的表达形式(4.1.5) 有 $\boldsymbol{b}^{(0)}=\boldsymbol{A}_{01}\boldsymbol{b}^{(1)}$，可得 $\boldsymbol{b}^{(0)}=\boldsymbol{b}^{(1)}$。

性质 3　任意相同原点的 3 套坐标系 $ox_iy_iz_i$，$ox_jy_jz_j$ 和 $ox_ky_kz_k$ 之间的方向余弦矩阵满足：

$$\boldsymbol{A}_{ik}=\boldsymbol{A}_{ij}\boldsymbol{A}_{jk}$$

(2) 欧拉角。

方向余弦矩阵借助刚体固连坐标系 $oxyz$ 与惯性坐标系 $OXYZ$ 各轴之间的夹角来确定刚体的方位，几何意义十分明确，但是从其定义(4.1.2) 及其性质(4.1.6) 中可以看出，方向余弦矩阵的 9 个元素中只有 3 个是独立的，即可由 3 个独立的参数完全地描述方向余弦矩阵，确定刚体在空间中的方位。这组参数有很多种不同的选择，我们将介绍其中最常见的两种，即经典欧拉角和卡尔丹角，并给出相应的方向余弦矩阵。

固连坐标系 $oxyz$ 相应中间坐标系(及惯性坐标系) 的方向余弦矩阵中只有 3 个独立的元素意味着对应可选择 3 个广义坐标描述刚体的位置，欧拉提出了采用 3 个角度坐标作为独立变量。坐标系 $oxyz$ 相对 $oXYZ$ 的位置用欧拉角定义如下(图 4.1.2)：

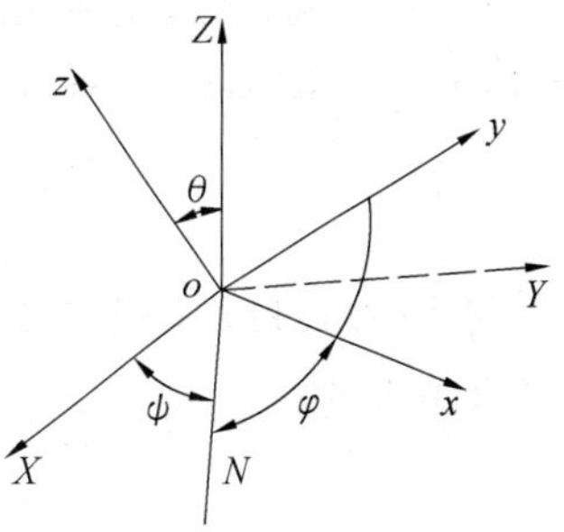

图 4.1.2

其中，平面 oxy 与平面 oXY 相交于直线 oN，称其为节线，节线与 oX 的夹角 ψ 称为进动角，oz 轴与 oZ 轴的夹角 θ 称为章动角，节线与 ox 轴的夹角 φ 称为自转角。3 个角 ψ,θ,φ 是相互独立的，可以任意取值。如果给定 3 个角度的值 ψ,θ,φ，则唯一地确定了刚体在空间的方位。

连体坐标系 $oxyz$ 相对中间坐标系 $oXYZ$ 的位置可通过按一定顺序绕自身坐标轴的 3 次转动来实现，每次转过的角度组合即为确定其位置的 3 个广义坐标，经典欧拉角为其中的一组，具体地：设固连坐标系 $oxyz$ 从初始位置 $ox_0y_0z_0$ 出发，先绕轴 z_0(即轴 oz) 转动角度 ψ 到达位置 $ox_1y_1z_1$，此时轴 x_1 与节线 oN 重合；然后绕轴 x_1 转动角度 θ 到达位置 $ox_2y_2z_2$，最后绕轴 z_2 转动角度 φ 到达位置 $ox_3y_3z_3$，如图 4.1.3，可表示为

$$ox_0y_0z_0\xrightarrow[\psi]{z_0}ox_1y_1z_1\xrightarrow[\theta]{x_1}ox_2y_2z_2\xrightarrow[\varphi]{z_2}ox_3y_3z_3$$

两次转动后的连体坐标系 $ox_2y_2z_2$ 位置通常称为莱查(Résal) 坐标系，其中的轴 z_2 与刚体固结，轴 x_2 为 ox_0y_0 与 ox_3y_3 二坐标平面的节线。

由方向余弦矩阵的定义(4.1.2) 可得：

第一次转动($ox_0y_0z_0\xrightarrow[\psi]{z_0}ox_1y_1z_1$) 相应的方向余弦矩阵为

$$\boldsymbol{A}_{01}=\begin{pmatrix}\cos\psi & -\sin\psi & 0\\ \sin\psi & \cos\psi & 0\\ 0 & 0 & 1\end{pmatrix}\tag{4.1.7}$$

第二次转动($ox_1y_1z_1\xrightarrow[\theta]{x_1}ox_2y_2z_2$) 相应的方向余弦矩阵为

$$\boldsymbol{A}_{12}=\begin{bmatrix}1 & 0 & 0\\ 0 & \cos\theta & -\sin\theta\\ 0 & \sin\theta & \cos\theta\end{bmatrix}\tag{4.1.8}$$

第三次转动($ox_2y_2z_2 \xrightarrow[\varphi]{z_2} ox_3y_3z_3$)相应的方向余弦矩阵为

$$\boldsymbol{A}_{23}=\begin{bmatrix}\cos\varphi & -\sin\varphi & 0\\ \sin\varphi & \cos\varphi & 0\\ 0 & 0 & 1\end{bmatrix}\tag{4.1.9}$$

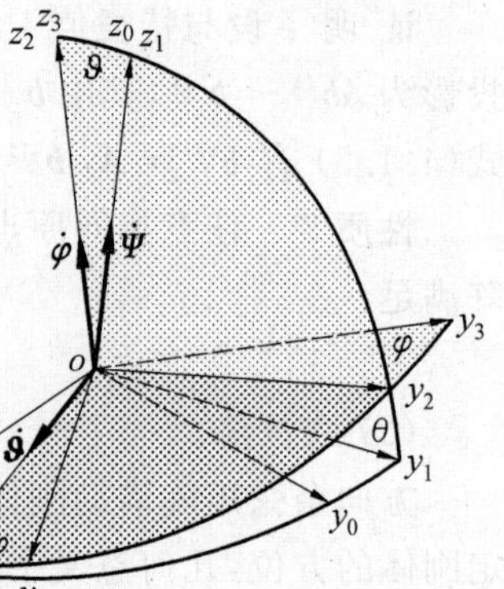

图 4.1.3

连体坐标系 $ox_3y_3z_3$ 相对 $ox_1y_1z_1$ 和 $ox_0y_0z_0$ 的方向余弦矩阵 A_{13} 和 A_{03} 可根据方向余弦矩阵的性质 3 得出

$$\boldsymbol{A}_{13}=\boldsymbol{A}_{12}\boldsymbol{A}_{23}=\begin{bmatrix}\cos\varphi & -\sin\varphi & 0\\ \cos\theta\sin\varphi & \cos\theta\cos\varphi & -\sin\theta\\ \sin\theta\sin\varphi & \sin\theta\cos\varphi & \cos\theta\end{bmatrix}\tag{4.1.10}$$

$$\boldsymbol{A}_{03}=\boldsymbol{A}_{01}\boldsymbol{A}_{13}=\begin{bmatrix}\cos\psi\cos\varphi-\sin\psi\sin\varphi\cos\theta & -\cos\psi\sin\varphi-\sin\psi\cos\varphi\cos\theta & \sin\psi\sin\theta\\ \sin\psi\cos\varphi+\cos\psi\sin\varphi\cos\theta & -\sin\psi\sin\varphi+\cos\psi\cos\varphi\cos\theta & -\cos\psi\sin\theta\\ \sin\varphi\sin\theta & \cos\varphi\sin\theta & \cos\theta\end{bmatrix}\tag{4.1.11}$$

将式(4.1.11)中矩阵 $\boldsymbol{A}_{03}$ 的元素记作 $a_{ij}\,(i,j=1,2,3)$,可导出用方向余弦表示的欧拉角计算公式:

$$\begin{aligned}\psi&=\arccos\left(-\frac{a_{23}}{\sin\theta}\right)=\arcsin\left(\frac{a_{13}}{\sin\theta}\right)\\ \theta&=\arccos a_{33}=\arcsin\left(\pm\sqrt{1-a_{33}^2}\right)\\ \varphi&=\arccos\left(\frac{a_{32}}{\sin\theta}\right)=\arcsin\left(\frac{a_{31}}{\sin\theta}\right)\end{aligned}\tag{4.1.12}$$

需要说明的是,由上式可知,在 $\theta=n\pi\,(n=0,1,2,\cdots)$ 的特殊位置,节线 oN(x_1 轴)与角 φ 和 ψ 无法计算,其原因在于轴 z_3 与 z_0 重合,称其为欧拉角的奇点。事实上具体求解时,当刚体的 oz 轴较为靠近 oZ 轴时,就可能出现数值计算方法的困难,因此研究此种运动时使用欧拉角是不合适的,这时需选择其他确定刚体位置角度坐标。确定刚体位置的广义坐标可有多种选择,在 3 个连体坐标轴中按任意顺序选取转动轴(但不得连续选取同一轴),所对应的 3 次转动的角度都可作为广义坐标的定义,这些选择的角度广义坐标也称为广义欧拉角。

还应注意到,连体坐标系 $oxyz$ 从位置 $ox_0y_0z_0$ 到位置 $ox_3y_3z_3$ 的转动由矩阵 $\boldsymbol{A}_{03}$ 给出,这个矩阵 $\boldsymbol{A}_{03}$ 由 3 个顺序转动相应的矩阵相乘得到,即

$$\boldsymbol{A}_{03}=\boldsymbol{A}_{01}\boldsymbol{A}_{12}\boldsymbol{A}_{23}\tag{4.1.13}$$

由于矩阵乘法不具有可交换性,因此 3 次转动的顺序也不具有可交换性,也就是说,一般情况下,多次转动得到的刚体位置依赖于转动顺序。

(3) 卡尔丹角。

再来介绍一组实际工程问题中较为常见的描述刚体位置的角度广义坐标。令连体坐标系 $oxyz$ 从位置 $ox_0y_0z_0$ 出发，首先绕轴 x_0 转动角 α 到达位置 $ox_1y_1z_1$，再绕轴 y_1 转动角 β 到达位置 $ox_2y_2z_2$，最后绕 z_3 转动角 γ 到达位置 $ox_3y_3z_3$，角度坐标 α,β,γ 称为卡尔丹角(图 4.1.4)。此转动顺序可表示为

$$ox_0y_0z_0 \xrightarrow[\alpha]{x_0} ox_1y_1z_1 \xrightarrow[\beta]{y_1} ox_2y_2z_2 \xrightarrow[\gamma]{z_2} ox_3y_3z_3$$

各次转动对应的方向余弦矩阵分别为

$$\boldsymbol{A}_{01} = \begin{pmatrix} 1 & 0 & 0 \\ 0 & \cos\alpha & -\sin\alpha \\ 0 & \sin\alpha & \cos\alpha \end{pmatrix}$$

$$\boldsymbol{A}_{12} = \begin{pmatrix} \cos\beta & 0 & \sin\beta \\ 0 & 1 & 0 \\ -\sin\beta & 0 & \cos\beta \end{pmatrix} \tag{4.1.14}$$

$$\boldsymbol{A}_{23} = \begin{pmatrix} \cos\gamma & -\sin\gamma & 0 \\ \sin\gamma & \cos\gamma & 0 \\ 0 & 0 & 1 \end{pmatrix}$$

连体坐标系位置 $ox_3y_3z_3$ 相对 $ox_1y_1z_1$ 和 $ox_0y_0z_0$ 的方向余弦矩阵为

$$\boldsymbol{A}_{13} = \boldsymbol{A}_{12}\boldsymbol{A}_{23} = \begin{pmatrix} \cos\beta\cos\gamma & -\cos\beta\sin\gamma & \sin\beta \\ \sin\gamma & \cos\gamma & 0 \\ -\sin\beta\cos\gamma & \sin\beta\sin\gamma & \cos\beta \end{pmatrix} \tag{4.1.15}$$

$$\boldsymbol{A}_{03} = \boldsymbol{A}_{01}\boldsymbol{A}_{13} = \begin{pmatrix} \cos\beta\cos\gamma & -\cos\beta\sin\gamma & \sin\beta \\ \cos\alpha\sin\gamma + \sin\alpha\sin\beta\cos\gamma & \cos\alpha\cos\gamma - \sin\alpha\sin\beta\sin\gamma & -\sin\alpha\cos\beta \\ \sin\alpha\sin\gamma - \cos\alpha\sin\beta\cos\gamma & \sin\alpha\cos\gamma - \cos\alpha\sin\beta\sin\gamma & \cos\alpha\cos\beta \end{pmatrix} \tag{4.1.16}$$

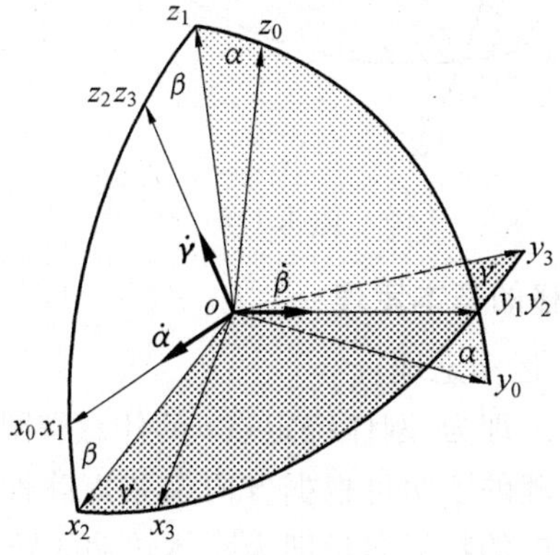

图 4.1.4

用 $\boldsymbol{A}_{03}$ 的各方向余弦元素 $a_{ij}(i,j=1,2,3)$ 表示的卡尔丹角计算公式为

$$\alpha = \arccos\left(\frac{a_{33}}{\cos\beta}\right) = \arcsin\left(-\frac{a_{23}}{\cos\beta}\right)$$

$$\beta = \arccos\left(\pm\sqrt{1-a_{13}^2}\right) = \arcsin a_{13} \tag{4.1.17}$$

$$\gamma = \arccos\left(\frac{a_{11}}{\cos\beta}\right) = \arcsin\left(-\frac{a_{12}}{\cos\beta}\right)$$

由上式可以看出，卡尔丹角也存在奇点$\beta=\left(\frac{\pi}{2}\right)+n\pi(n=0,1,2,\cdots)$，对应于轴 z_2 与轴 x_1 重合的位置，在奇点附近也会发生数值计算的困难。

【例 4.1】 定义飞机的质心连体坐标系 $oxyz$ 为：y 轴在飞机对称平面内并平行于飞机的设计轴线指向机头，x 轴垂直于飞机对称平面指向机翼右侧(图 4.1.5)。按以下顺序确定飞机的姿态角：

$$ox_0y_0z_0 \xrightarrow[\psi]{z_0} ox_1y_1z_1 \xrightarrow[\theta]{x_1} ox_2y_2z_2 \xrightarrow[\varphi]{y_2} ox_3y_3z_3$$

式中　ψ,θ,φ——偏航角、俯仰角和滚转角。写出 $ox_3y_3z_3$ 相对 $ox_0y_0z_0$ 的方向余弦矩阵为

$$\boldsymbol{A}_{03} = \begin{pmatrix} \cos\psi\cos\varphi - \sin\psi\sin\theta\sin\varphi & -\sin\psi\cos\theta & \cos\psi\sin\varphi + \sin\psi\sin\theta\cos\varphi \\ \sin\psi\cos\varphi + \cos\psi\sin\theta\sin\varphi & \cos\psi\cos\theta & \sin\psi\sin\varphi - \cos\psi\sin\theta\cos\varphi \\ -\cos\theta\sin\varphi & \sin\theta & \cos\theta\cos\varphi \end{pmatrix}$$

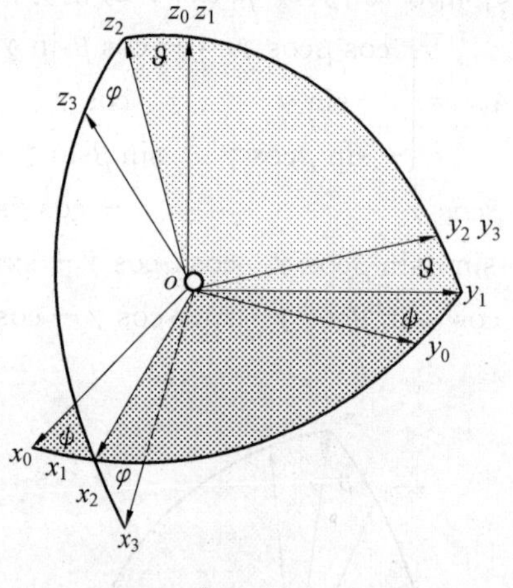

图 4.1.5

4.1.1.2　刚体有限位移的基本定理

(1) 欧拉定理(刚体定点运动定理)。

定点运动的刚体的欧拉定理为：刚体绕定点 o 的任意有限转动可由绕过点 o 的某轴的一次有限转动实现。这个定理的证明可根据方向余弦矩阵性质 2 的推论直接得出，方向余弦矩阵等于 1 的特征值对应的特征向量即为刚体转动的转轴，事实上，因为

$$\boldsymbol{b} = \boldsymbol{A}\boldsymbol{b} \tag{4.1.18}$$

这个轴在刚体运动过程中保持不动。刚体做定点运动可由绕轴运动实现，若这个转角为有限角度，则称其为有限转动。

由刚体有限转动的欧拉定理可知，刚体在空间中的位置可由某轴及绕该轴转过的角度表示，这种表示方法即为有限转动张量表示。设刚体的连体坐标系 $oxyz$ 的初始位置为 $ox_0y_0z_0$，它绕过点 o 的轴 p 转过 θ 角后的位置为 $ox_1y_1z_1$，p 轴的单位方向矢量 $\boldsymbol{p}$ 相对 $ox_0y_0z_0$ 和 $ox_1y_1z_1$ 有相同的方向余弦（p_1，p_2，p_3）。固定于刚体上的任意矢量在转动前后的位置 $\boldsymbol{a}_0$ 及 $\boldsymbol{a}$ 都位于相对轴 p 对称的圆锥面内。过 $\boldsymbol{a}_0$ 及 $\boldsymbol{a}$ 的矢量端点 P_0 和 P 作平面与 p 轴垂直并相交于点 O_1，过点 P 向 O_1P_0 引垂线，垂足为 Q（图 4.1.6），则有

$$\overrightarrow{OP}=\overrightarrow{OP_0}+\overrightarrow{P_0Q}+\overrightarrow{QP}$$

式中的矢量 $\overrightarrow{QP}$ 和 $\overrightarrow{P_0Q}$ 分别沿 $\boldsymbol{p}\times\boldsymbol{a}_0$ 及 $\boldsymbol{p}\times(\boldsymbol{p}\times\boldsymbol{a}_0)$ 方向，上式可写作

$$\boldsymbol{a}=\boldsymbol{a}_0+(1-\cos\theta)\boldsymbol{p}\times(\boldsymbol{p}\times\boldsymbol{a}_0)+\sin\theta(\boldsymbol{p}\times\boldsymbol{a}_0)$$

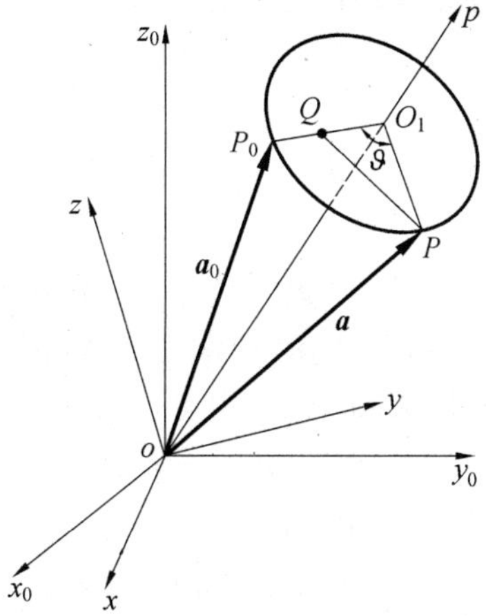

图 4.1.6

由矢量叉积展开式

$$\boldsymbol{a}\times(\boldsymbol{b}\times\boldsymbol{c})=\boldsymbol{b}(\boldsymbol{c}\cdot\boldsymbol{a})-\boldsymbol{c}(\boldsymbol{a}\cdot\boldsymbol{b})$$

可得

$$\boldsymbol{a}=\cos\theta\boldsymbol{a}_0+(1-\cos\theta)(\boldsymbol{p}\cdot\boldsymbol{a}_0)\boldsymbol{p}+\sin\theta(\boldsymbol{p}\times\boldsymbol{a})$$

在式中引入并矢 $\boldsymbol{A}$，并定义

$$\boldsymbol{A}=\cos\theta\boldsymbol{E}+(1-\cos\theta)\boldsymbol{pp}+\sin\theta(\boldsymbol{p}\times\boldsymbol{E})$$

其中 $\boldsymbol{E}$ 为单位并矢，则可化为

$$\boldsymbol{a}=\boldsymbol{A}\cdot\boldsymbol{a}_0$$

并矢 $\boldsymbol{A}$ 称为刚体的有限转动张量，将上式中各项向 $ox_1y_1z_1$ 坐标系投影，用带有右上角标的字母表示矢量和张量的坐标矩阵，角标括号内的数字为坐标系的标号，导出

$$\boldsymbol{a}^{(1)}=\boldsymbol{A}^{(1)}\boldsymbol{a}_0^{(1)}$$

由于矢量 $\boldsymbol{a}$ 相对 $ox_1y_1z_1$ 的坐标列阵 $\boldsymbol{a}^{(1)}$ 与矢量 $\boldsymbol{a}_0$ 相对 $ox_0y_0z_0$ 的坐标列阵 $\boldsymbol{a}_0^{(0)}$ 完全相同，上式可改写为

$$\boldsymbol{a}_0^{(0)}=\boldsymbol{A}^{(1)}\boldsymbol{a}_0^{(1)}$$

由方向余弦矩阵的表达式(4.1.5)可知，上式中将同一矢量 $\boldsymbol{a}_0$ 从相对 $ox_1y_1z_1$ 的坐标变换到相对 $ox_0y_0z_0$ 的坐标的矩阵 $\boldsymbol{A}^{(1)}$ 就是 $ox_0y_0z_0$ 坐标系相对有限转动后的位置

$ox_1y_1z_1$ 的方向余弦矩阵。当转动轴位置矢量 $\boldsymbol{p}$ 和转角 θ 给定以后，可写出转动前后刚体位置之间的方向余弦矩阵。

(2) 夏莱定理(刚体一般位移的分解定理)。

夏莱定理可描述为：刚体最一般的位移可以分解为随任选基点的平动位移和绕通过基点的某个轴的转动位移。选择刚体上不同的点为基点，这种分解不是唯一的；选择不同的基点时平动位移的大小和方向发生改变，而转动的方向和转角不依赖于基点的选择。

分别选择不同的基点对刚体的位移进行分解，如图 4.1.7 所示，在点 o_1，o_2 处平行放置坐标系 $o_1x_1y_1z_1$ 和 $o_2x_2y_2z_2$(其对应轴分别平行)，它们均与刚体固连，O 点为惯性坐标系 $OXYZ$ 的原点，在运动的起始时刻，3 个坐标系的对应轴分别平行。

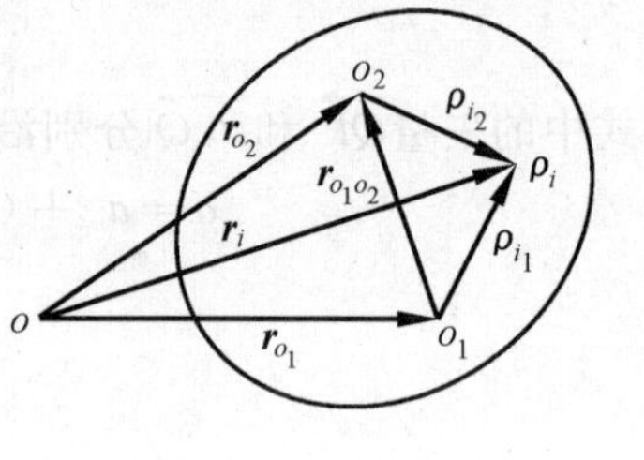

图 4.1.7

由几何关系可得

$$\boldsymbol{r}_i=\boldsymbol{r}_{o_1}+\boldsymbol{\rho}_{i_1}=\boldsymbol{r}_{o_2}+\boldsymbol{\rho}_{i_2} \tag{4.1.19}$$

在惯性坐标系中有

$$\boldsymbol{r}_i=\boldsymbol{r}_{o_1}^{(0)}+\boldsymbol{\rho}_{i_1}^{(0)}=\boldsymbol{r}_{o_1o_2}^{(0)}+\boldsymbol{A}_{01}\boldsymbol{\rho}_{i_1}^{(1)} \tag{4.1.20}$$

$$\boldsymbol{r}_i=\boldsymbol{r}_{o_2}^{(0)}+\boldsymbol{\rho}_{i_2}^{(0)}=\boldsymbol{r}_{o_1o_2}^{(0)}+\boldsymbol{A}_{02}\boldsymbol{\rho}_{i_2}^{(2)} \tag{4.1.21}$$

又由 $\boldsymbol{\rho}_{i_1}=\boldsymbol{r}_{o_1o_2}+\boldsymbol{\rho}_{i_2}$ 在坐标系 $ox_1y_1z_1$ 中有

$$\boldsymbol{\rho}_{i_1}^{(1)}=\boldsymbol{r}_{o_1o_2}^{(1)}+\boldsymbol{\rho}_{i_2}^{(1)} \tag{4.1.22}$$

将式(4.1.22) 代入式(4.1.20) 中，有

$$\boldsymbol{r}_i^{(0)}=\boldsymbol{r}_{o_1}^{(0)}+\boldsymbol{A}_{01}\boldsymbol{r}_{o_1o_2}^{(1)}+\boldsymbol{A}_{01}\boldsymbol{\rho}_{i_2}^{(1)}=\boldsymbol{r}_{o_2}^{(0)}+\boldsymbol{A}_{01}\boldsymbol{\rho}_{i_2}^{(1)} \tag{4.1.23}$$

注意到 $o_1x_1y_1z_1$ 与 $o_2x_2y_2z_2$ 均与刚体固连且相应轴平行，有

$$\boldsymbol{\rho}_{i_2}^{(1)}=\boldsymbol{\rho}_{i_2}^{(2)} \tag{4.1.24}$$

又由

$$\boldsymbol{A}_{01}=\boldsymbol{A}_{02} \tag{4.1.25}$$

综合式(4.1.20) 和式(4.1.21) 有

$$\boldsymbol{r}_i=\boldsymbol{r}_{o_1}+\boldsymbol{A}_{01}\boldsymbol{\rho}_{i_1}=\boldsymbol{r}_{o_2}+\boldsymbol{A}_{01}\boldsymbol{\rho}_{i_2} \tag{4.1.26}$$

由式(4.1.26) 可看出，平动位移由 $\boldsymbol{r}_{o_1}$ 和 $\boldsymbol{r}_{o_2}$ 分别决定，它们的大小和方向都是不同的，转动位移则由方向余弦矩阵 $\boldsymbol{A}_{01}$ 完全决定，由于两次不同分解下确定转动的转轴和转角的方向余弦矩阵完全相同，即可知转动的转轴方向和相应的转角不依赖于基点的选择，由定理可以看出，刚体的最终位移不依赖于平动和转动的顺序。

(3) 莫茨定理。

莫茨定理可以叙述为：刚体最一般的位移为螺旋位移。我们将刚体的位移分解为随某基点的平动位移和绕基点的转动。根据夏莱定理，转动轴的方向和相应的转角不依赖于基点的选择。即可先确定出转轴的方向，再在刚体内寻找到与转轴方向平行的直线，并且这条直线上所有的点由初位置到末位置的位移沿着这条直线，就能够证明莫茨定理，在《理论力学》[7] 中有莫茨定理的具体证明及定理的如下推论，可查阅。

推论(伯努利－夏莱定理)：平面图形在自身平面内的最一般位移，要么是平动，要么是绕基点的转动，这个点称为有限转动中心。

4.1.2　刚体的速度和加速度

4.1.2.1　刚体的速度与加速度的定义

1. 刚体内任意一点的速度

由夏莱定理可知，刚体内任意一点 P_i 在微小时间段 Δt 内的位移 $\Delta \boldsymbol{s}_i$ 由两部分组成：

$$\Delta \boldsymbol{s}_i = \Delta \boldsymbol{s}_{i0} + \Delta \boldsymbol{s}_{i1} \tag{4.1.27}$$

式中　$\Delta \boldsymbol{s}_0$—— 基点 o 的位移；

$\Delta \boldsymbol{s}_1$—— 绕过基点 o 的某轴的转动角度 $\Delta\theta$ 引起的位移。

将式(4.1.27) 除以 Δt 并求极限有

$$\lim_{\Delta t\to 0}\frac{\Delta \boldsymbol{s}_i}{\Delta t} = \lim_{\Delta t\to 0}\frac{\Delta \boldsymbol{s}_{i0}}{\Delta t} + \lim_{\Delta t\to 0}\frac{\Delta \boldsymbol{s}_{i1}}{\Delta t} \tag{4.1.28}$$

可进一步表示为

$$\boldsymbol{v}_i = \boldsymbol{v}_o + \boldsymbol{\omega} \times \boldsymbol{\rho}_i \tag{4.1.29}$$

式中　$\boldsymbol{v}_i$—— 点 P_i 的瞬时速度；

$\boldsymbol{v}_o$—— 基点 o 的瞬时速度；

$\boldsymbol{\omega}$—— 绕转轴转动的瞬时角速度，$\boldsymbol{\omega}$ 不依赖于基点的选择。

定理：存在唯一的称为刚体瞬时角速度的矢量 $\boldsymbol{\omega}$，使刚体上 P 点的速度可以写作

$$\boldsymbol{v} = \boldsymbol{v}_o + \boldsymbol{\omega} \times \boldsymbol{\rho} \tag{4.1.30}$$

式中　$\boldsymbol{v}_o$—— 基点的速度，向量 $\boldsymbol{\omega}$ 不依赖于基点的选择。

由定理可得到以下几个有用的推论：

推论 1. 在每个瞬时，刚体上任意两个点的速度在其连线上的投影相等；

推论 2. 刚体上不共线的 3 个点的速度完全决定刚体上任意点的速度；

推论 3. 刚体存在如下瞬时运动状态：

(1) 如果刚体上不共线的 3 个点的速度在某时刻相等，则在此时刻刚体上所有点的速度都等于 $\boldsymbol{v}$，称刚体以速度 $\boldsymbol{v}$ 做瞬时平动，特别地，如果 $\boldsymbol{v}=0$，则刚体瞬时静止。

(2) 如果在给定瞬时刚体上存在 2 个点的速度等于零，则在该时刻刚体内过这 2 个点的直线上各点的速度都等于零，称刚体绕该直线做瞬时转动，这条直线称为瞬时转轴。

(3) 如果在给定瞬时刚体上某个点的速度等于零，则刚体或者瞬时静止或者绕过这个点的轴做瞬时转动，此转动称刚体绕该点做瞬时转动，这个点称为速度瞬心。

(4) 刚体瞬时运动在最一般的情况下可以分解为 2 个运动：以基点的速度平动和绕过基点的某轴转动，或视其为沿某个轴的平动和绕某轴的转动，称刚体做瞬时螺旋运动。

来详细分析推论 3 中给出的 4 种瞬时运动，分析刚体瞬时运动的特性。

① 瞬时平动。

刚体作瞬时平动时，其上各点运动的速度在该时刻均相等。

② 绕某直线做瞬时转动。

刚体绕某直线做瞬时转动时，瞬时转轴上的点保持静止，不在转轴上的点沿着以转动轴为圆心的圆周运动，该圆周位于垂直转动轴的平面内。此时刚体内各点在该时刻具有相同的角速度 $\boldsymbol{\omega}$(在转轴上的点除外)。

③ 绕某点做瞬时转动。

刚体绕某点做瞬时转动时，相当于刚体在瞬时做定点运动。此时由欧拉定理，刚体的定点运动可由绕过该点某轴的一次转动来实现，这个转动可由有限转动张量来描述。根据有限转动张量与方向余弦矩阵之间的对应关系，及方向余弦矩阵与欧拉角之间的关系，可以得知，刚体绕某点的转动，可由刚体依次绕欧拉角定义中的坐标轴转动 3 次来实现，来考察上述两种运动之间速度的关系，为此首先引入无限小矢量的定义并给出其主要性质。

定义：当刚体绕点 o 转动的角度极小，以致可视为无限小量时，称为刚体的无限小转动。根据欧拉定理，我们定义矢量 $\Delta\boldsymbol{\theta}$。其方向沿转轴 p，模为转过的角度 $\Delta\theta$，指向由右手法则确定，称其为无限小转动矢量，并由这个矢量 $\Delta\boldsymbol{\theta}$ 来描述刚体的无限小转动。

无限小转动矢量有如下性质：

a. 若刚体上矢径为 $\boldsymbol{r}$ 的点 P 绕 p 轴转过一个无限小位移 $\delta\boldsymbol{r}$，则有

$$\delta\boldsymbol{r}=\Delta\boldsymbol{\theta}\times\boldsymbol{r} \tag{4.1.31}$$

b. 对刚体上的任意点，描述无限小转动的矢量 $\Delta\boldsymbol{\theta}$ 都相同。定义

$$\Delta\boldsymbol{\theta}=\boldsymbol{\omega}\mathrm{d}t \tag{4.1.32}$$

这里，$\boldsymbol{\omega}$ 为瞬时角速度矢量。

c. 设 $\Delta\boldsymbol{\theta}_1$，$\Delta\boldsymbol{\theta}_2$ 分别表示两次连续无限小转动，则两次转动的合成可表示为

$$\Delta\boldsymbol{\theta}=\Delta\boldsymbol{\theta}_1+\Delta\boldsymbol{\theta}_2 \tag{4.1.33}$$

即无限小转动矢量服从矢量加法规则。

证明：设刚体矢径为 $\boldsymbol{r}_o$ 的点 P 在第一次无限小转动后，其位置为

$$\boldsymbol{r}'=\boldsymbol{r}_o+\delta\boldsymbol{r}_1=\boldsymbol{r}_o+\Delta\boldsymbol{\theta}_1\times\boldsymbol{r}_o$$

再转动一次后，为

$$\boldsymbol{r}''=\boldsymbol{r}'+\delta\boldsymbol{r}_2=\boldsymbol{r}'+\Delta\boldsymbol{\theta}_2\times\boldsymbol{r}'=\boldsymbol{r}_o+\Delta\boldsymbol{\theta}_1\times\boldsymbol{r}_o+\Delta\boldsymbol{\theta}_2\times(\boldsymbol{r}_o+\Delta\boldsymbol{\theta}_1\times\boldsymbol{r}_o)$$

由于 $\Delta\boldsymbol{\theta}_2\times(\Delta\boldsymbol{\theta}_1\times\boldsymbol{r}_o)$ 为二阶小量，忽略后有

$$\boldsymbol{r}''=\boldsymbol{r}_o+(\Delta\boldsymbol{\theta}_1+\Delta\boldsymbol{\theta}_2)\times\boldsymbol{r}_o$$

可视为刚体做一次无限小转动，即

$$\Delta\boldsymbol{\theta}=\Delta\boldsymbol{\theta}_1+\Delta\boldsymbol{\theta}_2$$

由于无限小转动的合成满足矢量加法，因此区别于有限转动，刚体作一系列无限小转动后的位置与转动顺序无关。

具体地，来分析刚体做瞬时定点转动时，由欧拉角、卡尔丹角及其导数表示的刚体定点运动的瞬时角速度。

a. 用欧拉角及其导数表示刚体定点运动的瞬时角速度。

此时刚体相对定参考系 $oXYZ$ 的位置用欧拉角表示，刚体做无限小转动 $\Delta\boldsymbol{\Theta}$ 时，各欧拉角的增量分别为 $\Delta\psi,\Delta\theta,\Delta\varphi$，由无限小转动的性质(4.1.33)，可以得知瞬时角速度矢量 $\boldsymbol{\omega}$ 可分解为绕 z_0,x_1,z_2 各轴的角速度的矢量和

$$\boldsymbol{\omega}=\lim_{\Delta t\to 0}\frac{\Delta\boldsymbol{\Theta}}{\Delta t}=\lim_{\Delta t\to 0}\left(\frac{\Delta\boldsymbol{\psi}}{\Delta t}+\frac{\Delta\boldsymbol{\theta}}{\Delta t}+\frac{\Delta\boldsymbol{\varphi}}{\Delta t}\right)=\dot{\psi}\,\boldsymbol{k}_1+\dot{\theta}\boldsymbol{i}_2+\dot{\varphi}\,\boldsymbol{k}_3 \tag{4.1.34}$$

瞬时角速度矢量可表示为

$$\boldsymbol{\omega}=\omega\boldsymbol{e}_p$$

即瞬时角速度的大小为 ω，方向沿转轴 p。

将此方程写作矩阵形式，有

$$\begin{bmatrix}\omega_x\\ \omega_y\\ \omega_z\end{bmatrix}=\begin{pmatrix}\sin\theta\sin\varphi & \cos\varphi & 0\\ \sin\theta\cos\varphi & -\sin\varphi & 0\\ \cos\theta & 0 & 1\end{pmatrix}\begin{bmatrix}\dot{\psi}\\ \dot{\theta}\\ \dot{\varphi}\end{bmatrix}\tag{4.1.35}$$

对系数矩阵求逆，可得

$$\begin{aligned}&\dot{\psi}=(\omega_x\sin\varphi+\omega_y\cos\varphi)/\sin\theta\\&\dot{\theta}=\omega_x\cos\varphi-\omega_y\sin\varphi\\&\dot{\varphi}=-(\omega_x\sin\varphi+\omega_y\cos\varphi)\cot\theta+\omega_z\end{aligned}\tag{4.1.36}$$

方程组(4.1.35) 称为欧拉运动学方程，是研究刚体运动的基础。若 $\omega_x,\omega_y,\omega_z$ 的变化规律给定，一般情况下可对此非线性微分方程进行数值积分，得到欧拉角 ψ,θ,φ 的变化规律，但在奇点 $\theta=n\pi(n=0,1,2,\cdots)$ 附近，此运动方程的右端无限增大，数值积分无法进行。

b. 用卡尔丹角及其导数表示刚体定点运动的瞬时角速度。

若选择卡尔丹角为广义坐标，则相应的角速度 $\boldsymbol{\omega}$ 类似于式(4.1.34) 可写作

$$\boldsymbol{\omega}=\dot{\alpha}\boldsymbol{i}_1+\dot{\beta}\boldsymbol{j}_2+\dot{\gamma}\boldsymbol{k}_3\tag{4.1.37}$$

由方向余弦矩阵(4.1.14) 和(4.1.15) 投影到连体坐标系 $ox_3y_3z_3$，可得出用卡尔丹角及其导数表示的角速度为

$$\begin{bmatrix}\omega_x\\ \omega_y\\ \omega_z\end{bmatrix}=\begin{pmatrix}\cos\beta\cos\gamma & \sin\gamma & 0\\ -\cos\beta\sin\gamma & \cos\gamma & 0\\ \sin\beta & 0 & 1\end{pmatrix}\begin{bmatrix}\dot{\alpha}\\ \dot{\beta}\\ \dot{\gamma}\end{bmatrix}\tag{4.1.38}$$

对系数矩阵求逆后，得到

$$\begin{aligned}&\dot{\alpha}=(\omega_x\cos\gamma-\omega_y\sin\gamma)/\cos\beta\\&\dot{\beta}=\omega_x\sin\gamma+\omega_y\cos\gamma\\&\dot{\gamma}=(-\omega_x\cos\gamma+\omega_y\sin\gamma)\tan\beta+\omega_z\end{aligned}\tag{4.1.39}$$

在奇点 $\beta=\dfrac{\pi}{2}+n\pi(n=0,1,2,\cdots)$ 附近，数值积分也出现困难。

定点运动刚体的瞬时角加速度 $\boldsymbol{\alpha}$ 定义为瞬时角速度 $\boldsymbol{\omega}$ 对时间 t 的导数，即

$$\boldsymbol{\alpha}=\lim_{\Delta t\to 0}\frac{\Delta\boldsymbol{\omega}}{\Delta t}=\dot{\boldsymbol{\omega}}\tag{4.1.40}$$

由于刚体的转动瞬轴位置可随时间改变，瞬时角速度 $\boldsymbol{\omega}$ 不仅改变大小而且改变方向，因此刚体定点运动的瞬时角加速度矢量 $\boldsymbol{\alpha}$，不一定沿转动瞬轴方向。

c. 刚体做瞬时螺旋运动。

刚体在最一般的运动情况下，其运动可分解为随基点的平动和绕基点的转动，更进一步，可分解为随基点的平动和绕过基点某轴的转动。为说明这个运动可等效为沿某个轴的平动和绕该轴的转动，只需证明存在直线 MN，且直线上所有点的速度在给定时刻沿着该直线并且平行于 $\boldsymbol{\omega}$。

设选定点 o 为基点，基点速度 $\boldsymbol{v}_0$ 和刚体角速度 $\boldsymbol{\omega}$ 都是已知的，坐标系 $oxyz$ 相对惯性坐标系 $OXYZ$ 运动时有 $\boldsymbol{v}_0=(v_{ox}\quad v_{oy}\quad v_{oz})$，$\boldsymbol{\omega}=(\omega_x\quad \omega_y\quad \omega_z)$，图 4.1.8 所示。

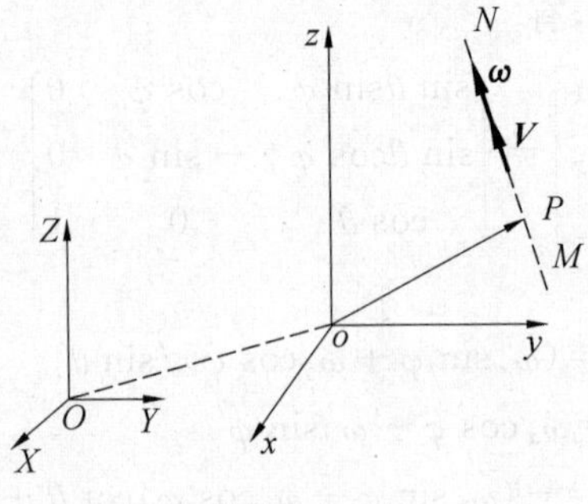

图 4.1.8

如果刚体上 P 点的速度等于零并且方向平行于 $\boldsymbol{\omega}$，则

$$\boldsymbol{v}_o+\boldsymbol{\omega}\times\overrightarrow{op}=\lambda\boldsymbol{\omega}\quad(\lambda\neq 0)$$

这就是直线 MN 的向量方程。显然直线 MN 上的所有点的速度都相同，都等于刚体上任意点的速度在 $\boldsymbol{\omega}$ 方向上的投影。这种运动称为瞬时螺旋运动。

通过对上述瞬时运动状态的分析可知，存在 4 个最简单的刚体瞬时运动状态：静止、平动、转动、螺旋运动。其中转动包括定轴转动和定点转动，并且定点转动可由定轴转动来等效；螺旋运动由平动和转动来合成。刚体的各种运动都可以由连续有序的 4 种最简单瞬时运动得到。

2. 刚体内任意一点的加速度

为求 P 点的加速度 $\boldsymbol{a}$，将式(4.1.30)两边对时间求导得

$$\boldsymbol{a}=\dot{\boldsymbol{v}}=\dot{\boldsymbol{v}}_o+\dot{\boldsymbol{\omega}}\times\boldsymbol{\rho}+\boldsymbol{\omega}\times\dot{\boldsymbol{\rho}}\tag{4.1.41}$$

其中定义 $\dot{\boldsymbol{\omega}}=\boldsymbol{\alpha}$ 为角加速度，又由欧拉公式 $\dot{\boldsymbol{\rho}}=\boldsymbol{\omega}\times\boldsymbol{\rho}$，式(4.1.31)可写为

$$\boldsymbol{a}=\boldsymbol{a}_o+\boldsymbol{\alpha}\times\boldsymbol{\rho}+\boldsymbol{\omega}\times(\boldsymbol{\omega}\times\boldsymbol{\rho})\tag{4.1.42}$$

向量 $\boldsymbol{\alpha}\times\boldsymbol{\rho}$ 称为转动加速度，$\boldsymbol{\omega}\times(\boldsymbol{\omega}\times\boldsymbol{\rho})$ 称为向心加速度，即刚体上任意点的加速度等于基点加速度、转动加速度和向心加速度之和。

4.1.2.2 刚体的典型运动

本小节我们来分析一些工程中比较常见，比较重要的典型运动中刚体上任意一点的速度和加速度。特别将着重讨论刚体做定点运动时的速度和加速度，因为就像已经说明的那样，刚体的定点运动是刚体动力学的主要内容。

(1) 刚体平动。

如果在某时间段内任意两个时刻对应位置之间的位移是平动位移，则刚体在该时间段内的运动称为平动。刚体平动的例子有楼房载客电梯的运动，书桌抽屉开关时的运动，公园里摩天轮座舱的运动等。前两个例子中的平动是直线平动(所有点都做直线运动)，第三个例子是曲线平动运动(刚体的点沿着曲线——圆运动)。

因为平动时刚体上任意两个点在时间 Δt 内有相等的几何位移，故平动时所有点具有相同的速度和加速度，刚体所有点上都相等的速度和加速度称为刚体的平动速度和平动加速度。只有在刚体平动时，刚体的速度和加速度概念才有意义，因为当刚体运动不是平

动时，不同点的速度和加速度都不同。

(2) 刚体定轴转动。

为了计算刚体内任意一点 P 的速度和加速度，首先要将连体坐标系的原点置于基点上，那么有 $\boldsymbol{v}_o=\boldsymbol{0}$，根据(4.1.30)有 $\boldsymbol{v}=\boldsymbol{\omega}\times\boldsymbol{\rho}$ 速度，向量 $\boldsymbol{v}$ 在垂直于转动轴的平面内，其大小为 $v=\omega R=|\dot{\theta}|R$，其中 R 为圆的半径，P 点沿着这个圆运动。

考虑到 $\boldsymbol{a}_o=\boldsymbol{0}$，根据式(4.1.42)有 $\boldsymbol{a}=\boldsymbol{\alpha}\times\boldsymbol{\rho}+\boldsymbol{\omega}\times(\boldsymbol{\omega}\times\boldsymbol{\rho})$，转动加速度 $\boldsymbol{\alpha}\times\boldsymbol{\rho}$ 沿着 P 点轨迹(半径为 R 的圆)的切向，其大小等于 $\alpha=\ddot{\theta}R$，向心加速度 $\boldsymbol{\omega}\times(\boldsymbol{\omega}\times\boldsymbol{\rho})$ 位于自 P 点指向转动轴的直线上，方向指向转动轴，其大小为 ω^2R。可以看出，刚体定轴转动时，P 点的转动加速度是切向加速度，而向心加速度是法向加速度。

(3) 刚体定点运动。

设刚体运动过程中有一个不动点 o，那么 $\boldsymbol{v}_o=\boldsymbol{0}$，$\boldsymbol{a}_o=\boldsymbol{0}$，速度和加速度公式与刚体做定轴转动时是一样的。但加速度表达式(4.1.42)中的第二和第三项不一定是 p 点的切向和法向加速度。

在分析刚体的瞬时运动状态时已知，刚体做定点运动时，其在给定时刻的运动就如同刚体以角速度 $\boldsymbol{\omega}$ 绕某个固定轴转动，该轴在该时刻沿着向量 $\boldsymbol{\omega}$，即为瞬时转动轴，向量 $\boldsymbol{\omega}$ 即为瞬时角速度。瞬时转动轴上所有点的速度都等于零，瞬时转动轴相对于刚体和固定空间的位置都是变化的。由此可见，刚体定点运动(以及更一般情况下自由刚体运动)时，$\boldsymbol{\omega}$ 不是某个角度 θ 对时间的导数，因为不存在这样的方向，刚体绕着它转动角度 θ。在这里瞬时角速度 $\boldsymbol{\omega}$ 可表示为 $\boldsymbol{\omega}=\dot{\theta}\boldsymbol{e}_p$。设矢量 $\boldsymbol{\omega}$ 相对连体坐标系 $oxyz$ 的投影为

$$\boldsymbol{\omega}=\omega_x\boldsymbol{i}+\omega_y\boldsymbol{j}+\omega_z\boldsymbol{k}\tag{4.1.43}$$

角速度分量 $\omega_x,\omega_y,\omega_z$ 在形式上也可写作 π_x,π_y,π_z 的导数：

$$\omega_x=\overset{\circ}{\pi}_x,\quad \omega_y=\overset{\circ}{\pi}_y,\quad \omega_z=\overset{\circ}{\pi}_z\tag{4.1.44}$$

就像已经说明的那样，一般情况下，$\omega_x,\omega_y,\omega_z$ 不是某个角度对时间的导数，也就是说，角速度分量 $\omega_x,\omega_y,\omega_z$ 为准速度，相应的 π_x,π_y,π_z 为准坐标。

【例 4.2】 设以球铰连接顶点且相互做纯滚动的动圆锥与定圆锥的顶角分别为 2α 和 2β，对称轴分别为 z_2 和 z_0。以欧拉角表示动锥相对定锥的位置，如图 4.1.9 示。设动锥绕轴 z_2 的角速度 $\dot{\varphi}$ 给定，求轴 z_2 绕轴 z_0 的角速度 $\dot{\psi}$，并计算动锥的瞬时角速度 $\boldsymbol{\omega}$ 和瞬时角加速度 $\boldsymbol{\alpha}$。

由于动锥与定轴的接触线上各点的速度为零，因此接触线即为转动瞬时轴。将动锥的瞬时角速度 $\boldsymbol{\omega}$ 沿动锥对称轴 z_2 和定锥对称轴 z_0 分解为 $\dot{\varphi}\boldsymbol{k}_2$ 和 $\dot{\psi}\boldsymbol{k}_0$，则有

$$\dot{\varphi}\cos\alpha+\dot{\psi}\cos\beta=\omega$$
$$\dot{\varphi}\sin\alpha+\dot{\psi}\sin\beta=0$$

可得

$$\dot{\psi}=-\left(\frac{\sin\alpha}{\sin\beta}\right)\dot{\varphi}$$

$$\omega=(\cos\alpha-\sin\alpha\cot\beta)\dot{\varphi}$$

建立动锥的莱查坐标系 $ox_2y_2z_2$，其中轴 y_2 在平面 z_2oz_0 内，轴 x_2 垂直于此平面。瞬时角速度 $\boldsymbol{\omega}$ 可写作

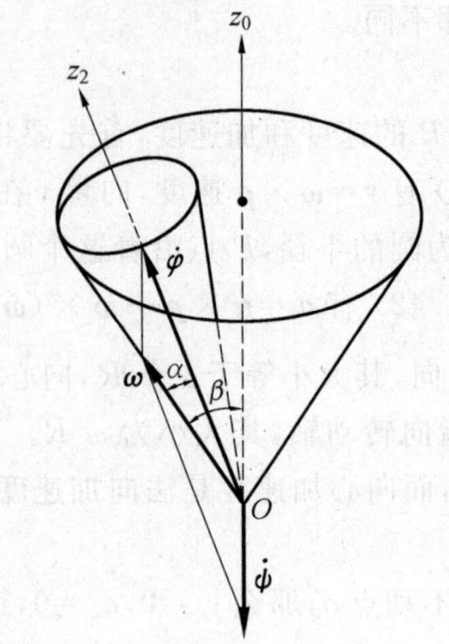

图 4.1.9

$$\boldsymbol{\omega}=\omega(-\sin\alpha\boldsymbol{j}_2+\cos\alpha\boldsymbol{k}_2)$$

将上式对 t 求导，计算上式角加速度 $\boldsymbol{\alpha}$ 得到

$$\boldsymbol{\alpha}=\dot{\boldsymbol{\omega}}=\frac{\tilde{\mathrm{d}}\boldsymbol{\omega}}{\mathrm{d}t}+\boldsymbol{\omega}_1\times\boldsymbol{\omega}$$

其中波浪号表示相对 $ox_2y_2z_2$ 的相对导数（见 4.1.3），$\boldsymbol{\omega}_1=\dot{\psi}\boldsymbol{k}_0$ 为坐标系 $ox_2y_2z_2$ 的转动角速度，可得 $\boldsymbol{\alpha}$ 的表达式为

$$\boldsymbol{\alpha}=[-\dot{\varphi}^2\sin\alpha\boldsymbol{i}_2+\ddot{\varphi}(-\sin\alpha\boldsymbol{j}_2+\cos\alpha\boldsymbol{k}_2)](\cos\alpha-\sin\alpha\cot\beta)$$

【例 4.3】　半径为 $3a$ 的圆盘在水平面上无滑动的滚动时，保持自身平面竖直，以常角速度 $\boldsymbol{\omega}_1$ 画出一个半径为 $4a$ 的圆，求圆盘最高点 P 的速度（图 4.1.10）。

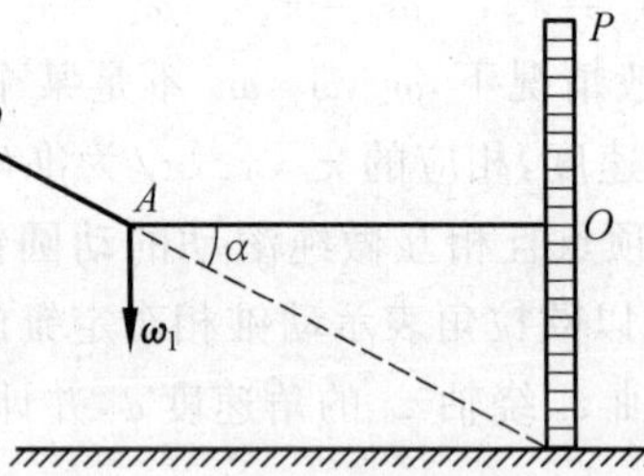

图 4.1.10

解　点 P 的速度为

$$\boldsymbol{v}_P=\boldsymbol{\omega}\times\boldsymbol{r}$$

其中

$$\boldsymbol{\omega}=\omega\boldsymbol{e}_\omega$$

根据几何关系可知

$$\omega=\frac{5}{3}\omega_1$$

P 点的速度大小为

$$|\boldsymbol{v}_P|=\boldsymbol{\omega}\cdot\boldsymbol{r}\sin(\widehat{\boldsymbol{\omega},\boldsymbol{r}})=\frac{24}{25}\omega r$$

由

$$r=5a$$

可知

$$|\boldsymbol{v}_P|=8\omega_1 a$$

【例 4.4】 匀质球在平面上做无滑动的滚动，写出其约束方程。

解 球的位移可由 5 个参数描述，分别为 o 点坐标 x_o，y_o 和描述刚体相对 o 点位置的欧拉角 ψ，θ，φ。系统存在 P 点处绝对速度为零的约束。

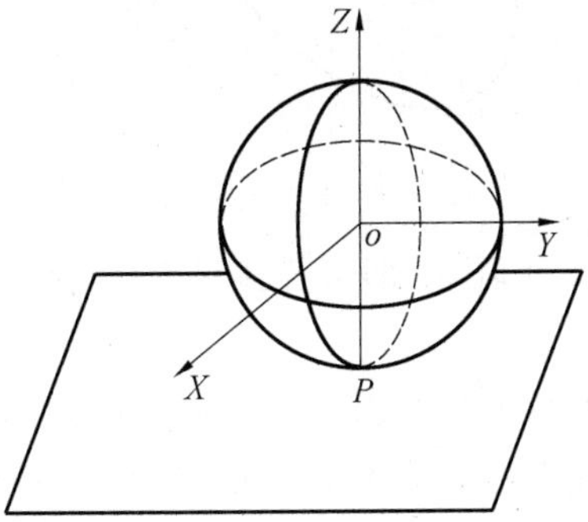

图 4.1.11

首先分析约束方程，写出 P 点的速度为

$$\boldsymbol{v}_P=\boldsymbol{v}_o+\boldsymbol{\omega}\times\boldsymbol{\rho}=\boldsymbol{v}_o+\boldsymbol{\omega}\times(\boldsymbol{r}_p-\boldsymbol{r}_o)$$

将其写作

$$\boldsymbol{v}_P=(\dot{x}_o-\omega_y R)\boldsymbol{i}+(\dot{y}_o+\omega_x R)\boldsymbol{j}$$

即存在非完整约束：

$$\dot{x}_o-\omega_y R=0$$

$$\dot{y}_o+\omega_x R=0$$

与欧拉运动学方程(4.1.35)组合，即可描述平面上无滑动滚动圆球的运动规律。

【例 4.5】 圆环在平面上做纯滚动，写出其约束方程。

解 圆环的位移由 o 点坐标 x_o，y_o，z_o 及欧拉角 ψ，θ，φ 描述。系统存在 P 点处绝对速度为零的约束。建立连体坐标系 $oxyz$，并在图 4.1.12 中绘出欧拉角对应的各次转动连体坐标系的位置。设圆环半径为 a。

P 点坐标为 $-a\boldsymbol{j}_2$，则

$$\boldsymbol{v}_P=\boldsymbol{v}_o+\boldsymbol{\omega}\times\boldsymbol{\rho}=\boldsymbol{v}_o+\boldsymbol{\omega}\times(\dot{\psi}\boldsymbol{k}_1+\dot{\theta}\boldsymbol{i}_2+\dot{\varphi}\boldsymbol{k}_3)\times(-a\boldsymbol{j}_2)$$

$$\dot{x}_o\boldsymbol{i}_0+\dot{y}_o\boldsymbol{j}_0+\dot{z}_o\boldsymbol{k}_0+a(\dot{\psi}\cos\theta-\dot{\varphi})\boldsymbol{i}_2-a\dot{\theta}\boldsymbol{k}_3$$

其中

$$\boldsymbol{i}_2=\cos\psi\,\boldsymbol{i}_0+\sin\psi\boldsymbol{j}_0$$

$$\boldsymbol{k}_2=\sin\varphi\sin\psi\boldsymbol{i}_0-\sin\varphi\cos\psi\boldsymbol{j}_0+\cos\varphi\boldsymbol{k}_0$$

即有非完整约束方程：

$$\dot{x}_o+a(\dot{\psi}\cos\theta-\dot{\varphi})\cos\psi-a\dot{\theta}\sin\psi\sin\varphi=0$$

$$\dot{y}_o+a(\dot{\psi}\cos\theta-\dot{\varphi})\sin\psi+a\dot{\theta}\cos\psi\sin\varphi=0$$

$$\dot{z}_o-a\dot{\theta}\cos\varphi=0$$

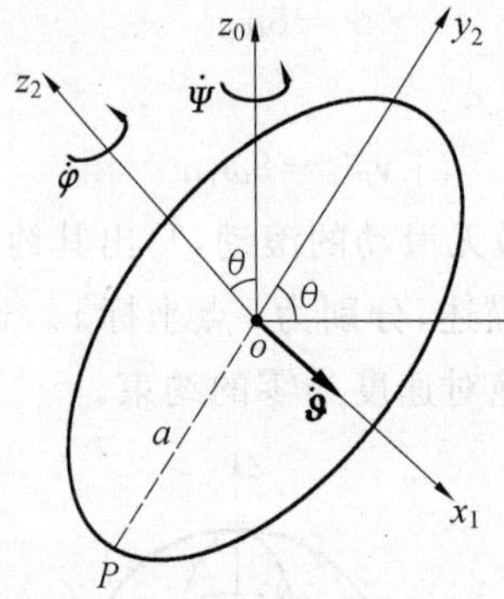

图 4.1.12

与欧拉运动学方程(4.1.35) 联立,即可描述平面上纯滚动圆环的运动规律。

(4) 刚体的平面运动。

如果刚体的所有点都在平行于某个固定平面的平面内运动,则称刚体的运动是平面运动。设这个固定平面是惯性坐标系的坐标平面 OXY,从刚体向该平面作垂线得到的所有直线都是作平动,因此确定这样的直线的运动仅需知道直线上一点的运动。如果刚体的任意一个平行于 OXY 的截面的运动已知,则整个刚体的运动就可知。所以,研究刚体平面运动归结为研究平面图形在自身平面内的运动。

平面图形上点的速度和加速度可以利用公式(4.1.30) 和(4.1.42) 求得,这些公式对刚体最一般的运动都是成立的。

4.1.3 刚体的复合运动

刚体复合运动的问题可这样提出,设刚体相对坐标系 $o\xi\eta\zeta$ 运动,坐标系 $o\xi\eta\zeta$ 相对惯性坐标系 $OXYZ$ 运动,刚体相对惯性坐标系 $OXYZ$ 可视为其做复合运动,该运动由 2 个已知运动合成,类似地可以定义 n 个运动合成的复合运动。

研究刚体复合运动的任务是寻找各个运动与复合运动的基本运动学特性之间的依赖关系。为叙述方便,这里只限于研究 2 个运动组成的复合运动,多个运动的复合运动并无本质困难,只是略为复杂一些。点的复合运动是刚体复合运动的基础,我们首先从点的复合运动开始分析。

4.1.3.1 点的复合运动、绝对导数和相对导数

设某点 P 在坐标系 $o\xi\eta\zeta$ 中运动,而坐标系 $o\xi\eta\zeta$ 相对惯性坐标系 $OXYZ$ 运动,点 P 在动坐标系 $o\xi\eta\zeta$ 中的矢径 $\boldsymbol{\rho}$ 可表示为

$$\boldsymbol{\rho}=x\boldsymbol{i}+y\boldsymbol{j}+z\boldsymbol{k} \tag{4.1.45}$$

式中 $\boldsymbol{i},\boldsymbol{j},\boldsymbol{k}$——$\xi,\eta,\zeta$ 轴的单位方向矢量。

点 P 在惯性坐标系 $OXYZ$ 的矢径 $\boldsymbol{r}$ 可表示为

$$\boldsymbol{r}=\boldsymbol{r}_o+\boldsymbol{\rho} \tag{4.1.46}$$

式中 $\boldsymbol{r}_o$—— 坐标系 $o\xi\eta\zeta$ 的原点 o 的矢径。

点 P 的速度可表示为

$$\boldsymbol{v}=\dot{\boldsymbol{r}}=\dot{\boldsymbol{r}}_o+\dot{\boldsymbol{\rho}} \tag{4.1.47}$$

其中 $\dot{\boldsymbol{\rho}}$ 由式(4.1.45)对时间 t 求导可表示为

$$\dot{\boldsymbol{\rho}}=\dot{x}\boldsymbol{i}+\dot{y}\boldsymbol{j}+\dot{z}\boldsymbol{k}+x\frac{\mathrm{d}\boldsymbol{i}}{\mathrm{d}t}+y\frac{\mathrm{d}\boldsymbol{j}}{\mathrm{d}t}+z\frac{\mathrm{d}\boldsymbol{k}}{\mathrm{d}t} \tag{4.1.48}$$

定义下式为相对导数：

$$\frac{\tilde{\mathrm{d}}\boldsymbol{\rho}}{\mathrm{d}t}=\dot{x}\boldsymbol{i}+\dot{y}\boldsymbol{j}+\dot{z}\boldsymbol{k} \tag{4.1.49}$$

注意到矢量 $\boldsymbol{i}$,$\boldsymbol{j}$ 和 $\boldsymbol{k}$ 是坐标系 $o\xi\eta\zeta$ 各坐标轴的单位方向矢量，分析这些矢量相对惯性系 $OXYZ$ 的运动，首先分析矢量 $\boldsymbol{i}$，为方便公式书写定义矢量 $\boldsymbol{i}$ 的末端为 A 点，如图 4.1.13。

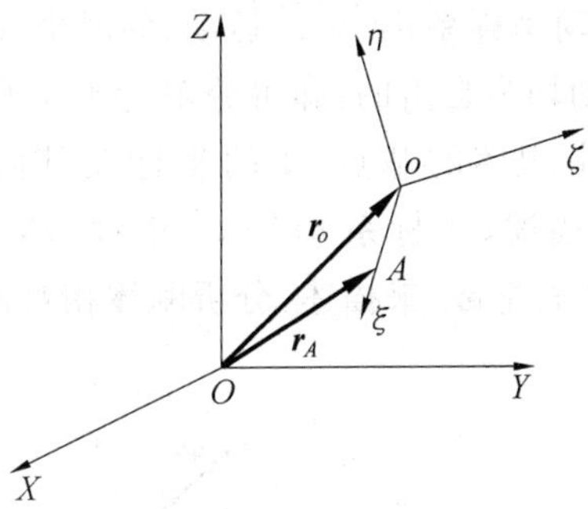

图 4.1.13

在任意时刻均有

$$\boldsymbol{i}=\overrightarrow{OA}=\boldsymbol{r}_A-\boldsymbol{r}_o \tag{4.1.50}$$

将上式对时间求导数，得

$$\begin{aligned}\frac{\mathrm{d}\boldsymbol{i}}{\mathrm{d}t}&=\frac{\mathrm{d}\,\overline{OA}}{\mathrm{d}t}=\frac{\mathrm{d}\boldsymbol{r}_A}{\mathrm{d}t}-\frac{\mathrm{d}\boldsymbol{r}}{\mathrm{d}t}=\boldsymbol{v}_A-\boldsymbol{v}_o=\boldsymbol{\omega}\times\boldsymbol{r}_A-\boldsymbol{\omega}\times\boldsymbol{r}_o\\&=\boldsymbol{\omega}\times(\boldsymbol{r}_A-\boldsymbol{r}_o)=\boldsymbol{\omega}\times\overrightarrow{OA}=\boldsymbol{\omega}\times\boldsymbol{i}\end{aligned} \tag{4.1.51}$$

这里使用了基点的定义及式(4.1.30)。

更一般地，由于坐标系可视为刚体在空间中的连续扩充，类似于 $\overline{OA}$，我们可定义刚体上任意两点之间的有向线段为刚体的连体矢量。式(4.1.51)表明刚体的连体矢量对时间的导数等于刚体的角速度与该连体矢量的叉积，该式就是刚体的连体矢量对时间求导的计算公式。由此，我们可以直接写出

$$\frac{\mathrm{d}\boldsymbol{j}}{\mathrm{d}t}=\boldsymbol{\omega}\times\boldsymbol{j},\quad \frac{\mathrm{d}\boldsymbol{k}}{\mathrm{d}t}=\boldsymbol{\omega}\times\boldsymbol{k} \tag{4.1.52}$$

将式(4.1.49),(4.1.51)和(4.1.52)代入式(4.1.48)中可得

$$\dot{\boldsymbol{\rho}}=\frac{\tilde{\mathrm{d}}\boldsymbol{\rho}}{\mathrm{d}t}+\boldsymbol{\omega}\times\boldsymbol{\rho} \tag{4.1.53}$$

即矢量 $\boldsymbol{\rho}$ 的绝对导数等于其相对导数再加上动坐标系的角速度与该矢量的叉积，这就是绝对导数与相对导数的关系式。

将式(4.1.53)代入式(4.1.47)中可得

$$\boldsymbol{v}=\dot{\boldsymbol{r}}=\dot{\boldsymbol{r}}_o+\frac{\tilde{\mathrm{d}}\boldsymbol{\rho}}{\mathrm{d}t}+\boldsymbol{\omega}\times\boldsymbol{\rho}=\boldsymbol{v}_e+\boldsymbol{v}_r \tag{4.1.54}$$

其中,中间部分的第一项与第三项之和即为点的牵连速度 $\boldsymbol{v}_e$,第二项为相对速度 $\boldsymbol{v}_r$。

将式(4.1.54)两端再对时间求导,并利用刚体的连体矢量对时间求导的计算公式(4.1.51)可得质点 P 加速度的表达式为

$$\boldsymbol{a}=\frac{\mathrm{d}^2\boldsymbol{r}_o}{\mathrm{d}t^2}+\frac{\tilde{\mathrm{d}}^2\boldsymbol{\rho}}{\mathrm{d}t^2}+2\boldsymbol{\omega}\times\frac{\tilde{\mathrm{d}}\boldsymbol{\rho}}{\mathrm{d}t}+\dot{\boldsymbol{\omega}}\times\boldsymbol{\rho}+\boldsymbol{\omega}\times(\boldsymbol{\omega}\times\boldsymbol{\rho}) \tag{4.1.55}$$

其中第三项即为科氏加速度。

4.1.3.2 **刚体的复合运动**

设刚体 A 相对空间中某动坐标系 $ox'y'z'$ 运动,同时坐标系 $ox'y'z'$ 相对于惯性坐标系 $OXYZ$ 运动,这里两个运动均为自由的,即可分解为平动和转动(图 4.1.14)。设刚体相对坐标系 $ox'y'z'$ 的运动由刚体的基点 M 的坐标及其固连坐标系 $Mx^*y^*z^*$ 相对 $ox'y'z'$ 的角速度矢量 $\boldsymbol{\omega}_r$ 来描述;坐标系 $ox'y'z'$ 相对 $OXYZ$ 的运动由 o 点的坐标及 $ox'y'z'$ 相对 $OXYZ$ 的角速度矢量 $\boldsymbol{\omega}_e$ 来描述,分析刚体相对惯性坐标系 $OXYZ$ 的运动描述。

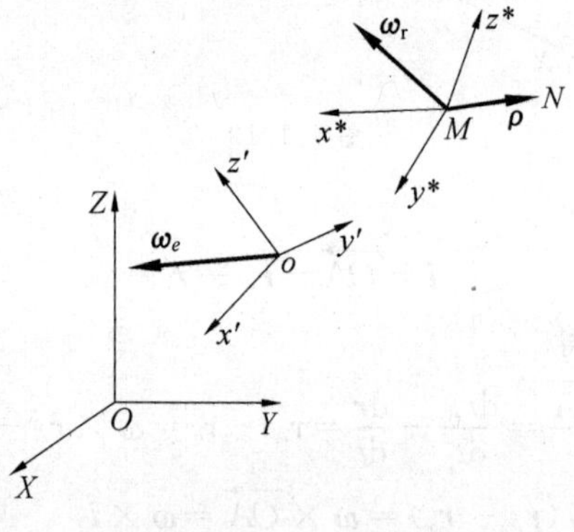

图 4.1.14

在刚体上任选一点 N,其矢径 $\overrightarrow{MN}=\boldsymbol{\rho}$,来确定向量 $\boldsymbol{\rho}$ 在 $OXYZ$ 中的运动。

对刚体上的点 N 使用点的速度合成公式(4.1.54),此时牵连速度 $\boldsymbol{v}_e$:

$$\boldsymbol{v}_e=\boldsymbol{v}_o+\boldsymbol{\omega}_e\times(\boldsymbol{r}'+\boldsymbol{\rho}) \tag{4.1.56}$$

这里 $\boldsymbol{r}'=\overrightarrow{oM}$。

点 N 的绝对速度可表示为

$$\begin{aligned}\boldsymbol{v}&=\boldsymbol{v}_o+\boldsymbol{\omega}_e\times(\boldsymbol{r}'+\boldsymbol{\rho})+\boldsymbol{v}_r+\boldsymbol{\omega}_r\times\boldsymbol{\rho}\\&=\boldsymbol{v}_o+\boldsymbol{\omega}_e\times\boldsymbol{r}'+\boldsymbol{v}_r+(\boldsymbol{\omega}_e+\boldsymbol{\omega}_r)\times\boldsymbol{\rho}\end{aligned} \tag{4.1.57}$$

$\boldsymbol{v}_r$ 为点 M 相对 $ox'y'z'$ 的速度,则前三项之和即为点 M 的绝对速度,用 $\boldsymbol{v}_M$ 来表示,式(4.1.57)可改写为

$$\boldsymbol{v}=\boldsymbol{v}_M+(\boldsymbol{\omega}_e+\boldsymbol{\omega}_r)\times\boldsymbol{\rho} \tag{4.1.58}$$

这就是刚体内任意一点相对惯性系的速度表达式。

分析一些典型情况：

① 当点 O,o,M 重合时。

此时 N 点的速度为

$$\boldsymbol{v}=(\boldsymbol{\omega}_e+\boldsymbol{\omega}_r)\times\boldsymbol{\rho} \tag{4.1.59}$$

事实上，不考虑坐标系 $ox'y'z'$，N 点的速度可直接写为

$$\boldsymbol{v}=\boldsymbol{\omega}\times\boldsymbol{\rho} \tag{4.1.60}$$

这里

$$\boldsymbol{\omega}=\boldsymbol{\omega}_e+\boldsymbol{\omega}_r \tag{4.1.61}$$

$\boldsymbol{\omega}$ 即为刚体相对坐标系 $OXYZ$ 的角速度。

② 当点 O,o,M 重合，且 $\boldsymbol{\rho}=\boldsymbol{i}_s^*$ 时。

将 $\boldsymbol{\rho}=\boldsymbol{i}_s^*$ 代入式(4.1.60)可得

$$\frac{d\boldsymbol{i}_s^*}{\mathrm{d}t}=\boldsymbol{\omega}\times\boldsymbol{i}_s^* \tag{4.1.62}$$

即为矢量的速度公式。

再来分析刚体复合运动的加速度。设矢量 $\boldsymbol{\omega}_e$ 的坐标列阵相对坐标系 $o\xi\eta\zeta$ 描述，$\boldsymbol{\omega}_r$ 的相对 $Mx^*y^*z^*$，则角加速度表达式为(由式(4.1.61)对时间求导)

$$\begin{aligned}\boldsymbol{\alpha}=\dot{\boldsymbol{\omega}}&=\sum_{s=1}^{3}\frac{\mathrm{d}}{\mathrm{d}t}(\omega_{e_s}\boldsymbol{i}'_s+\omega_{e_s^*}\boldsymbol{i}_s^*)\\&=\sum_{s=1}^{3}(\dot{\omega}_{e_s}\boldsymbol{i}'_s+\dot{\omega}_{e_s^*}\boldsymbol{i}_s^*)+\boldsymbol{\omega}_e\times\boldsymbol{\omega}_e+(\boldsymbol{\omega}_e+\boldsymbol{\omega}_r)\times\boldsymbol{\omega}_r\\&=\sum_{s=1}^{3}\dot{\boldsymbol{\omega}}_{e_s}\boldsymbol{i}'_s+\sum_{s=1}^{3}\dot{\boldsymbol{\omega}}_{e_s^*}\boldsymbol{i}_s^*+\boldsymbol{\omega}_e\times\boldsymbol{\omega}_r\\&=\boldsymbol{\alpha}_e+\boldsymbol{\alpha}_r+\boldsymbol{\omega}_e\times\boldsymbol{\omega}_r\end{aligned} \tag{4.1.63}$$

现在对式(4.1.58)微分，即可得到点 N 的加速度 $\boldsymbol{a}$。

首先对 M 点的绝对速度 $\boldsymbol{v}_M$ 求导，得到其绝对加速度，即为式(4.1.55)，即

$$\boldsymbol{a}=\boldsymbol{a}_o+\boldsymbol{a}_r+2\boldsymbol{\omega}_e\times\boldsymbol{v}_r+\boldsymbol{\alpha}_e\times\boldsymbol{r}'+\boldsymbol{\omega}_e\times(\boldsymbol{\omega}_e\times\boldsymbol{r}') \tag{4.1.64}$$

继续分析对式(4.1.58)中的第二项的求导。考虑到式(4.1.63)及(4.1.59)，有

$$\begin{aligned}\frac{\mathrm{d}}{\mathrm{d}t}[(\boldsymbol{\omega}_e+\boldsymbol{\omega}_r)\times\boldsymbol{\rho}]&=(\boldsymbol{\alpha}_e+\boldsymbol{\alpha}_r+\boldsymbol{\omega}_e\times\boldsymbol{\omega}_r)\times\boldsymbol{\rho}+(\boldsymbol{\omega}_e+\boldsymbol{\omega}_r)\times[(\boldsymbol{\omega}_e+\boldsymbol{\omega}_r)\times\boldsymbol{\rho}]\\&=\boldsymbol{\alpha}_e\times\boldsymbol{\rho}+\boldsymbol{\omega}_e\times(\boldsymbol{\omega}_e\times\boldsymbol{\rho})+(\boldsymbol{\omega}_e\times\boldsymbol{\omega}_r)\times\boldsymbol{\rho}+\boldsymbol{\omega}_e\times(\boldsymbol{\omega}_r\times\boldsymbol{\rho})+\\&\quad\boldsymbol{\omega}_r\times(\boldsymbol{\omega}_e\times\boldsymbol{\rho})+\boldsymbol{\alpha}_r\times\boldsymbol{\rho}+\boldsymbol{\omega}_r\times(\boldsymbol{\omega}_r\times\boldsymbol{\rho})\end{aligned}$$

注意到

$$(\boldsymbol{\omega}_e\times\boldsymbol{\omega}_r)\times\boldsymbol{\rho}+\boldsymbol{\omega}_r\times(\boldsymbol{\omega}_e\times\boldsymbol{\rho})=\boldsymbol{\omega}_e\times(\boldsymbol{\omega}_r\times\boldsymbol{\rho})$$

上式可改写为

$$\begin{aligned}\frac{\mathrm{d}}{\mathrm{d}t}[(\boldsymbol{\omega}_e+\boldsymbol{\omega}_r)\times\boldsymbol{\rho}]=&\boldsymbol{\alpha}_e\times\boldsymbol{\rho}+\boldsymbol{\omega}_e\times(\boldsymbol{\omega}_e\times\boldsymbol{\rho})+\\&\boldsymbol{\alpha}_r\times\boldsymbol{\rho}+\boldsymbol{\omega}_r\times(\boldsymbol{\omega}_r\times\boldsymbol{\rho})+2\boldsymbol{\omega}_e\times(\boldsymbol{\omega}_r\times\boldsymbol{\rho})\end{aligned} \tag{4.1.65}$$

最终点 N 的绝对加速度可写为

$$\boldsymbol{a}=\{\boldsymbol{a}_o+\boldsymbol{\alpha}_e\times(\boldsymbol{r}'+\boldsymbol{\rho})+\boldsymbol{\omega}_e\times[\boldsymbol{\omega}_e\times(\boldsymbol{r}'+\boldsymbol{\rho})]\}$$
$$\{\boldsymbol{a}_r+\boldsymbol{\alpha}_r\times\boldsymbol{\rho}+\boldsymbol{\omega}_r\times(\boldsymbol{\omega}_r\times\boldsymbol{\rho})\}+\{2\boldsymbol{\omega}_e\times(\boldsymbol{v}_r+\boldsymbol{\omega}\times\boldsymbol{\rho})\} \tag{4.1.66}$$

其中

$$\boldsymbol{a}_E=\{\boldsymbol{a}_o+\boldsymbol{\alpha}_e\times(\boldsymbol{r}'+\boldsymbol{\rho})+\boldsymbol{\omega}_e\times[\boldsymbol{\omega}_e\times(\boldsymbol{r}'+\boldsymbol{\rho})]\} \tag{4.1.67}$$

为牵连加速度，即点 N 在当前时刻占据的位置的加速度。

第二个大括号内的项为

$$\boldsymbol{a}_R=\{\boldsymbol{a}_r+\boldsymbol{\alpha}_r\times\boldsymbol{\rho}+\boldsymbol{\omega}_r\times(\boldsymbol{\omega}_r\times\boldsymbol{\rho})\} \tag{4.1.68}$$

为点 N 相对坐标系 $ox'y'z'$ 的加速度。

由于点 N 相对坐标系 $ox'y'z'$ 的速度为

$$\boldsymbol{v}_R=\boldsymbol{v}_r+\boldsymbol{\omega}_r\times\boldsymbol{\rho} \tag{4.1.69}$$

则第三个大括号为

$$\boldsymbol{a}_C=\{2\boldsymbol{\omega}_e\times(\boldsymbol{v}_r+\boldsymbol{\omega}\times\boldsymbol{\rho})\}=2\boldsymbol{\omega}_e\times\boldsymbol{v}_R \tag{4.1.70}$$

为点 N 的科氏加速度。

最终式(4.1.66)可写作

$$\boldsymbol{a}=\boldsymbol{a}_E+\boldsymbol{a}_R+\boldsymbol{a}_C \tag{4.1.71}$$

§4.2　刚体的基本动力学量

4.2.1　刚体的动量

刚体是无限多个质点组成的特殊质点系，质心是刚体内某一确定点。刚体的动量定义为其质心速度与质量的乘积。

$$\boldsymbol{p}=m\boldsymbol{v}_c \tag{4.2.1}$$

当刚体形状规则且质量分布均匀时，质心也就是几何中心，例如，长为 l 质量为 m 的均质细杆，在平面内绕 o 点转动，角速度为 ω，如图 4.2.1(a) 所示，细杆质心的速度 $v_c=\frac{l}{2}\omega$，则细杆的动量为 $m\boldsymbol{v}_c$，方向与 $\boldsymbol{v}_c$ 相同。又如图 4.2.1(b) 所示的均质滚轮，质量为 m，轮心速度为 $\boldsymbol{v}_c$，则其动量为 $m\boldsymbol{v}_c$。而如图 4.2.1(c) 所示的绕中心转动的均质轮，无论有多大的角速度和质量，由于其质心不动，其动量总是零。

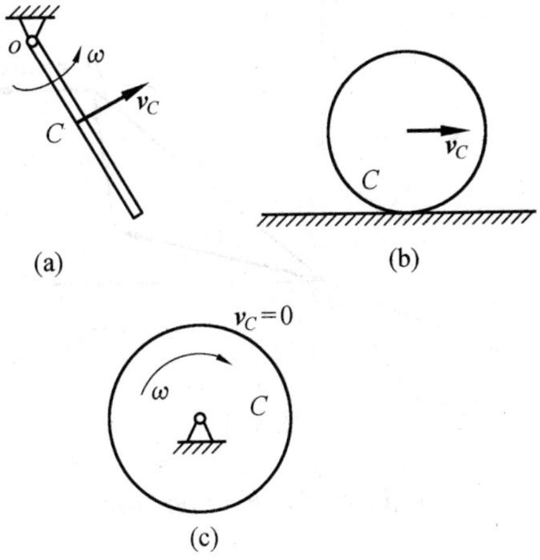

图 4.2.1

4.2.2　刚体的动量矩

4.2.2.1　定点运动刚体的动量矩及刚体的质量几何

设刚体绕固定点 o 转动，瞬时角速度矢量为 $\boldsymbol{\omega}$，刚体内任意点 P 处的微元质量 $\mathrm{d}m$ 相对 o 点的矢径为 $\boldsymbol{r}$（图 4.2.2）。

则刚体相对点 o 的动量矩定义为

$$\boldsymbol{L}_o=\int \boldsymbol{r}\times \boldsymbol{v}\mathrm{d}m \tag{4.2.2}$$

积分域为整个刚体。将 P 点的速度 $\boldsymbol{v}=\boldsymbol{\omega}\times\boldsymbol{r}$ 代入，并利用矢量乘积关系 $\boldsymbol{a}\times(\boldsymbol{b}\times\boldsymbol{c})=[(\boldsymbol{c}\cdot\boldsymbol{a})\boldsymbol{E}-\boldsymbol{c}\boldsymbol{a}]\cdot\boldsymbol{b}$ 可将式(4.2.2) 改写为

$$\boldsymbol{L}_o=\int \boldsymbol{r}\times(\boldsymbol{\omega}\times\boldsymbol{r})\mathrm{d}m=\int(r^2\boldsymbol{E}-\boldsymbol{r}\boldsymbol{r})\mathrm{d}m\cdot\boldsymbol{\omega} \tag{4.2.3}$$

式中　$\boldsymbol{E}$—— 单位并矢。

引入并矢符号 $\boldsymbol{J}$，定义为

$$\boldsymbol{J}_o=\int(r^2\boldsymbol{E}-\boldsymbol{r}\boldsymbol{r})\mathrm{d}m \tag{4.2.4}$$

式中　$\boldsymbol{J}_o$—— 刚体对点 o 的惯量张量。式(4.2.3) 表明刚体对点 o 的动量矩 $\boldsymbol{L}_o$ 等于惯量张量 $\boldsymbol{J}_o$ 与角速度 $\boldsymbol{\omega}$ 的点积。

$$\boldsymbol{L}_o=\boldsymbol{J}_o\cdot\boldsymbol{\omega} \tag{4.2.5}$$

一般情况下，点 o 与刚体的质心 o_c 不重合，以 $\boldsymbol{r}_c$ 和 $\boldsymbol{\rho}$ 表示 o_c 相对点 o 和点 P 相对 o_c 的矢径（图 4.2.2），则有

$$\boldsymbol{r}=\boldsymbol{r}_c+\boldsymbol{\rho} \tag{4.2.6}$$

将上式代入式(4.2.4)，利用 $\int\boldsymbol{\rho}\mathrm{d}m=\boldsymbol{0}$，$\int\mathrm{d}m=m$ 导出

$$\boldsymbol{J}_o=\boldsymbol{J}_c+m(r_c^2\boldsymbol{E}-\boldsymbol{r}_c\boldsymbol{r}_c) \tag{4.2.7}$$

式中　$\boldsymbol{J}_c$—— 刚体相对质心的惯量张量：

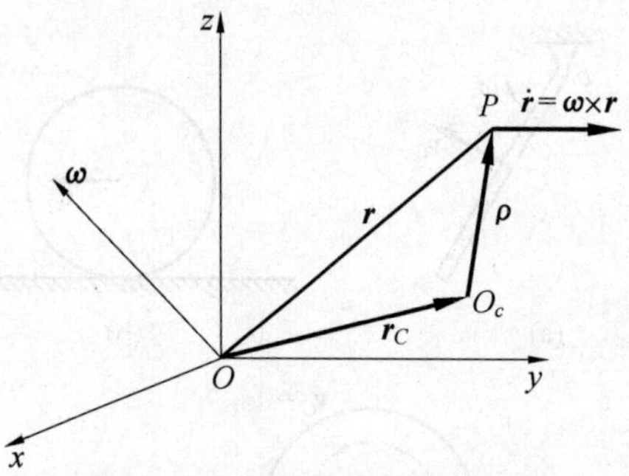

图 4.2.2

$$\boldsymbol{J}_c=\int(\rho^2\boldsymbol{E}-\boldsymbol{\rho\rho})\mathrm{d}m \tag{4.2.8}$$

$\boldsymbol{J}_c$ 确定以后，可利用式(4.2.7)计算刚体对任意点 o 的惯量张量。

以 o 为原点，建立与刚体固连的坐标系 $oxyz$ 以确定 p 点的位置，将惯量张量 $\boldsymbol{J}_0$ 向 $oxyz$ 投影，得到刚体相对于 $oxyz$ 的惯量矩阵，记作 $\boldsymbol{J}_o^{(0)}$：

$$\boldsymbol{J}_o^{(0)}=\begin{bmatrix} J_{xx} & -J_{xy} & -J_{xz} \\ -J_{yx} & J_{yy} & -J_{yz} \\ -J_{zx} & -J_{zy} & J_{zz} \end{bmatrix} \tag{4.2.9}$$

式中　J_{xx},J_{yy},J_{zz}——刚体相对 x,y,z 各轴的转动惯量，也称为惯量矩；

J_{yz},J_{zx},J_{xy}——刚体的惯量积，分别定义为

$$J_{xx}=\int(y^2+z^2)\mathrm{d}m,J_{yy}=\int(x^2+z^2)\mathrm{d}m,J_{zz}=\int(x^2+y^2)\mathrm{d}m$$

$$J_{yz}=\int yz\,\mathrm{d}m,\quad J_{zx}=\int zx\,\mathrm{d}m,\quad J_{xy}=\int xy\,\mathrm{d}m \tag{4.2.10}$$

将式(4.2.7)各项在坐标系 $oxyz$ 中投影，得到

$$\boldsymbol{J}_o^{(0)}=\boldsymbol{J}_c^{(0)}+m\begin{bmatrix} y_c^2+z_c^2 & -x_cy_c & -z_cx_c \\ -x_cy_c & z_c^2+x_c^2 & -y_cz_c \\ -z_cx_c & -y_cz_c & x_c^2+y_c^2 \end{bmatrix} \tag{4.2.11}$$

式中　$\boldsymbol{J}_c^{(0)}$——刚体对质心的惯量张量在以 o_c 为原点、各坐标轴分别对应平行于 $oxyz$ 各坐标轴的坐标系中的惯量矩阵。

当已知刚体相对质心的惯量矩阵 $\boldsymbol{J}_c^{(0)}$，可使用式(4.2.11)计算刚体相对任意点 o 的惯量矩阵，这一性质是非常有实际应用价值的。

刚体相对其上不同连体坐标系的惯量矩阵是不同的，下面我们来研究这些惯量矩阵的关系。事实上，式(4.2.11)即表示了刚体相对质心连体坐标系的惯量矩阵和与该质心连体坐标系坐标轴指向相同的非质心连体坐标系惯量矩阵之间的关系。

对于具有相同原点的连体坐标系，可将惯量张量分别在连体坐标系 $ox_sy_sz_s$ 和 $ox_ry_rz_r$ 上投影，之后对得到的矩阵进行正交变换。以下标 s,r 表示相对不同坐标系的投影矩阵，设 $\boldsymbol{A}_{sr}$ 为 $ox_sy_sz_s$ 相对 $ox_ry_rz_r$ 的方向余弦矩阵，则有

$$\boldsymbol{J}_o^{(s)}=\boldsymbol{A}_{sr}\boldsymbol{J}_o^{(r)}\boldsymbol{A}_{rs} \tag{4.2.12}$$

特别地，在线性代数中曾经证明，实对称矩阵必可由相似正交变换转化为对角阵，使变换后的所有非对角元素均为零。这时存在着形式特别简单的惯量矩阵：

$$\boldsymbol{J}_o^{(0)}=\begin{pmatrix}A & 0 & 0\\ 0 & B & 0\\ 0 & 0 & C\end{pmatrix} \tag{4.2.13}$$

与上式对应的固连坐标系称为刚体的主轴坐标系，各坐标轴称为刚体的惯量主轴。刚体相对主轴坐标系的惯量积为零，对角线元素 A,B,C 称为刚体的主惯量矩。刚体相对不同参考点有不同的惯量主轴和主惯量矩，其中对质心的惯量主轴和主惯量矩称为刚体的中心惯量主轴和中心主惯量矩。寻找刚体的惯量主轴具有特别重要的意义。

将式(4.2.5)各项向主轴坐标系投影，由动量矩表达式(4.2.5)及式(4.2.13)可得的刚体相对主轴坐标系的动量矩计算公式：

$$\boldsymbol{L}_o^{(0)}=(A\omega_x\quad B\omega_y\quad C\omega_z)^{\mathrm{T}} \tag{4.2.14}$$

不难看出，当刚体绕惯性系任一坐标轴转动时，动量矩矢量必与角速度矢量共线，可利用此特点计算惯量主轴的位置。$\boldsymbol{L}_0$ 与 $\boldsymbol{\omega}$ 的共线条件可利用其坐标矩阵写作

$$\boldsymbol{L}_o^{(0)}=s\boldsymbol{\omega}^{(0)} \tag{4.2.15}$$

其特征值问题为

$$(\boldsymbol{J}_o^{(0)}-s\boldsymbol{E})\boldsymbol{\omega}^{(0)}=0 \tag{4.2.16}$$

式中　s—— 待定常数；

$\boldsymbol{E}$—— 三维单位阵，即惯量主轴的计算可转化为求惯量矩阵的特征值。线性代数中证明，实对称阵必存在 3 个实的特征值，且分别等于式(4.2.16)中的 3 个对角线元素，即 3 个主惯量矩，所对应的 3 个特征矢量则确定惯量主轴在刚体内的位置。

在很多具体问题中(若刚体为均质的)有时也可以不经过数学运算，而直接根据刚体的几何性质判断均质刚体的惯量主轴位置，有以下常用的规律：

(1) 若刚体有对称轴，则必为轴上各点的惯量主轴，称为极轴。过极轴上一点且与极轴垂直的任意轴也是惯量主轴，称为赤道轴。

(2) 若刚体有对称平面，则平面上各点的法线必为该点的惯量主轴。

(3) 球形对称刚体过球心的任意轴均为球心的惯量主轴。

(4) 刚体的中心惯量主轴上各点的惯量主轴必与中心惯量主轴平行。

【例 4.6】　试计算图示刚体相对其主轴坐标系 $oxyz$ 绕轴 oy 转动角 α 后的位置 $ox_1y_1z_1$ 的惯量矩阵 $\boldsymbol{J}_o^{(1)}$。设 A,B,C 为刚体的主惯量矩。

解　利用式(4.2.15)可直接得出

$$\boldsymbol{J}_o^{(1)}=\begin{pmatrix}\cos\alpha & 0 & -\sin\alpha\\ 0 & 1 & 0\\ \sin\alpha & 0 & \cos\alpha\end{pmatrix}\begin{pmatrix}A & & \\ & B & \\ & & C\end{pmatrix}\begin{pmatrix}\cos\alpha & 0 & \sin\alpha\\ 0 & 1 & 0\\ -\sin\alpha & 0 & \cos\alpha\end{pmatrix}$$

$$=\begin{pmatrix}A\cos^2\alpha+C\sin^2\alpha & 0 & (A-C)\cos\alpha-\sin\alpha\\ 0 & B & 0\\ (A-C)\cos\alpha\sin\alpha & 0 & A\sin^2\alpha+C\cos^2\alpha\end{pmatrix}$$

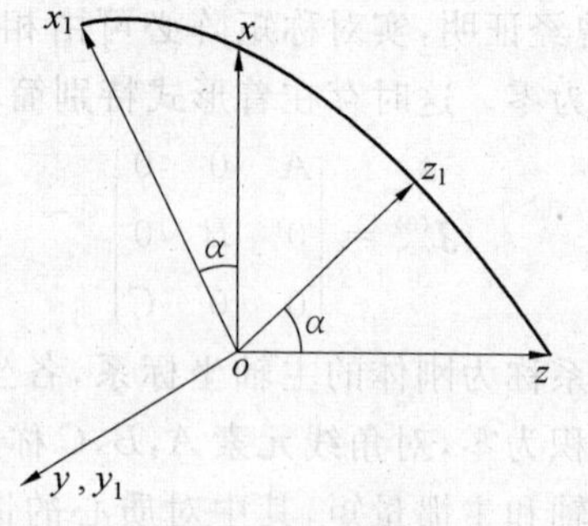

图 4.2.3

【例 4.7】 均质立方体的边长分别为 $2a,2b,2c$，如图 4.2.4 所示，计算其相对顶点 o 的惯量矩阵。

均质长方体的中心主惯量矩为

$$J_{cx}=\frac{1}{3}m(b^2+c^2),\quad J_{cy}=\frac{1}{3}m(c^2+a^2),\quad J_{cz}=\frac{1}{3}m(b^2+a^2)$$

利用式(4.2.11)计算出刚体对点 o 的惯量矩阵为

$$\boldsymbol{J}_o^{(0)}=\begin{bmatrix}\frac{4}{3}m(b^2+c^2) & -mab & -mca\\ -mab & \frac{4}{3}m(a^2+c^2) & -mbc\\ -mca & -mbc & \frac{4}{3}m(b^2+a^2)\end{bmatrix}$$

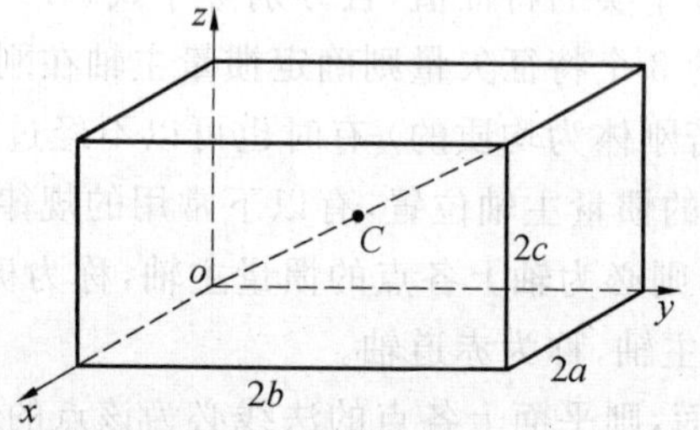

图 4.2.4

惯量张量本质上表征了刚体相对某个点的质量分布状况，对于具体的坐标系，惯量矩是刚体绕坐标系各相应轴的惯量，而惯量积可理解为刚体相对坐标平面质量分布的不对称性。为了直观地表达出质量分布状况，潘索(Rinsot，L)提出了惯量椭球概念，用几何方式形象地描述了刚体相对任意轴的转动惯量。设过点 o 的任意轴 p 相对连体坐标系 $oxyz$ 的方向余弦为(l,m,n)，刚体相对点 o 的惯量张量 $\boldsymbol{J}_o$ 相对此坐标系的惯量矩阵为 $\boldsymbol{J}_o^{(0)}$(式(4.2.9))，将 p 轴视为另一坐标系的坐标轴，可得刚体相对 p 轴的转动惯量 J_{pp} 为

$$\begin{aligned}J_{pp}&=(l\quad m\quad n)\begin{bmatrix}J_{xx} & -J_{xy} & -J_{xz}\\ -J_{yx} & J_{yy} & -J_{yz}\\ -J_{zx} & -J_{zy} & J_{zz}\end{bmatrix}\begin{bmatrix}l\\ m\\ n\end{bmatrix}\\ &=J_{xx}l^2+J_{yy}m^2+J_{zz}n^2-2J_{yz}mn-2J_{zx}nl-2J_{xy}lm\end{aligned}\tag{4.2.17}$$

在轴 p 上选取点 P，任意选定比例系数 k，定义点 P 至点 o 的距离 R 与转动惯量 J_{pp} 的平方根成反比

$$R=\frac{k}{\sqrt{J_{pp}}} \tag{4.2.18}$$

则点 P 的坐标(x,y,z)为

$$x=Rl,\quad y=Rm,\quad z=Rn \tag{4.2.19}$$

改变轴 p 的方位，J_{pp} 及 R 都随之改变，由空间的连续性，点 P 的轨迹形成一封闭曲面。来研究这个形成的曲面。

将式(4.2.17) 各项乘以 R^2，由式(4.2.18) 和(4.2.19)，得点 P 的轨迹方程为

$$J_{xx}x^2+J_{yy}y^2+J_{zz}z^2-2J_{yz}yz-2J_{zx}zx-2J_{xy}xy=k^2 \tag{4.2.20}$$

这个方程给出的二次曲面描述了以 o 为中心的椭球面，称其所包围的椭球为刚体相对点 o 的惯量椭球。这个椭球形象化地表示出刚体对过点 o 的所有轴的惯量矩分布状况(图 4.2.5)。

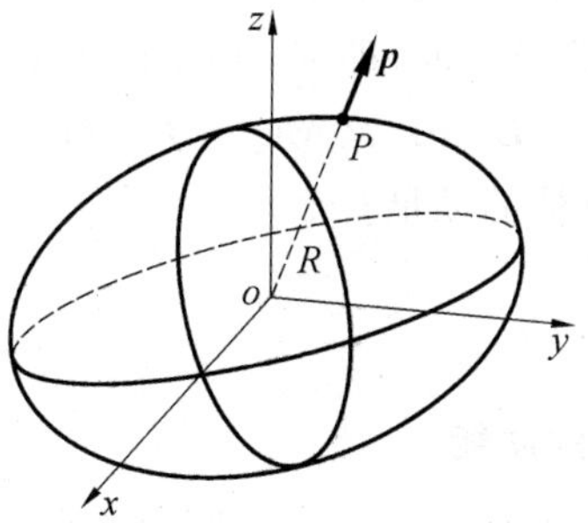

图 4.2.5

椭球的 3 根主轴对应于刚体的 3 根惯量主轴，当坐标轴与惯量主轴重合时，方程(4.2.20) 简化为

$$J_{xx}x^2+J_{yy}y^2+J_{zz}z^2=k^2 \tag{4.2.21}$$

在这个坐标系中所有惯量积为零，J_{xx}，J_{yy}，J_{zz} 分别为刚体相对点 o 的主惯量矩，有

$$J_{xx}=\int(y^2+z^2)\mathrm{d}m,\quad J_{yy}=\int(x^2+z^2)\mathrm{d}m,\quad J_{zz}=\int(x^2+y^2)\mathrm{d}m \tag{4.2.22}$$

即主惯量矩满足三角不等式

$$J_{xx}+J_{yy}\geqslant J_{zz},\quad J_{yy}+J_{zz}\geqslant J_{xx},\quad J_{zz}+J_{yy}\geqslant J_{xx} \tag{4.2.23}$$

当质心与点 o 重合时，称刚体相对质心的惯量椭球体为中心惯量椭球。刚体的质量为轴对称分布时，其惯量椭球为旋转椭球，极轴及赤道面内的任意轴都是惯量主轴。刚体的质量为球对称分布时，其惯量椭球为圆球，所有过点 o 的轴都可看作是惯量主轴。

4.2.2.2　做一般运动(自由运动)刚体的动量矩

由质点系相对某点 o 的动量矩定义(1.3.3) 可得刚体相对点 o 的动量矩表达式为

$$\boldsymbol{L}_o=\sum_i \boldsymbol{r}_i\times m_i\boldsymbol{v}_i=\int\boldsymbol{r}\times\boldsymbol{v}\mathrm{d}m \tag{4.2.24}$$

刚体做一般运动可分解为随基点 M 的平动和绕基点的转动，则

$$\boldsymbol{r}_i=\boldsymbol{r}_M+\boldsymbol{\rho}_i \tag{4.2.25}$$

式中 $\boldsymbol{r}_M$—— 基点 M 相对 o 点的矢径；

$\boldsymbol{\rho}_i$—— 刚体内的点相对基点 M 的矢径，由一般运动刚体内点的速度公式(4.1.30)可得

$$\boldsymbol{v}_i=\boldsymbol{v}_M+\boldsymbol{\omega}\times\boldsymbol{\rho}_i \tag{4.2.26}$$

将式(4.2.25)和(4.2.26)代入式(4.2.24)中，有

$$\boldsymbol{L}_o=\int\boldsymbol{r}_M\times\boldsymbol{v}_M\mathrm{d}m=\int\boldsymbol{r}_M\times(\boldsymbol{\omega}\times\boldsymbol{\rho})\mathrm{d}m+\int\boldsymbol{\rho}\times\boldsymbol{v}_M\mathrm{d}m+\int\boldsymbol{\rho}\times(\boldsymbol{\omega}\times\boldsymbol{\rho})\mathrm{d}m \tag{4.2.27}$$

注意到 $\boldsymbol{r}_M$，$\boldsymbol{v}_M$ 均可直接拿到积分号之外，则 $\int\boldsymbol{\rho}\mathrm{d}m=m\boldsymbol{r}_c-\int\boldsymbol{r}_M\mathrm{d}m$，由惯量张量的定义可将上式改写为

$$\boldsymbol{L}_o=\boldsymbol{r}_M\times[M(\boldsymbol{v}_M+\boldsymbol{\omega}\times\boldsymbol{r}'_c)]-M\boldsymbol{r}'_c\times\boldsymbol{v}_M+\boldsymbol{J}_M\cdot\boldsymbol{\omega} \tag{4.2.28}$$

式中 $\boldsymbol{r}'_c$—— 质心 C 相对 M 的矢径。上式中第一项的中括号内即为刚体的动量。

当选择的基点 M 与质心 C 重合时，即 $\boldsymbol{r}'_c=0$，上式可化为

$$\boldsymbol{L}_o=\boldsymbol{r}_c\times M\boldsymbol{v}_c+\boldsymbol{J}_c\cdot\boldsymbol{\omega} \tag{4.2.29}$$

其中第一项的 $M\boldsymbol{v}_c$ 即为刚体的动量。

4.2.3 刚体的动能

4.2.3.1 定点运动刚体的动能

由于刚体内任意一点的速度为 $\boldsymbol{v}_i=\boldsymbol{\omega}\times\boldsymbol{\rho}_i$，则由质点系动能的定义式(1.3.4)可得定点运动刚体的动能为

$$T=\frac{1}{2}\int_V(\boldsymbol{\omega}\times\boldsymbol{\rho})\cdot(\boldsymbol{\omega}\times\boldsymbol{\rho})\mathrm{d}m=\frac{1}{2}\boldsymbol{\omega}\cdot\boldsymbol{J}_o\cdot\boldsymbol{\omega} \tag{4.2.30}$$

这里，$\boldsymbol{J}_o$ 为刚体相对定点 o 的惯量张量。特别地，若选择主轴坐标系投影，则上式可简化为

$$T=\frac{1}{2}(A\omega_x^2+B\omega_y^2+C\omega_z^2) \tag{4.2.31}$$

4.2.3.2 做一般运动刚体的动能

刚体做一般运动，可分解为随基点 M 的平动和绕基点的转动，刚体内点的矢径及速度表达式为式(4.2.25)和式(4.2.26)，将其代入动能表达式(1.3.4)可得

$$T=\frac{1}{2}\int(\boldsymbol{v}_M+\boldsymbol{\omega}\times\boldsymbol{\rho})\cdot(\boldsymbol{v}_M+\boldsymbol{\omega}\times\boldsymbol{\rho})\mathrm{d}m \tag{4.2.32}$$

注意到 $\boldsymbol{v}_M$ 可以直接拿到积分号外面，且 $\int\boldsymbol{\rho}\mathrm{d}m=m\boldsymbol{r}_c-\int\boldsymbol{r}_M\mathrm{d}m$，并由惯量张量定义可将上式化为

$$T=\frac{1}{2}mv_M^2+\boldsymbol{v}_M\cdot(\boldsymbol{\omega}\times M\boldsymbol{r}'_c+\frac{1}{2}\boldsymbol{\omega}\cdot\boldsymbol{J}_M\cdot\boldsymbol{\omega}) \tag{4.2.33}$$

式中 $\boldsymbol{r}'_c$—— 质心 C 相对基点 M 的矢径。

特别地，当质心 C 与基点 M 重合时，有

$$T=\frac{1}{2}Mv_C^2+\frac{1}{2}\boldsymbol{\omega}\cdot\boldsymbol{J}_C\cdot\boldsymbol{\omega} \tag{4.2.34}$$

即质心运动的柯尼希动能定理的数学描述。

注：T 为常数时，式(4.2.31)表明在动能守恒条件下瞬时角速度 $\boldsymbol{\omega}$ 的矢量端点轨迹为椭球，称为动能椭球，将式(4.2.31)与式(4.2.23)比较，不难看出动能椭球就是 $K^2=2T$ 时的惯性椭球。

4.2.3.3　**复合运动刚体的动能**

设刚体 A 相对空间中某动坐标系 $ox'y'z'$ 运动，$OXYZ$ 为惯性坐标系(图 4.2.6)，设动坐标系 $ox'y'z'$ 相对 $OXYZ$ 运动的角速度矢量为 $\boldsymbol{\omega}_r$，刚体内任意点 P_i 相对坐标系 $ox'y'z'$ 的矢径由 $\boldsymbol{r}'_i$ 表示。

则点 P 的速度可表示为

$$\boldsymbol{v}_i=\boldsymbol{v}_o+\boldsymbol{\omega}_r\times\boldsymbol{r}'_i+\boldsymbol{v}'_i \tag{4.2.35}$$

式中　$\boldsymbol{v}_o$—— 基点速度；

$\boldsymbol{v}'_i$—— 点 P_i 相对速度，写出 $\boldsymbol{v}_i\cdot\boldsymbol{v}_c$ 的表达式：

$$\boldsymbol{v}_i\cdot\boldsymbol{v}_c=v_o^2+2\boldsymbol{v}_o\cdot\boldsymbol{v}'_i+v'^2_i+2(\boldsymbol{\omega}_i\times\boldsymbol{r}'_i)\cdot\boldsymbol{v}'_i+2(\boldsymbol{\omega}_i\times\boldsymbol{r}_i)\cdot\boldsymbol{v}_o+$$
$$(\boldsymbol{\omega}_r\times\boldsymbol{r}'_i)\cdot(\boldsymbol{\omega}_r\times\boldsymbol{r}'_i)$$

代入动能表达式(1.3.4)中有

$$T=\frac{1}{2}\int\boldsymbol{v}\cdot\boldsymbol{v}\mathrm{d}m=\frac{1}{2}mv_o^2+M(\boldsymbol{v}_o\times\boldsymbol{\omega}_r)\cdot\boldsymbol{r}'_c+\frac{1}{2}\boldsymbol{\omega}_r\cdot\boldsymbol{J}_o\cdot\boldsymbol{\omega}_r+$$
$$\boldsymbol{v}_o\cdot\int\boldsymbol{v}'\mathrm{d}m+\boldsymbol{\omega}_r\cdot\int\boldsymbol{r}'\times\boldsymbol{v}'\mathrm{d}m+\frac{1}{2}\int v'^2\mathrm{d}m \tag{4.2.36}$$

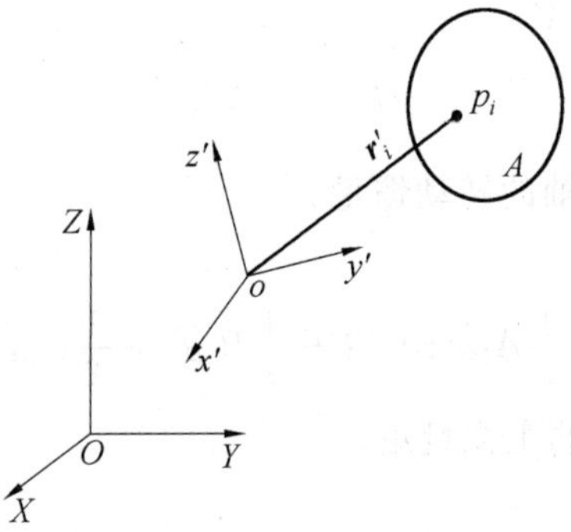

图 4.2.6

上式中前三项仅与动坐标系 $ox'y'z'$ 有关，可视为由于动坐标系运动而引起的"牵连动能"，记为

$$T_e=\frac{1}{2}mv_o^2+M(\boldsymbol{v}_o\times\boldsymbol{\omega}_r)\cdot\boldsymbol{r}'_c+\frac{1}{2}\boldsymbol{\omega}_r\cdot\boldsymbol{J}_o\cdot\boldsymbol{\omega}_r \tag{4.2.37}$$

当动系原点静止或刚体质心位于动系原点上时，第二项为零。

式(4.2.36)的第四项中，$\int\boldsymbol{v}'\mathrm{d}m$ 可记为 $\boldsymbol{P}_r$，第五项中 $\int\boldsymbol{r}'\times\boldsymbol{v}'\mathrm{d}m$ 可记为 $\boldsymbol{L}_{or}$，即刚体相

对的动量和动量矩，第六项可视为相对动能 T_r。

进一步对式(4.2.36) 中的各项进行分析。

刚体中的任意点 P_i 相对点 o 的矢径 $\boldsymbol{r}'_i$ 用广义坐标来描述：

$$\boldsymbol{r}'_i = \boldsymbol{r}'_i(q_1, \cdots, q_f)$$

则

$$\boldsymbol{P}_r = \sum_i m_i \boldsymbol{v}'_i = \sum_i m_i \left[\sum_{j=1}^{f} \frac{\partial \boldsymbol{r}'_i}{\partial q_j}\dot{q}_j\right] = \sum_{j=1}^{f}\left[\sum_i m_i \frac{\partial \boldsymbol{r}'_i}{\partial q_j}\right]\dot{q}_j \tag{4.2.38}$$

而

$$\boldsymbol{L}_{or} = \sum_i m_i \boldsymbol{r}'_i \times \boldsymbol{v}'_i = \sum_i m_i \left[\boldsymbol{r}'_i \times \sum_{j=1}^{f} \frac{\partial \boldsymbol{r}'_i}{\partial q_j}\dot{q}_j\right] = \sum_{j=1}^{f}\left[\sum_i m_i \boldsymbol{r}'_i \times \frac{\partial \boldsymbol{r}'_i}{\partial q_j}\right]\dot{q}_j \tag{4.2.39}$$

可见 $\boldsymbol{P}_r$ 及 $\boldsymbol{L}_{or}$ 均为广义速度的一次项，而 $\boldsymbol{\omega}_r$ 及 $\boldsymbol{v}_o$ 均与广义速度无关，对照动能的三项和写法(1.3.7) 可知，相对动能 T_r 即为 T_2 项，“牵连动能”T_e 为 T_0 项，$\boldsymbol{v}_o \cdot \boldsymbol{P}_r + \boldsymbol{\omega}_r \cdot \boldsymbol{L}_{or}$ 对应 T_1 项。

【例 4.8】 用欧拉角列写轴对称刚体的动能。

设刚体的对称轴为轴 z，惯量主矩 $A=B$，利用莱查坐标系简化计算，可得用角速度 $\boldsymbol{\omega}$ 相对 $ox_2y_2z_2$ 各轴的投影为

$$\omega_x = \dot{\theta}, \quad \omega_y = \dot{\psi}\sin\theta, \quad \omega_z = \dot{\varphi} + \dot{\psi}\cos\theta$$

代入动能表达式得

$$T = \frac{1}{2}(A\omega_x^2 + B\omega_y^2 + C\omega_z^2) = \frac{1}{2}\left[A(\dot{\theta}^2 + \dot{\psi}^2\sin^2\theta) + C(\dot{\varphi} + \dot{\psi}\cos\theta)^2\right]$$

【例 4.9】 陀螺在万向轴节上绕对称轴旋转，如图 4.2.7 所示，运动的初始时刻连体坐标系与静坐标系 $OXYZ$ 重合。

外环动能为

$$T_1 = \frac{1}{2}A_1\dot{\alpha}^2$$

式中 A_1—— 外环相对 X 轴的转动惯量。

内环动能为

$$T_2 = \frac{1}{2}A_2\dot{\alpha}^2\cos^2\beta + \frac{1}{2}B_2\dot{\beta}^2 + \frac{1}{2}C_2\dot{\alpha}^2\sin^2\beta$$

式中 A_2, B_2, C_2—— 内环的主惯量矩。

陀螺动能为

$$T_3 = \frac{1}{2}A_3\left[\dot{\alpha}^2\cos^2\beta + \dot{\beta}^2\right] + \frac{1}{2}C_3(\dot{\varphi} + \dot{\alpha}\sin\beta)^2$$

$$A_3 = B_3$$

式中 A_3, B_3, C_3—— 陀螺的主惯量矩。

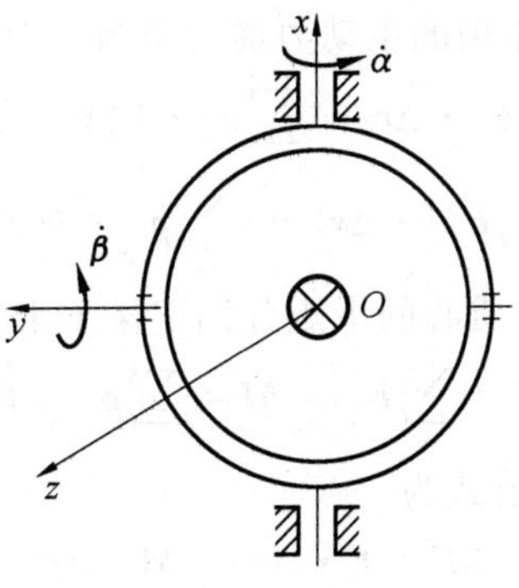

图 4.2.7

§4.3　刚体的定点运动

这一节我们首先讨论定点运动刚体的基本动力学方程 —— 欧拉方程。之后，从动力学方程首次积分的角度讨论刚体定点运动的经典解，即欧拉情形和拉格朗日情形。

4.3.1　欧拉方程

4.3.1.1　欧拉方程的推导

刚体绕固定点 O 转动，设刚体内任意点 P_i 相对固定参考点 O 的矢径为 $\boldsymbol{r}_i$，质心 O_c 相对点 O 的矢径为 $\boldsymbol{r}_c$，P_i 相对点 O_c 的矢径为 $\boldsymbol{\rho}_i$，如图 4.3.1 所示，有

$$\boldsymbol{r}_i = \boldsymbol{r}_c + \boldsymbol{\rho}_i \tag{4.3.1}$$

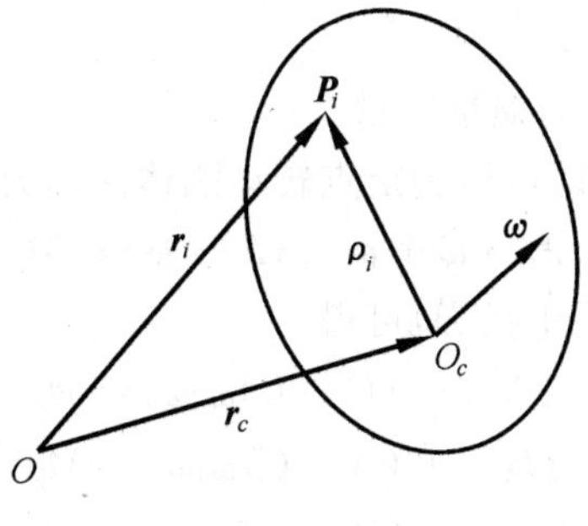

图 4.3.1

将上式对时间 t 求导，得到

$$\dot{\boldsymbol{r}}_i = \dot{\boldsymbol{r}}_c + \dot{\boldsymbol{\rho}}_i \tag{4.3.2}$$

式中　$\dot{\boldsymbol{r}}_c$ —— 质心速度，也可表示为 $\boldsymbol{v}_c$；

$\dot{\boldsymbol{\rho}}_i$ —— 刚体相对随质心平移的参考系转动引起的相对速度。当刚体的瞬时角速度为 $\boldsymbol{\omega}$ 时，上式写作

$$\dot{\boldsymbol{r}}_i = \boldsymbol{v}_c + \boldsymbol{\omega} \times \boldsymbol{\rho}_i \tag{4.3.3}$$

计算式(4.3.3)的速度变更，得到

$$\Delta\dot{\boldsymbol{r}}_i = \Delta\boldsymbol{v}_c + \Delta\boldsymbol{\omega} \times \boldsymbol{\rho}_i \tag{4.3.4}$$

由式(4.3.4)计算刚体上作用的主动力虚功率为

$$\Delta P = \sum_i \boldsymbol{F}_i \cdot \Delta \dot{\boldsymbol{r}}_i = \sum_i \boldsymbol{F}_i \cdot (\Delta \boldsymbol{v}_c + \Delta \boldsymbol{\omega} \times \boldsymbol{\rho}_i)$$

$$= (\sum_i \boldsymbol{F}_i) \cdot \Delta \boldsymbol{v}_c + (\sum_i \boldsymbol{\rho}_i \times \boldsymbol{F}_i) \cdot \Delta \boldsymbol{\omega} \tag{4.3.5}$$

其中,主动力的主矢和相对质心的主矩分别记作 $\boldsymbol{F}$ 和 $\boldsymbol{M}$:

$$\boldsymbol{F} = \sum_i \boldsymbol{F}_i, \quad \boldsymbol{M} = \sum_i \boldsymbol{\rho}_i \times \boldsymbol{F}_i \tag{4.3.6}$$

则刚体主动力虚功率计算公式为

$$\Delta P = \boldsymbol{F} \cdot \Delta \boldsymbol{v}_c + \boldsymbol{M} \cdot \Delta \boldsymbol{\omega} \tag{4.3.7}$$

用同样的方法可计算惯性力虚功率 ΔP^*:

$$\Delta P^* = \boldsymbol{F}^* \cdot \Delta \boldsymbol{v}_c + \boldsymbol{M}^* \cdot \Delta \boldsymbol{\omega} \tag{4.3.8}$$

式中　$\boldsymbol{F}^*, \boldsymbol{M}^*$ —— 惯性力的主矢和其相对质心的主矩。

$$\boldsymbol{F}^* = -\sum_i m_i \ddot{\boldsymbol{r}}_i, \quad \boldsymbol{M}^* = -\sum_i \boldsymbol{\rho}_i \times m_i \ddot{\boldsymbol{r}}_i \tag{4.3.9}$$

此时动力学普遍方程(1.2.6)可写作

$$(\boldsymbol{M} + \boldsymbol{M}^*) \cdot \Delta \boldsymbol{\omega} = 0 \tag{4.3.10}$$

对于绕定点转动的刚体,角速度变更 $\Delta \boldsymbol{\omega}$ 不受约束,可独立选取,方程(4.3.10)成立的必要充分条件为

$$\boldsymbol{M} + \boldsymbol{M}^* = 0, \quad \boldsymbol{M}^* = -\int \boldsymbol{r} \times \ddot{\boldsymbol{r}} \mathrm{d}m \tag{4.3.11}$$

将积分式中的加速度 $\ddot{\boldsymbol{r}}$ 以式(4.1.42)代入,由惯量张量的定义(4.2.4),可得

$$\boldsymbol{M}^* = -\int \{\boldsymbol{r} \times (\boldsymbol{\omega} \times \boldsymbol{r}) + \boldsymbol{\omega} \times [\boldsymbol{r} \times (\boldsymbol{\omega} \times \boldsymbol{r})]\} \mathrm{d}m = -\boldsymbol{J}_O \cdot \boldsymbol{\omega} - \boldsymbol{\omega} \times (\boldsymbol{J}_O \cdot \boldsymbol{\omega}) \tag{4.3.12}$$

式中　$\boldsymbol{J}_O$—— 刚体相对点 O 的惯量张量。

将上式代入式(4.3.11),即可得到定点转动刚体的动力学方程:

$$\boldsymbol{J}_O \cdot \dot{\boldsymbol{\omega}} + \boldsymbol{\omega} \times (\boldsymbol{J}_0 \cdot \boldsymbol{\omega}) = \boldsymbol{M} \tag{4.3.13}$$

将其在刚体的主轴坐标系中投影,可得

$$\begin{cases} A\dot{\omega}_x + (C - B)\omega_y \omega_z = M_x \\ B\dot{\omega}_y + (A - C)\omega_z \omega_x = M_y \\ C\dot{\omega}_z + (B - A)\omega_x \omega_y = M_z \end{cases} \tag{4.3.14}$$

称为欧拉动力学方程。将此方程组与欧拉运动学方程(4.1.35)或(4.1.36)联立,若 M_x, M_y,M_z 为姿态角或角速度的已知函数,则方程组封闭,可积分计算得出刚体的运动规律。

欧拉方程的推导也可利用动量矩定理:

$$\frac{\mathrm{d}\boldsymbol{L}}{\mathrm{d}t} = \boldsymbol{M} \tag{4.3.15}$$

式中　$\boldsymbol{L}$—— 刚体相对点 O 的动量矩。式(4.3.15)中方程左端动量矩矢量的绝对导数也可由其在某动坐标系中的相对导数来计算。设动坐标系的转动角速度为 $\boldsymbol{\omega}_1$,可得

$$\frac{\tilde{\mathrm{d}}\boldsymbol{L}}{\mathrm{d}t}+\boldsymbol{\omega}_1\times\boldsymbol{L}=\boldsymbol{M} \tag{4.3.16}$$

式中波浪号表示在动坐标系中的相对导数，见式(4.1.49)的定义。若选择与刚体固连的主轴坐标系 $oxyz$ 为动坐标系，令 $\boldsymbol{\omega}_1=\boldsymbol{\omega}$，即得到欧拉方程(4.3.14)。

大量机械工程中的旋转部件可简化为质量轴对称分布的刚体（动力学对称），来讨论其动力学方程的建立。设 z 为对称轴，刚体对轴 z 的惯量矩 C 称为刚体的极惯量矩，对赤道轴的惯量矩 $A=B$ 称为赤道惯量矩。由于刚体动力学对称，可选择莱查坐标系 $ox_2y_2z_2$ 代替连体坐标系 $oxyz$ 作为参考坐标系，其中轴 z_2 与轴 z 重合。由于坐标系 $ox_2y_2z_2$ 与 $oxyz$ 均为轴对称刚体的主轴坐标系，刚体在这两个坐标系中的惯量矩阵相同，表示为 $\boldsymbol{J}_O^{(2)}=\boldsymbol{J}_O^{(3)}$。$\boldsymbol{\omega}_1$ 与 $\boldsymbol{\omega}$ 只有沿对称轴 z 的分量 ω_{1z} 与 ω_z 不同，沿轴 x_2，y_2 的分量完全相同，可得轴对称刚体的欧拉方程

$$\begin{cases}A\dot{\omega}_x+(C\omega_z-A\omega_{1z})\omega_y=M_x\\A\dot{\omega}_y+(A\omega_{1z}-C\omega_z)\omega_x=M_y\\C\dot{\omega}_z=M_z\end{cases} \tag{4.3.17}$$

式(4.3.17)中的第三个方程具有特别简单的形式，角速度矢量在 z 方向上的分量与 x 和 y 方向上的没有耦合，可直接积分，这是由刚体具有动力学对称的形状决定的。若在欧拉方程(4.3.14)和(4.3.17)中的 $\boldsymbol{J}$ 定义为刚体相对质心的惯性张量，$\boldsymbol{M}$ 定义为主动力相对质心的主矩，A，B，C 和 M_x，M_y，M_z 为刚体中心主惯量矩和对质心的主动力矩分量。上述对刚体定点转动分析得到的所有结论也同时适用于刚体绕质心的转动运动。

【例 4.10】　试利用拉格朗日方程和欧拉角列写轴对称刚体的动力学方程。设刚体沿极轴的力矩 M_φ 为零，写出方程的首次积分。

利用例 4.8 导出的轴对称刚体的动能公式，令 $q_1=\psi$，$q_2=\theta$，$q_3=\varphi$，代入拉格朗日方程(3.1.11)，导出

$$\frac{\mathrm{d}}{\mathrm{d}t}[A\dot{\psi}\sin^2\theta+C(\dot{\varphi}+\dot{\psi}\cos\theta)\cos\theta]=M_\psi$$

$$A\ddot{\theta}+[C(\dot{\varphi}+\dot{\psi}\cos\theta)-A\dot{\psi}\cos\theta]\dot{\psi}\sin\theta=M_\theta$$

$$C\frac{\mathrm{d}}{\mathrm{d}t}(\dot{\varphi}+\dot{\psi}\cos\theta)=M_\varphi$$

式中　M_ψ，M_θ，M_φ——分别为刚体上作用的外力矩沿轴 z_0，x_2，z 的分量。

此结果也可以从欧拉方程(4.3.14)导出。由于动能式中不含 φ 和 ψ，若 $M_\varphi=0$，则 φ 为循环坐标，存在循环积分：

$$C(\dot{\varphi}+\dot{\psi}\cos\theta)=L_0$$

积分常数 L_0 物理意义为刚体绕极轴的动量矩为常值。

若 M_ψ 亦为零，则 ψ 亦为循环坐标，相应的循环积分使方程降阶，化作只含非循环坐标 θ 的动力学方程。

【例 4.11】　质量为 m，半径为 R 的均质薄圆盘与绕铅垂轴 z_0 以匀角速度 Ω 转动的驱动轴之间用万向节头 O 以及与圆盘固结的长度为 L 的无质量刚性杆 OC 相连接。圆盘的主轴坐标系 $Oxyz$ 如图 4.3.2 所示，其中轴 z 沿 CO 方向，与 z_0 轴的夹角为 α，轴 x 垂直于

平面 z_0Oz。圆盘可绕轴 z 转动并在接触点 P 处相对固定圆筒壁做纯滚动。计算圆盘绕轴 z 的相对角速度 $\dot{\varphi}$。

圆盘的瞬时角速度 $\boldsymbol{\omega}$ 和点 P 相对于点 O 的矢径 $\boldsymbol{r}$ 分别为

$$\boldsymbol{\omega}=\Omega\sin\alpha\boldsymbol{j}+(\dot{\varphi}+\Omega\cos\alpha)\boldsymbol{k},\quad \boldsymbol{r}=R\boldsymbol{j}-L\boldsymbol{k}$$

P 点速度为

$$\boldsymbol{v}_p=\boldsymbol{\omega}\times\boldsymbol{r}=-[R\dot{\varphi}+\Omega(L\sin\alpha+R\cos\alpha)]\boldsymbol{i}$$

无滑动条件要求 $\boldsymbol{v}_P=0$，导出

$$\dot{\varphi}=-\frac{\Omega}{R}(L\sin\alpha+R\cos\alpha)$$

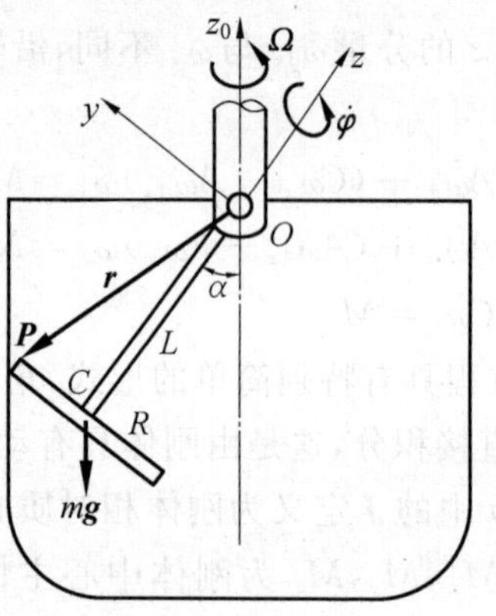

图 4.3.2

系统的运动微分方程建立之后，就面临着如何求解方程的问题。自 1758 年欧拉建立刚体定点运动的动力学方程开始，寻求刚体定点运动微分方程的解析积分问题曾成为经典力学中延续百年之久的重大课题。在欧拉、拉格朗日和柯瓦列夫斯卡娅全部 3 种可积分情形中，欧拉和拉格朗日情形的研究成果迄今仍是陀螺仪和航天器姿态动力学的理论基础。下面将分别研究欧拉和拉格朗日情形的首次积分，并以其为基础讨论各典型解。

4.3.1.2 无力矩刚体的定点转动(刚体定点转动的欧拉情形)

欧拉动力学方程对应的最简单也是最重要的情况是外力对固定点的主矩等于零，称其为刚体定点运动的欧拉情形。忽略引力矩的航天器绕质心转动即为无力矩刚体定点转动的实例。

欧拉情形下外力矩为零，动力学方程(4.3.14) 写作

$$\begin{cases}A\dot{\omega}_x+(C-B)\omega_y\omega_z=0\\ B\dot{\omega}_y+(A-C)\omega_z\omega_x=0\\ C\dot{\omega}_z+(B-A)\omega_x\omega_y=0\end{cases}\tag{4.3.18}$$

1. 欧拉情形动力学方程的首次积分

为求解方程(4.3.18)，首先来寻找首次积分以使方程降阶，从而化简计算。首先我们根据力学中的基本动力学定理来分析。由于外力对定点 O 的主矩 $\boldsymbol{M}_O$ 为零，则由动量矩定理：

$$\frac{\mathrm{d}\boldsymbol{L}_O}{\mathrm{d}t}=\boldsymbol{M}_O\tag{4.3.19}$$

可知

$$\boldsymbol{L}_O = \text{const} \tag{4.3.20}$$

即刚体对点O的动量矩$\boldsymbol{L}_O$在惯性坐标系中方向不变,大小为常数。

已知动量矩$\boldsymbol{L}_O$在刚体对点O的主轴坐标系各轴上的投影分别为$A\omega_x, B\omega_y, C\omega_z$,可得第一个首次积分:

$$A^2\omega_x^2 + B^2\omega_y^2 + C^2\omega_z^2 = L_O^2 = \text{const} \tag{4.3.21}$$

式(4.3.21)表示椭球面,因此也称其为动量矩椭球。

又由动能定理可知

$$\mathrm{d}T = \boldsymbol{M}_O \cdot \boldsymbol{\omega}\mathrm{d}t + \boldsymbol{F} \cdot \boldsymbol{v}_O\mathrm{d}t \tag{4.3.22}$$

其中$\boldsymbol{M}_O = 0, \boldsymbol{v}_O = 0$,可得第二个首次积分为

$$T = \frac{1}{2}(A\omega_x^2 + B\omega_y^2 + C\omega_z^2) = \text{const} \tag{4.3.23}$$

式(4.3.23)与动能相关,也可由机械能守恒定律得到。

注意到首次积分(4.3.21)和(4.3.23)也可以通过简单的数学变换由方程(4.3.18)直接得到:将(4.3.18)中的各式乘以$A\omega_x, B\omega_y, C\omega_z$后相加,即可得到首次积分(4.3.21);将(4.3.18)中的各式乘以$\omega_x, \omega_y, \omega_z$后相加,即可得到首次积分(4.3.23)。

事实上,根据得到的两个首次积分(4.3.21)和(4.3.23),我们就可以将ω_x^2, ω_z^2用ω_y^2,A, B, C及常量T, L_O表示出来,代入欧拉动力学方程(4.3.18)中,从而讨论ω_y的可积性。对于欧拉情形动力学方程的解,我们不做一般的讨论,只分析两种在工程技术中经常出现的典型解,即刚体的永久转动和轴对称刚体的自由规则进动。

2. 欧拉情形下刚体的永久转动

如果角速度相对刚体不变,同时相对惯性坐标系也不变,这种刚体的定点运动称为永久转动。这里,角速度相对刚体不变即可知其相对固定坐标系不变,这可由相对导数与绝对导数的关系或(4.1.53)直接说明。刚体做永久转动时,$\omega_x, \omega_y, \omega_z$都是常数,由方程(4.3.18)可得

$$(C-B)\omega_y\omega_z = 0, \quad (A-C)\omega_z\omega_x = 0, \quad (B-A)\omega_x\omega_y = 0 \tag{4.3.24}$$

由此可知刚体永久转动只能绕着惯性主轴进行,且刚体角速度为任意常值。方程(4.3.24)描述的运动是刚体绕惯量主轴之一匀速转动,其转动轴在惯性空间中保持方位不变。

如果$A=B=C$,则方程(4.3.24)对任意$\omega_x, \omega_y, \omega_z$都成立,即刚体的转动轴可以是任意方向。当$A=B=C$时,刚体对$O$点的惯量椭球成为球,所以过$O$点的任意轴都是惯性主轴。

如果2个惯性矩相等,例如$A=B$,则方程(4.3.24)对$\omega_x=\omega_y=0$和任意的ω_z都成立(绕惯性主轴z转动),同样对$\omega_z=0$和任意ω_x, ω_y也都成立(转动轴为通过O点位于惯性椭球赤道面内的任意轴,都是惯性主轴)。

关于无力矩刚体的永久转动的稳定性有一个非常重要的结论:无力矩刚体绕最大或最小惯量矩主轴的永久转动稳定,绕中间惯量矩主轴的永久转动不稳定。这个结论在航空航天应用中具有极为重要的意义,给出了航天器设计中的参考。在工程问题中,航天器

等实际系统都具有微小变形,考虑到其阻力作用,绕最大惯量矩主轴的永久转动为渐近稳定,绕最小惯量矩主轴的永久转动则不稳定。此结论在航天实践中称为最大轴原则。

3. 欧拉情形下动力学对称刚体的运动(规则进动)

如果刚体对点O的两个主惯量矩相等,例如$A=B$,则称刚体动力学对称,轴z称为动力学对称轴。若刚体的密度均匀且形状对称,则几何对称轴与动力学对称轴重合。以O为原点建立惯性坐标系$OXYZ$,令其中的轴Z沿守恒的动量矩矢量$\boldsymbol{L}$方向,$Oxyz$为动力学对称刚体的莱查坐标系,其中轴z为刚体的对称轴,刚体的姿态角由欧拉角ψ,θ,φ表示(图 4.3.3)。

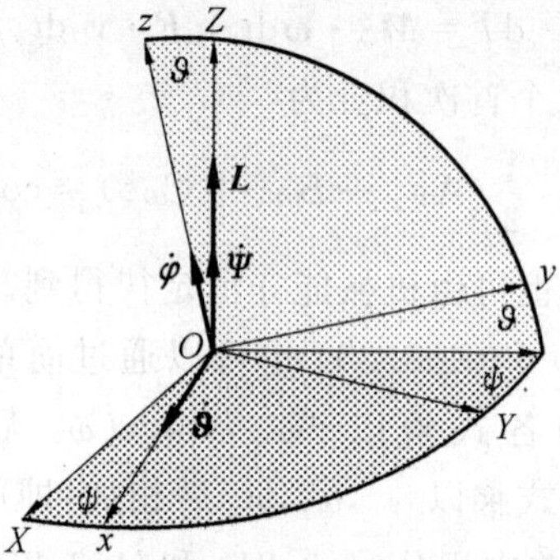

图 4.3.3

下面来分析欧拉情形下动力学对称刚体的首次积分。首先,定点刚体上外力矩为零,即已知两个首次积分:动量矩积分(4.3.21)和动能积分(4.3.23)。刚体动能表达式具体形式为

$$T=\frac{1}{2}\boldsymbol{\omega}\cdot\boldsymbol{J}\cdot\boldsymbol{\omega}=\frac{1}{2}\boldsymbol{\omega}\cdot\boldsymbol{L}=\text{const}=\frac{1}{2}\omega_L L \tag{4.3.25}$$

这里ω_L为角速度在动量矩方向的投影,也是一个首次积分。这 3 个首次积分T,L,ω_L对于欧拉情形下任意形状的刚体运动都存在。当刚体动力学对称时,由欧拉动力学方程(4.3.18)的第三式可得

$$\dot{\omega}_z=0,\quad \omega_z=\text{const}=n \tag{4.3.26}$$

即角速度在对称轴z上的投影为常数,这是第四个首次积分。观察式(4.3.18)中的前两个方程容易求出$\omega_x^2+\omega_y^2$也是首次积分,由于刚体动力学对称$A=B$,将式(4.3.18)中的第一个方程乘以ω_x,第二个方程乘以ω_y后相加可得

$$A(\omega_x\dot{\omega}_x+\omega_y\dot{\omega}_y)=\frac{1}{2}A\frac{\mathrm{d}}{\mathrm{d}t}(\omega_x^2+\omega_y^2)=0$$

即

$$\omega_x^2+\omega_y^2=\text{const}=\omega_p^2 \tag{4.3.27}$$

ω_p为刚体角速度$\boldsymbol{\omega}$在垂直于对称轴的平面Oxy上的不变投影(图 4.3.4)。由式(4.3.26)和(4.3.27)可知,$\boldsymbol{\omega}$的模是常数。当刚体运动时,角速度矢量相对于刚体的运动规律为:$\boldsymbol{\omega}$在刚体对称轴z上的投影不变,又由其模为常数,故和动力学对称轴的夹角也保持不变。因此由ω_p描述的角速度矢量$\boldsymbol{\omega}$的运动轴面是一个以定点O为顶点的圆锥,其轴与对称轴z重合,顶角为$2\arctan\frac{\omega_p}{n}$;由$\omega_L$描述的静止轴面也是一个以定点$O$为顶点

的圆锥，其轴沿动量矩矢量的 $\boldsymbol{L}$ 方向，顶角为 $2\arctan\frac{\omega_L}{\omega}$。由此，欧拉情形动力学对称刚体的转动对应于动圆锥沿静圆锥无滑动的纯滚动，这样的运动称为规则进动。在图4.26(a)中描述的是刚体的正进动，此时 $C<A$，惯量椭球的长半轴沿对称轴方向；当 $C>A$ 时，惯量椭球的短轴沿对称轴方向，称为逆进动，如图 4.3.4(b)。

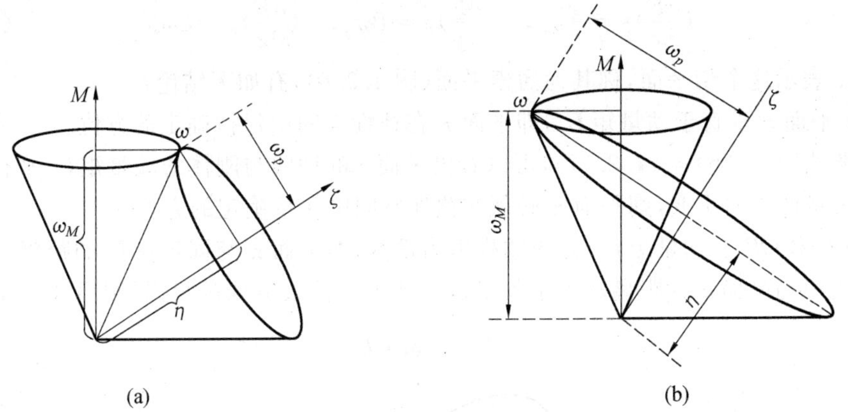

图 4.3.4

现在来具体求解作为时间函数的欧拉角。将式(4.1.34) 表示的刚体角速度 $\boldsymbol{\omega}$ 相对莱查坐标系 $Oxyz$ 的各坐标轴分解，可得

$$\boldsymbol{\omega}=\dot{\theta}\boldsymbol{i}+\dot{\psi}\boldsymbol{j}+(\dot{\varphi}+\dot{\psi}\cos\theta)\boldsymbol{k} \tag{4.3.28}$$

这里 $\boldsymbol{i},\boldsymbol{j},\boldsymbol{k}$ 为分别为 x,y,z 轴的单位方向矢量。

利用式(4.3.2) 计算刚体的动量矩 $\boldsymbol{L}$：

$$\boldsymbol{L}=A\dot{\theta}\boldsymbol{i}+A\dot{\psi}\boldsymbol{j}+C(\dot{\varphi}+\dot{\psi}\cos\theta)\boldsymbol{k} \tag{4.3.29}$$

动量矩 $\boldsymbol{L}$ 也可直接沿 $Oxyz$ 各轴分解，得到

$$\boldsymbol{L}=L(\sin\theta\boldsymbol{j}+\cos\theta\boldsymbol{k}) \tag{4.3.30}$$

令式(4.3.29) 与(4.3.30) 各项相等，导出

$$\dot{\theta}=0,\quad \dot{\psi}=\frac{L}{A},\quad \dot{\varphi}=L\left(\frac{1}{C}-\frac{1}{A}\right)\cos\theta \tag{4.3.31}$$

即 $\dot{\theta},\dot{\psi},\dot{\varphi}$ 均保持常值。

4. 欧拉情形下刚体运动的几何描述

在欧拉情形下由于动力学方程存在首次积分，刚体运动存在着非常直观的几何解释。1834 年潘索(Poinsot. L) 通过惯量椭球简单方便地解释欧拉情形下刚体运动的定性特点，因此欧拉情形下的刚体运动也称为欧拉－潘索运动。

设 P 为刚体瞬时角速度 $\boldsymbol{\omega}$ 的矢量端点，其相对连体主轴坐标系 $Oxyz$ 的坐标为

$$x=\omega_x,\quad y=\omega_y,\quad z=\omega_z \tag{4.3.32}$$

将上式代入首次积分(4.3.21) 和(4.3.23)，可得

$$Ax^2+By^2+Cz^2=2T \tag{4.3.33}$$

$$A^2x^2+B^2y^2+C^2z^2=L_0^2 \tag{4.3.34}$$

式(4.3.33) 表示的椭球面即为动能椭球，也是惯量椭球，式(4.3.34) 表示的是动量

矩椭球。在刚体运动过程中,由于动能和动量矩均守恒,点P必须沿两个椭球面的交线移动。将惯量椭球方程(4.3.33)改写为

$$F(x,y,z)=\frac{1}{2}(Ax^2+By^2+Cz^2)-T=0 \tag{4.3.35}$$

函数F对x,y,z的偏导数在P点的值表示点P处切平面的法向量,即

$$\left(\frac{\partial F}{\partial x}\right)_P=A\omega_x,\quad \left(\frac{\partial F}{\partial y}\right)_P=B\omega_y,\quad \left(\frac{\partial F}{\partial z}\right)_P=C\omega_z \tag{4.3.36}$$

我们用π表示这个切平面,称其为潘索平面(图4.3.5),有如下结论:

(1) 平面π垂直于动量矩$\boldsymbol{L}_0$,即平面π在惯性空间中保持确定的方位。

对照式(4.3.36)与(4.2.17),可以看出平面π的法线与刚体的动量矩$\boldsymbol{L}_0$平行。由于动量矩矢量的方向不变,则平面π必须在惯性空间中保持确定的方位。

(2) 矢径$\overrightarrow{OP}$在动量矩$\boldsymbol{L}_O$方向的投影为常数,即平面π与固定点O的距离不变。

定点O与平面π的距离d等于矢量$\boldsymbol{\omega}$沿平面π法线方向的投影,利用式(4.2.30)有

$$T=\frac{1}{2}\boldsymbol{\omega}\cdot\boldsymbol{L}_O \tag{4.3.37}$$

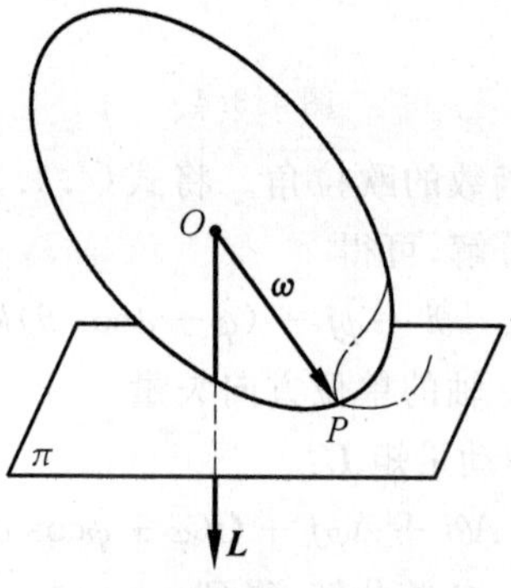

图 4.3.5

则

$$d=\boldsymbol{\omega}\cdot\frac{\boldsymbol{L}_O}{L_O}=\frac{2T}{L_O}=const \tag{4.3.38}$$

由此,平面π不仅方位不变,且与固定点O的距离也不变,成为惯性空间中的固定平面。由于转动瞬轴通过点P,惯量椭球在点P处的线速度必等于零。根据上述分析结果得到潘索对无力矩情形下刚体运动的几何解释:无力矩的刚体定点运动为中心固定的惯量椭球在固定平面上的无滑动滚动,并且这个平面垂直于动量矩。

4.3.2　重刚体的定点运动

4.3.2.1　重刚体定点运动方程及其首次积分

下面研究刚体在重力场中绕固定点O的运动。固定坐标系的Oz轴竖直向上,$Oxyz$是与刚体一起运动的固连坐标系,其坐标轴为刚体对固定点O的惯量主轴。刚体重心c在惯性系中的坐标为a,b,c(图4.3.6),刚体相对Ox,Oy,Oz轴的惯量矩用A,B,C表示,而重力用$\boldsymbol{P}$表示。

不难看出,作用于刚体上的主动力仅有重力,且重力方向在惯性空间中保持不变,始

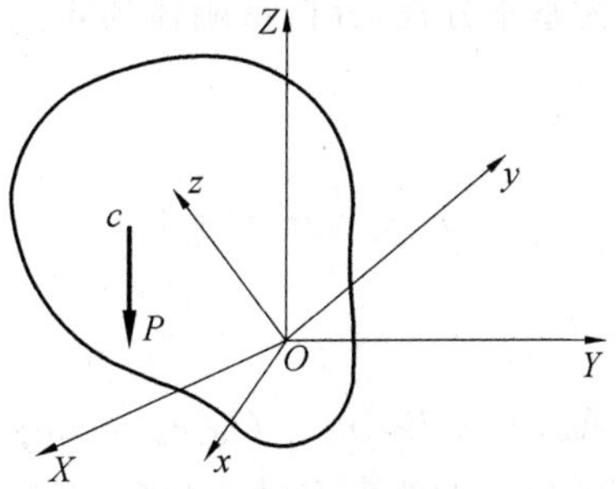

图 4.3.6

终沿着 OZ 轴的负向。可利用系统的这个性质来引入轴 OZ 的单位矢量 $\boldsymbol{e}_Z$ 与刚体的连体坐标系 Ox,Oy,Oz 轴的夹角 r_1,r_2,r_3 来描述系统的运动。

此时由于 $\boldsymbol{e}_Z$ 在惯性空间中绝对静止,因此有

$$\frac{\mathrm{d}\boldsymbol{e}_Z}{\mathrm{d}t}=0 \tag{4.3.39}$$

考虑到绝对导数和相对导数的关系(4.1.53),上面的方程写作

$$\frac{\mathrm{d}\boldsymbol{e}_Z}{\mathrm{d}t}=\frac{\tilde{\mathrm{d}}\boldsymbol{e}_Z}{\mathrm{d}t}+\boldsymbol{\omega}\times\boldsymbol{e}_Z=0 \tag{4.3.40}$$

式中　$\boldsymbol{\omega}$—— 坐标系 $Oxyz$ 相对惯性系 $OXYZ$ 的角速度,即刚体的角速度。

$$\frac{\tilde{\mathrm{d}}\boldsymbol{e}_Z}{\mathrm{d}t}=\frac{\mathrm{d}r_1}{\mathrm{d}t}\boldsymbol{i}+\frac{\mathrm{d}r_2}{\mathrm{d}t}\boldsymbol{j}+\frac{\mathrm{d}r_3}{\mathrm{d}t}\boldsymbol{k} \tag{4.3.41}$$

式中　$\boldsymbol{i},\boldsymbol{j},\boldsymbol{k}$—— 连体坐标系 $Oxyz$ 的各坐标轴的单位方向矢量。

设 $\boldsymbol{\omega}$ 在固连坐标系中的坐标为 ω_x,ω_y,ω_z,则方程(4.3.40) 可改写为

$$\begin{cases}\dfrac{\mathrm{d}r_1}{\mathrm{d}t}=\omega_z r_2-\omega_y r_3\\[2mm]\dfrac{\mathrm{d}r_2}{\mathrm{d}t}=\omega_x r_3-\omega_z r_1\\[2mm]\dfrac{\mathrm{d}r_3}{\mathrm{d}t}=\omega_y r_1-\omega_x r_2\end{cases} \tag{4.3.42}$$

方程(4.3.40) 及其标量形式(4.3.42) 也称为潘索方程。

现在我们来分析欧拉动力学方程(4.3.14) 的右端,即外力对定点 O 的主矩。作用在刚体上的外力是重力和 O 点处的约束力,约束力对点 O 没有矩,重力 $\boldsymbol{P}$ 对 O 点的矩 $\boldsymbol{M}_0$ 为

$$\boldsymbol{M}_0=-\overrightarrow{OC}\times P\boldsymbol{e}_Z \tag{4.3.43}$$

将其在固连坐标系 $oxyz$ 中投影

$$M_x=P(r_2c-r_3b),\quad M_y=P(r_3a-r_1c),\quad M_z=P(r_1b-r_2a) \tag{4.3.44}$$

最终得到定点运动重刚体的动力学方程为

$$\begin{cases}A\dot{\omega}_x+(C-B)\omega_y\omega_z=P(r_2c-r_3b)\\B\dot{\omega}_y+(A-C)\omega_z\omega_x=P(r_3a-r_1c)\\C\dot{\omega}_z+(B-A)\omega_x\omega_y=P(r_1b-r_2a)\end{cases} \tag{4.3.45}$$

方程组(4.3.42) 和(4.3.45) 构成了封闭方程组,包含描述重刚体定点运动的 6 个微

分方程。这个封闭方程组称为基本方程,分析重刚体的定点运动。下面我们将通过首次积分:

(1) 几何等式。

$$r_1^2 + r_2^2 + r_3^2 = 1 \tag{4.3.46}$$

即向量 $\boldsymbol{e}_Z$ 的模为 1。

(2) 动量矩积分。

$$A\omega_x r_1 + B\omega_y r_2 + C\omega_z r_3 = \text{const} \tag{4.3.47}$$

由于作为外力的重力和点 O 处的约束力对轴 OZ 没有矩,则根据动量矩定理,动量矩 $\boldsymbol{L}_0$ 在 OZ 轴上的投影为常数,即 $\boldsymbol{L}_0 \cdot \boldsymbol{e}_Z = \text{const}$,$\boldsymbol{L}_0$ 在 $Oxyz$ 轴的投影为 $A\omega_x, B\omega_y, C\omega_z$,因此可得式(4.3.47)。

(3) 能量积分。

$$\frac{1}{2}(A\omega_x^2 + B\omega_y^2 + C\omega_z^2) + P(ar_1 + br_2 + cr_3) = \text{const} \tag{4.3.48}$$

由于O点处约束力做功为零,重力有势且势能不显含时间,因此运动过程中机械能守恒。其中动能为 $T = \frac{1}{2}(A\omega_x^2 + B\omega_y^2 + C\omega_z^2)$,势能为 $V = Ph$,h 为重心 C 到平面 OXY 的距离且 $h = \overrightarrow{OC} \cdot \boldsymbol{e}_Z = ar_1 + br_2 + cr_3$,因此可得式(4.3.48)。

在刚体定点运动微分方程的可积性分析中,给出了结论:为使方程组(4.3.42)和(4.3.45)能够在任何初始条件下完全积分,除了已经给出的 3 个首次积分(4.3.46)～(4.3.48)外,还需要一个独立于它们的首次积分。经过几百年的艰苦探索,力学家们证明了对于 $\omega_x, \omega_y, \omega_z, r_1, r_2, r_3$ 的第4个首次积分仅在下列3种情况中始终存在:欧拉情形、拉格朗日情形和柯瓦列夫斯卡娅情形。

(1) 欧拉情形。

刚体形状是任意的,但其重心位于固定点 O,即 $a=b=c=0$,此时重力矩为零,这种情形即为式(4.3.1)中已经讨论的欧拉情形。

(2) 拉格朗日情形。

刚体对固定点的惯量椭球是旋转椭球,重心位于旋转轴上,但不与固定点 O 重合,例如 $A=B, a=b=0$,此时重力矩不为零。由式(4.3.45)的最后一个方程可知,刚体角速度在动力学对称轴上的投影是第 4 个代数积分:$\omega_z = \text{const}$。定点运动重刚体的这种情形称为拉格朗日情形,随后将进一步讨论。

(3) 柯瓦利夫斯卡娅情形。

柯瓦利夫斯卡娅情形下刚体对固定点 O 的惯量椭球是旋转椭球,例如绕 OZ 轴旋转,惯量矩满足关系式 $A=B=2C$,而重心位于惯量椭球的赤道面上。

还有很多情况存在第四个首次积分使方程组(4.3.42)和(4.3.45)完全积分,但是这些积分不是对所有初始条件都成立,而只是对特别选定的初始条件才成立。

4.3.2.2　拉格朗日情形下的受迫规则进动·陀螺基本公式

动力学对称的刚体又称为陀螺,其相对对称轴上任意点的惯量椭球是旋转椭球。当陀螺的支点与质心不重合时,重力矩不为零,将对陀螺的运动产生影响,这种情形下的陀螺称为拉格朗日重陀螺。

前面我们讨论了欧拉情形下的规则进动，其也可视为陀螺支点与质心重合的情况。实际上为了使陀螺做规则进动(4.3.31)，并不是一定要求外力对固定点的主矩为零。来具体分析保证陀螺规则进动的条件，这个问题隶属动力学反问题。

设 $OXYZ$ 是以固定点 O 为原点的惯性坐标系，其坐标轴沿刚体相对于点 O 的惯量主轴，A,B,C 分别为刚体相对 OX,OY,OZ 轴的惯量矩，且有 $A=B$。此时欧拉动力学方程(4.3.14)为

$$\begin{cases}A\dot{\omega}_x+(C-A)\omega_y\omega_z=M_x\\A\dot{\omega}_y+(A-C)\omega_z\omega_x=M_y\\C\dot{\omega}_z=M_z\end{cases}\tag{4.3.49}$$

选择欧拉角 ψ,θ,φ 为广义坐标，则运动学方程为(4.1.35)。

要求完成规则进动，即章动角保持常数($\theta=\theta_0$)，自转角速度($\dot{\varphi}=\dot{\varphi}_0$)和进动角速度($\dot{\psi}=\dot{\psi}_0$)也都是常数。求外力对点 O 的主矩 $\boldsymbol{M}_O$，以使陀螺按照给定的 $\theta_0,\dot{\varphi}_0,\dot{\psi}_0$ 做规则进动。

给定 $\theta_0,\dot{\varphi}_0,\dot{\psi}_0$，可由欧拉运动学方程(4.1.35)得

$$\omega_x=\dot{\psi}_0\sin\theta_0\sin\varphi,\quad \omega_y=\dot{\psi}_0\sin\theta_0\cos\varphi,\quad \omega_z=\dot{\psi}_0\cos\theta_0+\dot{\varphi}_0\tag{4.3.50}$$

由式(4.3.50)的最后一个等式可知为 ω_z 常值，所以由(4.3.49)的第三个方程有

$$M_z=0\tag{4.3.51}$$

将式(4.3.50)中的 $\omega_x,\omega_y,\omega_z$ 代入式(4.3.49)中的第一个方程可求出

$$M_x=A\dot{\psi}_0\sin\theta_0\cos\varphi\dot{\varphi}_0+(C-A)\dot{\psi}_0\sin\theta_0\cos\varphi(\dot{\psi}_0\cos\theta_0+\dot{\varphi}_0)$$

即

$$M_x=\dot{\psi}_0\dot{\varphi}_0\sin\theta_0\cos\varphi\left[A+(C-A)\frac{\dot{\psi}_0}{\dot{\varphi}_0}\cos\theta_0\right]\tag{4.3.52}$$

类似地，由式(4.3.50)代入到式(4.3.49)中的第二个方程可得

$$M_y=-\dot{\psi}_0\dot{\varphi}_0\sin\theta_0\sin\varphi\left[A+(C-A)\frac{\dot{\psi}_0}{\dot{\varphi}_0}\cos\theta_0\right]\tag{4.3.53}$$

注意到，坐标系 $Oxyz$ 中矢量 $\dot{\boldsymbol{\varphi}}_0$ 和 $\dot{\boldsymbol{\psi}}_0$ 的坐标列阵分别为 $(0,0,\dot{\varphi}_0)^{\mathrm{T}}$ 和 $(\dot{\psi}_0\sin\theta_0\sin\varphi,\dot{\psi}_0\sin\theta_0\cos\varphi,\dot{\psi}\cos\theta_0)^{\mathrm{T}}$，则式(4.3.52)和(4.3.53)可写成为一个矢量等式：

$$\boldsymbol{M}_O=\dot{\boldsymbol{\psi}}_0\times\dot{\boldsymbol{\varphi}}_0\left[A+(C-A)\frac{\dot{\psi}_0}{\dot{\varphi}_0}\cos\theta_0\right]\tag{4.3.54}$$

由上式可以看出，矢量 $\boldsymbol{M}_O$ 的大小为常数，方向沿节线。

式(4.3.54)称为陀螺基本公式。在已知惯量矩 A、C，章动角 θ_0，自转角速度 $\dot{\boldsymbol{\varphi}}_0$ 和进动角速度 $\dot{\boldsymbol{\psi}}_0$ 的情况下，用陀螺基本公式可以给出规则进动所需的力矩 $\boldsymbol{M}_O$。

不同于欧拉情形的自由规则进动，这时的运动是在重力矩作用下“被迫”发生的，因此称为强迫规则进动。

在现代技术中使用的陀螺，其自转角速度通常远大于进动角速度，即 $\dot{\varphi}_0\gg\dot{\psi}_0$，在这种情况下可对式(4.3.54)进行近似，忽略二阶小量，即有

$$\boldsymbol{M}_O=C\dot{\boldsymbol{\psi}}_0\times\dot{\boldsymbol{\varphi}}_0\tag{4.3.55}$$

式(4.3.55)是陀螺基本理论或近似理论的基础,称为陀螺近似公式。

§4.4 刚体的一般运动

在一般情况下,不受约束的刚体有6个自由度。根据夏莱定理(见式(4.1.1)),刚体的一般运动(自由运动)可以看作刚体上任意点(基点)确定的平动和刚体绕该点的定点转动之和。在刚体内任选一点为基点 o,以 o 为原点建立各坐标轴与惯性坐标系 $OXYZ$ 平行的平动坐标系 $oxyz$。则点 o 相对惯性坐标系的坐标 x_o,y_o,z_o,以及刚体相对平动坐标系的欧拉角 ψ,θ,φ 或卡尔丹角 α,β,γ 等可作为确定刚体位置的6个广义坐标。做一般运动的刚体内任意点 P 的速度及加速度由式(4.1.30)和(4.1.42)给出。

在描述系统运动时希望选择基点使其运动的确定最简单。由动力学基本定理可知,选择质心为基点是非常方便的,这里因为质心运动可以看作是一个质点在全部外力作用下的运动,而刚体绕质心运动的动量矩和动能的公式就像定点运动时一样(见4.2节)。

设 M 是刚体质量,$\boldsymbol{v}_c$ 是质心速度,$\boldsymbol{L}_c$ 是相对质心的动量矩。如果 $\boldsymbol{F}^{(e)}$ 和 $\boldsymbol{M}_c^{(e)}$ 是外力的主矩和对 C 点的主矩,则由质心运动定理和动量矩定理可得到两个矢量方程:

$$M\frac{\mathrm{d}\boldsymbol{v}_c}{\mathrm{d}t}=\boldsymbol{F}^{(e)},\quad \frac{\mathrm{d}\boldsymbol{L}_c}{\mathrm{d}t}=\boldsymbol{M}_c^{(e)} \tag{4.4.1}$$

下面来详细讨论刚体一般运动的两个典型问题:粗糙平面上做纯滚动的圆盘和任意凸形刚体的运动。

4.4.1 平面上滚动的圆盘

圆盘在粗糙平面上做纯滚动(见图4.4.1)。设圆盘的半径为 R,质量为 m,极惯量矩和赤道惯量矩分别为 C 和 A。以圆盘的质心为基点 o,建立平移坐标系 $oxyz$,在圆盘运动过程中其坐标轴与惯性坐标系 $OXYZ$ 的各相应坐标轴始终平行。

首先选择系统的坐标来描述系统运动,由刚体一般运动分解定理,选择圆盘质心坐标及刚体相对质心转动的欧拉角为广义坐标。由于系统存在纯滚动约束,因此需要写出约束方程。设 o 点相对惯性系 $OXYZ$ 的坐标列阵为 $(x,y,z)^{\mathrm{T}}$,则点 o 的速度为

$$\boldsymbol{v}_o=\dot{x}\boldsymbol{i}_0+\dot{y}\boldsymbol{j}_0+\dot{z}\boldsymbol{k}_0 \tag{4.4.2}$$

这里 $\boldsymbol{i}_0,\boldsymbol{j}_0,\boldsymbol{k}_0$ 分别为 OX,OY,OZ 轴的单位方向向量。

定义刚体相对 $oxyz$ 的欧拉角为进动角 ψ、章动角 θ 和自转角 φ。图4.4.1中 $ox_2y_2z_2$ 为莱查坐标系,初始时刻位置 $ox_0y_0z_0$。$ox_2y_2z_2$ 相对 $ox_0y_0z_0$ 的方向余弦矩阵为

$$\boldsymbol{A}_{02}=\begin{bmatrix}\cos\psi & -\cos\theta\sin\psi & \sin\theta\sin\psi\\ \sin\psi & \cos\theta\cos\psi & -\sin\theta\cos\psi\\ 0 & \sin\theta & \cos\theta\end{bmatrix} \tag{4.4.3}$$

圆盘的角速度在莱查坐标系 $ox_2y_2z_2$ 中的投影式为

$$\begin{gathered}\boldsymbol{\omega}=\omega_x\boldsymbol{i}_2+\omega_y\boldsymbol{j}_2+\omega_z\boldsymbol{k}_2\\ \omega_x=\dot{\theta},\quad \omega_y=\dot{\psi}\sin\theta,\quad \omega_z=\dot{\varphi}+\dot{\psi}\cos\theta\end{gathered} \tag{4.4.4}$$

这里 $\boldsymbol{i}_2,\boldsymbol{j}_2,\boldsymbol{k}_2$ 为莱查坐标系中轴 ox_2,oy_2,oz_2 的单位方向矢量。

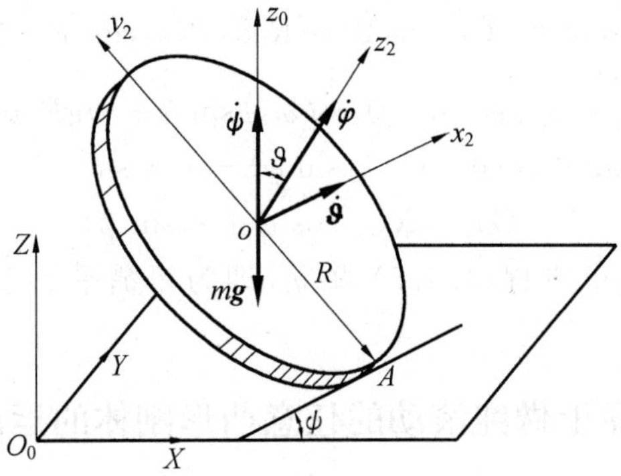

图 4.4.1

设圆盘与固定平面在点 A 处接触，将点 A 相对点 o 的矢径 $\boldsymbol{\rho}=-R\boldsymbol{j}_2$ 及式(4.4.2)，式(4.4.4) 代入式(4.1.30) 计算点 A 的速度 $\boldsymbol{v}_A$，并利用式(4.4.5) 变换到 $ox_0y_0z_0$ 坐标系。刚体做纯滚动时 $\boldsymbol{v}_A$ 应等于零，由此导出速度约束条件：

$$v_{Ax}=\dot{x}+R[(\dot{\varphi}+\dot{\psi}\cos\theta)\cos\psi-\dot{\theta}\sin\theta\sin\psi]=0 \tag{4.4.5a}$$

$$v_{Ay}=\dot{y}+R[(\dot{\varphi}+\dot{\psi}\cos\theta)\sin\psi+\dot{\theta}\sin\theta\cos\psi]=0 \tag{4.4.5b}$$

$$v_{Az}=\dot{z}-R\dot{\theta}\cos\theta=0 \tag{4.4.5c}$$

其中式(4.4.5c) 可积分导出

$$z=R\sin\theta \tag{4.4.6}$$

系统存在两个非完整约束(4.4.5a)、(4.4.5b) 和一个完整约束(4.4.6)，自由度为 3。由于系统为非完整系统，需要选择非完整系统的建模方法，这里使用劳斯方程(3.1.13)。为此，首先利用式(4.2.34) 写出此系统的动能和势能

$$\begin{aligned}&T=\frac{1}{2}m(\dot{x}^2+\dot{y}^2+\dot{z}^2)+\frac{1}{2}[A(\dot{\theta}^2+\dot{\psi}^2\sin^2\theta)+C(\dot{\varphi}+\dot{\psi}\cos\theta)^2]\\&V=mgR\sin\theta\end{aligned} \tag{4.4.7}$$

将约束方程(4.4.5) 写作变分形式：

$$\begin{aligned}&\delta x+R[(\delta\psi\cos\theta+\delta\varphi)\cos\psi-\delta\theta\sin\theta\sin\psi]=0\\&\delta y+R[(\delta\psi\cos\theta+\delta\varphi)\sin\psi-\delta\theta\sin\theta\cos\psi]=0\\&\delta z-R\delta\theta\cos\theta=0\end{aligned} \tag{4.4.8}$$

依次写出式(3.1.11) 中与 $x,y,z,\psi,\theta,\varphi$ 各广义坐标对应的系数 $B_{kj}(k=1,2,3;j=1,\cdots,6)$，得到

$$\begin{aligned}&B_{11}=1,B_{12}=B_{13}=0,B_{14}=R\cos\theta\cos\psi,B_{15}=-R\sin\theta\sin\psi,B_{16}=R\cos\psi\\&B_{21}=0,B_{22}=1,B_{23}=0,B_{24}=R\cos\theta\sin\psi,B_{25}=R\sin\theta\cos\psi,B_{26}=R\sin\psi\\&B_{31}=B_{32}=B_{33}=1,B_{34}=0,B_{35}=-R\cos\theta,B_{36}=0\end{aligned} \tag{4.4.9}$$

将式(4.4.7) 和(4.4.9) 代入劳斯方程(3.1.13)，得到方程组

$$\begin{cases}m\ddot{x}=\lambda_1 & (4.4.10a)\\ m\ddot{y}=\lambda_2 & (4.4.10b)\\ m\ddot{z}=\lambda_3 & (4.4.10c)\end{cases}$$

$$\frac{\mathrm{d}}{\mathrm{d}t}(A\dot{\psi}\sin^2\theta + C\omega_z\cos\theta) = R\cos\theta(\lambda_1\cos\psi + \lambda_2\sin\psi) \tag{4.4.10d}$$

$$A(\ddot{\theta} - \dot{\psi}^2\cos\theta\sin\theta) + C\omega_z\dot{\psi}\sin\theta + mgR\cos\theta =$$
$$R[\sin\theta(\lambda_2\cos\psi - \lambda_1\sin\psi) - \lambda_3\cos\theta] \tag{4.4.10e}$$

$$C\dot{\omega}_z = R(\lambda_1\cos\psi + \lambda_2\sin\psi) \tag{4.4.10f}$$

方程(4.4.10)与约束方程(4.4.5)联立,即为粗糙平面上纯滚动圆盘的动力学方程。

4.4.2 粗糙平面上做纯滚动的任意凸形刚体的运动方程

设刚体在重力场中沿着固定水平面运动,刚体的凸面上的每个点都存在确定的切平面。在点 O 处建立惯性坐标系 $OXYZ$,OZ 轴竖直向上(图 4.4.2)。与刚体固连的坐标系 $cxyz$ 以刚体质心 c 为原点,$cxyz$ 为中心主轴坐标系。

刚体与平面接触点 A 相对质心 c 的矢径 $\boldsymbol{\rho}$ 在坐标系 $cxyz$ 中的坐标列阵为 $(x,y,z)^{\mathrm{T}}$。刚体的表面方程在坐标系 $cxyz$ 中写作

$$f(x,y,z) = 0 \tag{4.4.11}$$

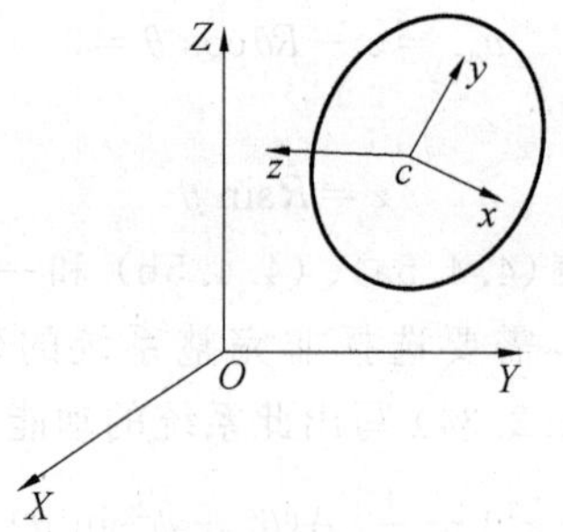

图 4.4.2

选择函数 f 的符号使得曲面(4.4.11)在 A 点处的法线与单位向量 $\boldsymbol{e}_Z = \boldsymbol{n}$ 重合:

$$\boldsymbol{n} = -\frac{grad f}{|grad f|} \tag{4.4.12}$$

设 m 是刚体质量,$\boldsymbol{g}$ 是重力加速度,$\boldsymbol{v}_c$ 是质心速度,$\boldsymbol{\omega}$ 是刚体角速度,$\boldsymbol{L}_c$ 是刚体对质心的动量矩,$\boldsymbol{F}_{\mathrm{N}}$ 是平面约束反力。由刚体的动量和动量矩定理,运动微分方程写成两个矢量方程:

$$\frac{\tilde{\mathrm{d}}\boldsymbol{v}_c}{\mathrm{d}t} + \boldsymbol{\omega}\times\boldsymbol{v}_c = -g\boldsymbol{n} + \frac{1}{m}\boldsymbol{F}_N \tag{4.4.13}$$

$$\frac{\tilde{\mathrm{d}}\boldsymbol{L}_c}{\mathrm{d}t} + \boldsymbol{\omega}\times\boldsymbol{L}_c = \boldsymbol{\rho}\times\boldsymbol{F}_N \tag{4.4.14}$$

这就是动量和动量矩定理。方程(4.4.13)和(4.4.14)中的波浪线表示在动坐标系 $cxyz$ 中的相对导数。

矢量 $\boldsymbol{n}$ 相对惯性坐标系 $OXYZ$ 是不变的,所以它满足潘索方程(4.3.40):

$$\dot{\boldsymbol{n}} + \boldsymbol{\omega}\times\boldsymbol{n} = 0 \tag{4.4.15}$$

刚体运动为纯滚动,刚体与平面接触点的速度为零,即有矢量形式的约束方程:

$$\boldsymbol{v}_A = \boldsymbol{v}_c + \boldsymbol{\omega} \times \boldsymbol{\rho} = 0 \tag{4.4.16}$$

方程(4.4.13) ~ (4.4.16) 再加上(4.4.11)、(4.4.12)，是封闭的方程组，可以确定 12 个未知数 $v_{cx}, v_{cy}, v_{cz}, \omega_x, \omega_y, \omega_z, x, y, z, F_{Nx}, F_{Ny}, F_{Nz}$，它们分别是矢量 $\boldsymbol{v}_c, \boldsymbol{\omega}, \boldsymbol{\rho}, \boldsymbol{F}_N$ 在坐标系 $cxyz$ 中的分量。

§4.5　刚体复合运动的应用举例

这一节通过多体系统建模的两个例子来介绍刚体复合运动在实际问题中的一些具体应用。

4.5.1　Stewart 平台的动力学建模

航天器在轨飞行期间存在着各种噪声和振动，对其工作部件会引起一定的影响。为保证有效载荷的正常工作，使用 Stewart 平台进行微振动的抑制是较为常见的方法之一。Stewart 平台是由上平台、下平台(假设平台为刚体)和 6 个连接上下平台可伸缩的支腿组成，每个支腿的两端铰链同为球铰或一端球铰另一端万向节。根据支腿两端的铰链形式可以将 Stewart 平台分为 6－SPS(两端球铰)(图 4.5.1(a))和 6－UPS(一端球铰一端万向节)(图 4.5.1(b))两种基本的构型。

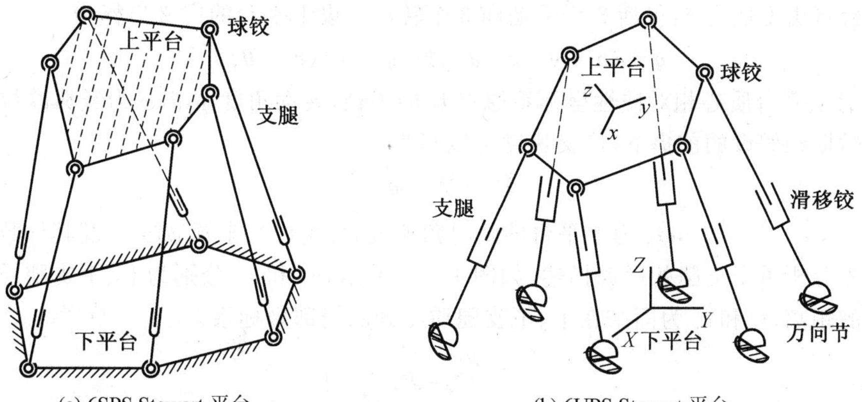

图 4.5.1　两类典型的 Stewart 平台

采用 Stewart 平台进行 6 自由度的隔振，首先需要对平台进行动力学精确建模，得到平台的动力学微分方程。建模方法分为矢量法和能量法，矢量法包括达朗贝尔原理、牛顿－欧拉法以及凯恩方程等；能量法包括拉格朗日方程等。采用牛顿－欧拉法建立平台的动力学方程，需要计算铰链处的约束力，建模的计算量很大。应用拉格朗日方程的关键是选取合适的广义坐标和计算系统的动能，一旦完成这些工作剩下的步骤则比较简明。凯恩方法则较为简单且程序化，不需要计算约束力和动能对广义坐标的偏导数，其主要工作是偏速度的求取。

对 6SPS Stewart 平台进行使用凯恩方法进行动力学建模。如图 4.5.2 所示，上平台的半径 a，下平台的半径为 $2a$，平台的高度为$\sqrt{3}a$。图中坐标系 O 为惯性坐标系，P 和 B 分别为固结在上、下平台质心处的坐标系，设在运动的初始时刻 3 个坐标系的 x 轴、y 轴和 z 轴方向分别平行。

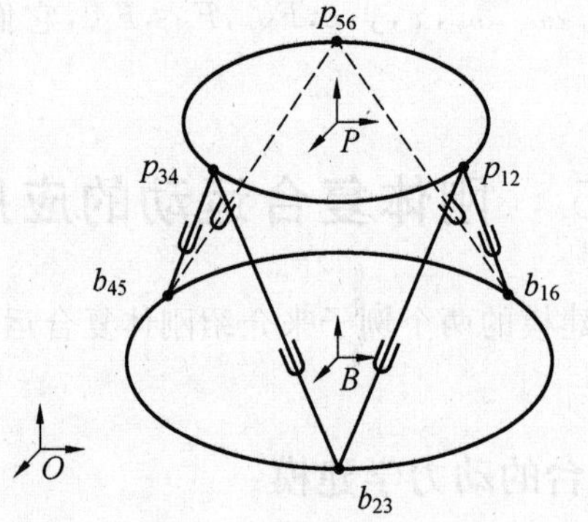

图 4.5.2 平台示意图

为便于分析，这里做如下假设：

(1) Stewart 平台为刚体；

(2) 微振动幅度很小，忽略所有变量的几何非线性部分。

(3) 支腿视为有质量刚性细杆。

(4) 忽略下平台输入，这样 B 系为惯性参考系。

平台自由度数为 6，包括 3 个平动和 3 个转动。设上平台的广义坐标为

$$\boldsymbol{q}=(x \quad y \quad z \quad \psi \quad \vartheta \quad \varphi)^{\mathrm{T}}=(\boldsymbol{r}_p^{\mathrm{T}} \quad \boldsymbol{\theta}_p^{\mathrm{T}})^{\mathrm{T}} \tag{4.5.1}$$

$\boldsymbol{r}_p$ 为上平台质心相对惯性坐标系原点 B 的矢径，转动角度 ψ,θ,φ 为经典欧拉角。

在微振动假设的前提下，广义速度可以写为

$$\dot{\boldsymbol{q}}=(\dot{\boldsymbol{r}}_p^{\mathrm{T}} \quad \boldsymbol{\omega}_p^{\mathrm{T}})^{\mathrm{T}} \tag{4.5.2}$$

其中 $\dot{\boldsymbol{r}}_p^{\mathrm{T}}=(\dot{x} \quad \dot{y} \quad \dot{z})^{\mathrm{T}}$，$\boldsymbol{\omega}_p$ 为上平台的瞬时角速度，可由广义坐标 ψ,θ,φ 及其导数表示。

首先分析单个支腿的运动描述，如图 4.5.3 所示，b_{si} 和 b_{ci} 分别为上、下支腿质心到对应铰链的距离，s_i 和 c_i 为固结在上、下支腿质心处的局部坐标系。

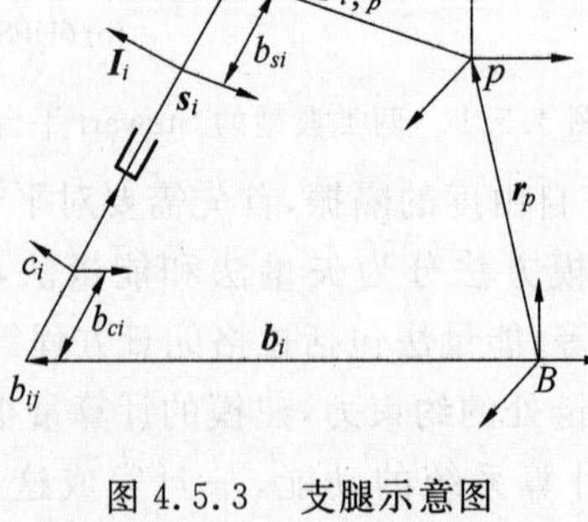

图 4.5.3 支腿示意图

对应于图 4.5.3，各支腿矢量 $\boldsymbol{l}_i (i=1,\cdots,6)$ 可表示为

$$\boldsymbol{l}_1=\overline{b_{16}p_{12}},\quad \boldsymbol{l}_2=\overline{b_{23}p_{12}},\quad \boldsymbol{l}_3=\overline{b_{23}p_{34}},\quad \boldsymbol{l}_4=\overline{b_{45}p_{34}},\quad \boldsymbol{l}_5=\overline{b_{45}p_{56}},\quad \boldsymbol{l}_6=\overline{b_{16}p_{56}} \tag{4.5.3}$$

这里 b_{ij}，p_{ij} 分别为各支腿的端点，定义

$$\boldsymbol{p}_i = A_{op}\boldsymbol{p}_{i,p} \tag{4.5.4}$$

式中　A_{op}—— 从局部坐标系 P 到惯性坐标系的转换矩阵；

$\boldsymbol{p}_{i,p}$—— 局部坐标系中的矢量描述；

$\boldsymbol{p}_i$—— 惯性坐标系中的矢量描述。

支腿的长度可表示为

$$L_i = |\boldsymbol{I}_i| \tag{4.5.5}$$

因此支腿的方向矢量可表示为

$$\boldsymbol{u}_i = \boldsymbol{I}_i / L_i \tag{4.5.6}$$

球铰 p_{ik} 处的位移、速度和加速度分别可表示为

$$\begin{cases} \boldsymbol{r}_{pi} = \boldsymbol{r}_p + \boldsymbol{p}_i \\ \dot{\boldsymbol{r}}_{pi} = \dot{\boldsymbol{r}}_p + \boldsymbol{\omega}_p \times \boldsymbol{p}_i \\ \ddot{\boldsymbol{r}}_{pi} = \dot{\boldsymbol{r}}_{pi} + \dot{\boldsymbol{\omega}}_p \times \boldsymbol{p}_i + \boldsymbol{\omega}_p \times (\boldsymbol{\omega}_p \times \boldsymbol{p}_i) \end{cases} \tag{4.5.7}$$

式中　$\boldsymbol{r}_{pi}$——P_{ik} 相对惯性系的坐标原点 B 的矢径；

$\boldsymbol{\omega}_p$—— 上平台的角速度，在微振动小变形情况下，可认为 $\dot{\boldsymbol{\omega}}_p$ 为上平台的角加速度。

类似地，有如下关系成立：

$$\dot{\boldsymbol{r}}_{pi} = \hat{\dot{\boldsymbol{I}}}_i + \hat{\boldsymbol{\omega}}_i \times \boldsymbol{I}_i \tag{4.5.8}$$

$$\ddot{\boldsymbol{r}}_{pi} = \hat{\ddot{\boldsymbol{I}}}_i + \hat{\boldsymbol{\alpha}}_i \times \boldsymbol{I}_i + \hat{\boldsymbol{\omega}}_i \times (\hat{\boldsymbol{\omega}}_i \times \boldsymbol{I}_i) + 2\hat{\boldsymbol{\omega}}_i \times \hat{\dot{\boldsymbol{I}}}_i \tag{4.5.9}$$

式中　$\hat{\boldsymbol{\omega}}_i$，$\hat{\boldsymbol{\alpha}}_i$—— 支腿垂直于轴向方向的角速度和角加速度；

$\hat{\dot{\boldsymbol{I}}}_i$，$\hat{\ddot{\boldsymbol{I}}}_i$—— 支腿相对运动速度和相对加速度。

将式(4.5.8) 两端分别在左叉乘 $\boldsymbol{u}_i$，注意到 $\hat{\boldsymbol{\omega}}_i$ 与支腿轴向方向垂直，有

$$\hat{\boldsymbol{\omega}}_i = \frac{1}{L_i}\boldsymbol{u}_i \times \dot{\boldsymbol{r}}_{pi} \tag{4.5.10}$$

由于上、下支腿为一端球铰，一端万向铰，可得支腿角速度为

$$\boldsymbol{\omega}_i = \hat{\boldsymbol{\omega}}_i = \frac{1}{L_i}\boldsymbol{u}_i \times \dot{\boldsymbol{r}}_{pi} = \frac{1}{L_i}\boldsymbol{u}_i \times (\boldsymbol{r}_p + \boldsymbol{\omega}_p \times \boldsymbol{p}_i) \tag{4.5.11}$$

将式(4.5.8) 两端分别点乘 $\boldsymbol{u}_i$，注意到式(4.5.5) 及式(4.5.7) 有

$$\hat{\dot{\boldsymbol{I}}}_i = \dot{L}_i\boldsymbol{u}_i = \boldsymbol{u}_i\boldsymbol{u}_i^{\mathrm{T}}\dot{\boldsymbol{r}}_{pi} = \boldsymbol{u}_i\boldsymbol{u}_i^{\mathrm{T}}(\dot{\boldsymbol{r}}_p + \boldsymbol{\omega}_p \times \boldsymbol{p}_i) \tag{4.5.12}$$

可得

$$\dot{L}_i = \begin{bmatrix} \boldsymbol{u}_i^{\mathrm{T}} & \boldsymbol{u}_i^{\mathrm{T}}\tilde{\boldsymbol{p}}_i^{\mathrm{T}} \end{bmatrix} \begin{bmatrix} \dot{\boldsymbol{r}}_p \\ \boldsymbol{\omega}_p \end{bmatrix} = \boldsymbol{J}_{pi}^{\mathrm{T}} \begin{bmatrix} \dot{\boldsymbol{r}}_p \\ \boldsymbol{\omega}_p \end{bmatrix} \tag{4.5.13}$$

这里，带波浪线上标表示与矢量对应的反对称坐标阵。

$$\boldsymbol{J}_{p_i}^{\mathrm{T}} = [\boldsymbol{u}_i^{\mathrm{T}} \quad \boldsymbol{u}_i^{\mathrm{T}} \quad \boldsymbol{p}_i^{\mathrm{T}} \quad] \tag{4.5.14}$$

式(4.5.13) 即为支腿长度表达式。

同理，由式(4.5.9) 可得支腿的角加速度和支腿的相对运动加速度

$$\boldsymbol{\alpha}_i=\frac{1}{L_i}\boldsymbol{u}_i\times\ddot{\boldsymbol{r}}_{pi}=\frac{1}{L_i}\boldsymbol{u}_i\times[\ddot{\boldsymbol{r}}_p+\dot{\boldsymbol{\omega}}_p\times\boldsymbol{p}_i+\boldsymbol{\omega}_p\times(\boldsymbol{\omega}_p\times\boldsymbol{p}_i)] \tag{4.5.15}$$

$$\hat{\ddot{\boldsymbol{l}}}_i=\ddot{L}_i\boldsymbol{u}_i=\boldsymbol{u}_i\boldsymbol{u}_i^{\mathrm{T}}[\ddot{\boldsymbol{r}}_p+\dot{\boldsymbol{\omega}}_p\times\boldsymbol{p}_i+\boldsymbol{\omega}_p\times(\boldsymbol{\omega}_p\times\boldsymbol{p}_i)] \tag{4.5.16}$$

下支腿质心处的速度和加速度表达式分别为

$$\dot{\boldsymbol{b}}_{ci}=\hat{\boldsymbol{\omega}}_i\times\boldsymbol{b}_{ci}=\frac{b_{ci}}{L_i}(\boldsymbol{E}-\boldsymbol{u}_i\boldsymbol{u}_i^{\mathrm{T}})(\dot{\boldsymbol{r}}_p+\boldsymbol{\omega}_p\times\boldsymbol{p}_i) \tag{4.5.17}$$

$$\boldsymbol{\alpha}_{ci}=\frac{b_{ci}}{L_i}(\boldsymbol{E}-\boldsymbol{u}_i\boldsymbol{u}_i^{\mathrm{T}})[\ddot{\boldsymbol{r}}_p+\dot{\boldsymbol{\omega}}_p\times\boldsymbol{p}_i+\boldsymbol{\omega}_p\times(\boldsymbol{\omega}_p\times\boldsymbol{p}_i)] \tag{4.5.18}$$

上支腿质心处的速度和加速度表达式分别为

$$\dot{\boldsymbol{b}}_{si}=\hat{\dot{\boldsymbol{l}}}_i+\hat{\boldsymbol{\omega}}\times(\boldsymbol{l}_i-\boldsymbol{b}_{si})=[\boldsymbol{E}-\frac{b_{si}}{L_i}(\boldsymbol{E}-\boldsymbol{u}_i\boldsymbol{u}_i^{\mathrm{T}})](\dot{\boldsymbol{r}}_p+\boldsymbol{\omega}_p\times\boldsymbol{p}_i) \tag{4.5.19}$$

$$\boldsymbol{\alpha}_{si}=[\boldsymbol{E}-\frac{b_{si}}{L_i}(\mathrm{E}-\boldsymbol{u}_i\boldsymbol{u}_i^{\mathrm{T}})][\ddot{\boldsymbol{r}}_p+\dot{\boldsymbol{\omega}}_p\times\boldsymbol{p}_i+\boldsymbol{\omega}_p\times(\boldsymbol{\omega}_p\times\boldsymbol{p}_i)] \tag{4.5.20}$$

式中 $\boldsymbol{E}$—— 三阶单位阵。

设存在载荷与上平台固结，则质心坐标为

$$\boldsymbol{r}_m=\boldsymbol{r}_p+\boldsymbol{A}_{op}\boldsymbol{r}_{c,p}=\boldsymbol{r}_p+\boldsymbol{r}_c \tag{4.5.21}$$

式中 $\boldsymbol{r}_{cp}$—— 整体质心相对于 P 点的矢径；

$\boldsymbol{r}_c$—— 惯性系中的矢量描述。

因此质心处的速度和加速度为

$$\boldsymbol{v}_m=\dot{\boldsymbol{r}}_{co}=\dot{\boldsymbol{r}}_p+\boldsymbol{\omega}_p\times\boldsymbol{r}_c \tag{4.5.22}$$

$$\boldsymbol{\alpha}_m=\ddot{\boldsymbol{r}}_{co}=\ddot{\boldsymbol{r}}_p+\dot{\boldsymbol{\omega}}_p\times\boldsymbol{r}_c+\boldsymbol{\omega}_p\times\boldsymbol{\omega}_p\times\boldsymbol{r}_c \tag{4.5.23}$$

分析过支腿与平台载荷后，即可使用Kane方程来具体推导Stewart平台的动力学方程。为此首先需要求取各阶偏速度和偏角速度。

系统的广义速度为

$$\dot{\boldsymbol{q}}=(\dot{\boldsymbol{r}}_p^{\mathrm{T}}\quad\boldsymbol{\omega}_p^{\mathrm{T}})^{\mathrm{T}}$$

有效载荷的偏速度和偏角速度分别为

$$[\boldsymbol{v}_{m,j}]=\left[\frac{\partial\boldsymbol{v}_m}{\partial\dot{q}_j}\right]=[\boldsymbol{E};\tilde{\boldsymbol{r}}_c^{\mathrm{T}}] \tag{4.5.24}$$

$$[\boldsymbol{\omega}_{m,j}]=\left[\frac{\partial\boldsymbol{\omega}_p}{\partial\dot{q}_j}\right]=[0;\boldsymbol{E}] \tag{4.5.25}$$

下标 $j=1,2,\cdots,6$ 分别为6个自由度对应的标号，方程右端矩阵中的每一列为对应阶的偏速度。

支腿的偏角速度为

$$[\boldsymbol{\omega}_{i,j}]=\left[\frac{\partial\boldsymbol{\omega}_i}{\partial\dot{q}_j}\right]=\left[\frac{\tilde{\boldsymbol{u}}_i}{L_i};\frac{\tilde{\boldsymbol{u}}_i\tilde{\boldsymbol{p}}_i^{\mathrm{T}}}{L_i}\right] \tag{4.5.26}$$

偏速度为

$$[\boldsymbol{v}_{i,j}]=\left[\frac{\partial\boldsymbol{v}_i}{\partial\dot{q}_j}\right]=[\boldsymbol{u}_i\boldsymbol{u}_i^{\mathrm{T}};\boldsymbol{u}_i\boldsymbol{u}_i^{\mathrm{T}}\tilde{\boldsymbol{p}}_i^{\mathrm{T}}] \tag{4.5.27}$$

上、下支腿质心处的偏速度为

$$[\boldsymbol{v}_{ci,j}]=\left[\frac{\partial \dot{\boldsymbol{b}}_{ci}}{\partial \dot{q}_j}\right]=\left[\frac{b_{ci}}{L_i}(\boldsymbol{E}-\boldsymbol{u}_i\boldsymbol{u}_i^{\mathrm{T}});\frac{b_{ci}}{L_i}\tilde{\boldsymbol{u}}_i^{\mathrm{T}}\tilde{\boldsymbol{u}}_i\tilde{\boldsymbol{p}}_i^{\mathrm{T}}\right] \tag{4.5.28}$$

$$[\boldsymbol{v}_{si,j}]=\left[\frac{\partial \dot{\boldsymbol{b}}_{si}}{\partial \dot{q}_j}\right]=\left[\boldsymbol{E}-\frac{b_{si}}{L_i}(\boldsymbol{E}-\boldsymbol{u}_i\boldsymbol{u}_i^{\mathrm{T}});\tilde{\boldsymbol{p}}_i^{\mathrm{T}}-\frac{b_{ci}}{L_i}\tilde{\boldsymbol{u}}_i^{\mathrm{T}}\tilde{\boldsymbol{u}}_i\tilde{\boldsymbol{p}}_i^{\mathrm{T}}\right] \tag{4.5.29}$$

写出各阶偏速度及偏角速度后即可求取广义主动力及广义惯性力。

广义主动力为

$$F_j=m\boldsymbol{g}\cdot\boldsymbol{v}_{m,j}+\sum_{i=1}^{6}(F_i-f_i)\boldsymbol{u}_i\cdot\boldsymbol{v}_{i,j}+\sum_{i=1}^{6}(m_{ci}\boldsymbol{g}\cdot\boldsymbol{v}_{ci,j}+m_{si}\boldsymbol{g}\cdot\boldsymbol{v}_{si,j}) \tag{4.5.30}$$

式中　$\boldsymbol{g}$—— 重力加速度，$F_i\boldsymbol{u}_i$ 为沿支腿方向作用的推力，$f_i\boldsymbol{u}_i$ 为摩擦力，m_{ci}，m_{si} 分别为下支腿和上支腿的质量，m 为上平台质量

广义惯性力为

$$F_{j*}=-m\boldsymbol{\alpha}_m\cdot\boldsymbol{v}_{m,j}-(\boldsymbol{I}_m\boldsymbol{\alpha}+\omega\times\boldsymbol{I}_m\omega)\cdot\boldsymbol{\omega}_{m,j}-\sum_{i=1}^{6}(m_{ci}\boldsymbol{\alpha}_{ci}\cdot\boldsymbol{v}_{ci,j}+m_{si}\boldsymbol{\alpha}_{si}\cdot\boldsymbol{v}_{si,j})$$
$$-\sum_{i=1}^{6}(\boldsymbol{I}_{ci}\boldsymbol{\alpha}_i+\boldsymbol{\omega}_i\times\boldsymbol{I}_{ci}\boldsymbol{\omega}_i)\cdot\boldsymbol{\omega}_{i,j}-\sum_{i=1}^{6}(\boldsymbol{I}_{si}\boldsymbol{\alpha}_i+\boldsymbol{\omega}_i\times\boldsymbol{I}_{si}\boldsymbol{\omega}_i)\cdot\boldsymbol{\omega}_{i,j} \tag{4.5.31}$$

式中　$\boldsymbol{I}_m$，$\boldsymbol{I}_{ci}$，$\boldsymbol{I}_{si}$—— 分别为载荷、上、下支腿的中心惯量矩阵。

分别将(4,5,30)、(4,5,31) 展开得

$$F_{\dot{x}}=m\boldsymbol{g}\cdot\boldsymbol{v}_{m,\dot{x}}+\sum_{i=1}^{6}(F_i-f_i)\boldsymbol{u}_i\cdot\boldsymbol{v}_{i,\dot{x}}+\sum_{i=1}^{6}(m_{ci}\boldsymbol{g}\cdot\boldsymbol{v}_{ci,\dot{x}}+m_{si}\boldsymbol{g}\cdot\boldsymbol{v}_{si,\dot{x}}) \tag{4.5.32}$$

$$F_{\dot{x}*}=-m\boldsymbol{\alpha}_m\cdot\boldsymbol{v}_{m,\dot{x}}-\sum_{i=1}^{6}(m_{ci}\boldsymbol{\alpha}_{ci}\cdot\boldsymbol{v}_{ci,\dot{x}}+m_{si}\boldsymbol{\alpha}_{si}\cdot\boldsymbol{v}_{si,\dot{x}})$$
$$-\sum_{i=1}^{6}(\boldsymbol{I}_{ci}\boldsymbol{\alpha}_i+\boldsymbol{\omega}_i\times\boldsymbol{I}_{ci}\boldsymbol{\omega}_i)\cdot\boldsymbol{\omega}_{i,\dot{x}}-\sum_{i=1}^{6}(\boldsymbol{I}_{si}\boldsymbol{\alpha}_i+\boldsymbol{\omega}_i\times\boldsymbol{I}_{si}\boldsymbol{\omega}_i)\cdot\boldsymbol{\omega}_{i,\dot{x}} \tag{4.5.33}$$

$$F_{\dot{y}}=m\boldsymbol{g}\cdot\boldsymbol{v}_{m,\dot{y}}+\sum_{i=1}^{6}(F_i-f_i)\boldsymbol{u}_i\cdot\boldsymbol{v}_{i,\dot{y}}+\sum_{i=1}^{6}(m_{ci}\boldsymbol{g}\cdot\boldsymbol{v}_{ci,\dot{y}}+m_{si}\boldsymbol{g}\cdot\boldsymbol{v}_{si,\dot{y}}) \tag{4.5.34}$$

$$F_{\dot{y}*}=-m\boldsymbol{\alpha}_m\cdot\boldsymbol{v}_{m,\dot{y}}-\sum_{i=1}^{6}(m_{ci}\boldsymbol{\alpha}_{ci}\cdot\boldsymbol{v}_{ci,\dot{x}}+m_{si}\boldsymbol{\alpha}_{si}\cdot\boldsymbol{v}_{si,\dot{y}})$$
$$-\sum_{i=1}^{6}(\boldsymbol{I}_{ci}\boldsymbol{\alpha}_i+\boldsymbol{\omega}_i\times\boldsymbol{I}_{ci}\boldsymbol{\omega}_i)\cdot\boldsymbol{\omega}_{i,\dot{y}}-\sum_{i=1}^{6}(\boldsymbol{I}_{si}\boldsymbol{\alpha}_i+\boldsymbol{\omega}_i\times\boldsymbol{I}_{si}\boldsymbol{\omega}_i)\cdot\boldsymbol{\omega}_{i,\dot{y}} \tag{4.5.35}$$

$$F_{\dot{z}}=m\boldsymbol{g}\cdot\boldsymbol{v}_{m,\dot{z}}+\sum_{i=1}^{6}(F_i-f_i)\boldsymbol{u}_i\cdot\boldsymbol{v}_{i,\dot{z}}+\sum_{i=1}^{6}(m_{ci}\boldsymbol{g}\cdot\boldsymbol{v}_{ci,\dot{z}}+m_{si}\boldsymbol{g}\cdot\boldsymbol{v}_{si,\dot{z}}) \tag{4.5.36}$$

$$F_{\dot{z}*}=-m\boldsymbol{\alpha}_m\cdot\boldsymbol{v}_{m,\dot{z}}-\sum_{i=1}^{6}(m_{ci}\boldsymbol{\alpha}_{ci}\cdot\boldsymbol{v}_{ci,\dot{x}}+m_{si}\boldsymbol{\alpha}_{si}\cdot\boldsymbol{v}_{si,\dot{z}})$$
$$-\sum_{i=1}^{6}(\boldsymbol{I}_{ci}\boldsymbol{\alpha}_i+\boldsymbol{\omega}_i\times\boldsymbol{I}_{ci}\boldsymbol{\omega}_i)\cdot\boldsymbol{\omega}_{i,\dot{z}}-\sum_{i=1}^{6}(\boldsymbol{I}_{si}\boldsymbol{\alpha}_i+\boldsymbol{\omega}_i\times\boldsymbol{I}_{si}\boldsymbol{\omega}_i)\cdot\boldsymbol{\omega}_{i,\dot{z}} \tag{4.5.37}$$

$$F_{\dot\psi}=m\boldsymbol{g}\cdot\boldsymbol{v}_{m,\dot\psi}+\sum_{i=1}^{6}(F_i-f_i)\boldsymbol{u}_i\cdot\boldsymbol{v}_{i,\dot\psi}+\sum_{i=1}^{6}(m_{ci}\boldsymbol{g}\cdot\boldsymbol{v}_{ci,\dot\psi}+m_{si}\boldsymbol{g}\cdot\boldsymbol{v}_{si,\dot\psi}) \tag{4.5.38}$$

$$\begin{aligned}F_{\dot\psi *}=&-m\boldsymbol{\alpha}_m\cdot\boldsymbol{v}_{m,\dot\psi}-(\boldsymbol{I}_m\boldsymbol{\alpha}+\boldsymbol{\omega}\times\boldsymbol{I}_m\boldsymbol{\omega})\cdot\boldsymbol{\omega}_{m,\dot\psi}-\sum_{i=1}^{6}(m_{ci}\boldsymbol{\alpha}_{ci}\cdot\boldsymbol{v}_{ci,\dot\psi}+m_{si}\boldsymbol{\alpha}_{si}\cdot\boldsymbol{v}_{si,\dot\psi})\\&-\sum_{i=1}^{6}(\boldsymbol{I}_{ci}\boldsymbol{\alpha}_i+\boldsymbol{\omega}_i\times\boldsymbol{I}_{ci}\boldsymbol{\omega}_i)\cdot\boldsymbol{\omega}_{i,\dot\psi}-\sum_{i=1}^{6}(\boldsymbol{I}_{si}\boldsymbol{\alpha}_i+\boldsymbol{\omega}_i\times\boldsymbol{I}_{si}\boldsymbol{\omega}_i)\cdot\boldsymbol{\omega}_{i,\dot\psi}\end{aligned} \tag{4.5.39}$$

$$F_{\dot\vartheta}=m\boldsymbol{g}\cdot\boldsymbol{v}_{m,\dot\vartheta}+\sum_{i=1}^{6}(F_i-f_i)\boldsymbol{u}_i\cdot\boldsymbol{v}_{i,\dot\vartheta}+\sum_{i=1}^{6}(m_{ci}\boldsymbol{g}\cdot\boldsymbol{v}_{ci,\dot\vartheta}+m_{si}\boldsymbol{g}\cdot\boldsymbol{v}_{si,\dot\vartheta}) \tag{4.5.40}$$

$$\begin{aligned}F_{\dot\vartheta *}=&-m\boldsymbol{\alpha}_m\cdot\boldsymbol{v}_{m,\dot\vartheta}-(\boldsymbol{I}_m\boldsymbol{\alpha}+\boldsymbol{\omega}\times\boldsymbol{I}_m\boldsymbol{\omega})\cdot\boldsymbol{\omega}_{m,\dot\vartheta}-\sum_{i=1}^{6}(m_{ci}\boldsymbol{\alpha}_{ci}\cdot\boldsymbol{v}_{ci,\dot\vartheta}+m_{si}\boldsymbol{\alpha}_{si}\cdot\boldsymbol{v}_{si,\dot\vartheta})\\&-\sum_{i=1}^{6}(\boldsymbol{I}_{ci}\boldsymbol{\alpha}_i+\boldsymbol{\omega}_i\times\boldsymbol{I}_{ci}\boldsymbol{\omega}_i)\cdot\boldsymbol{\omega}_{i,\dot\vartheta}-\sum_{i=1}^{6}(\boldsymbol{I}_{si}\boldsymbol{\alpha}_i+\boldsymbol{\omega}_i\times\boldsymbol{I}_{si}\boldsymbol{\omega}_i)\cdot\boldsymbol{\omega}_{i,\dot\vartheta}\end{aligned} \tag{4.5.41}$$

$$F_{\dot\varphi}=m\boldsymbol{g}\cdot\boldsymbol{v}_{m,\dot\varphi}+\sum_{i=1}^{6}(F_i-f_i)\boldsymbol{u}_i\cdot\boldsymbol{v}_{i,\dot\varphi}+\sum_{i=1}^{6}(m_{ci}\boldsymbol{g}\cdot\boldsymbol{v}_{ci,\dot\varphi}+m_{si}\boldsymbol{g}\cdot\boldsymbol{v}_{si,\dot\varphi}) \tag{4.5.42}$$

$$\begin{aligned}F_{\dot\varphi *}=&-m\boldsymbol{\alpha}_m\cdot\boldsymbol{v}_{m,\dot\varphi}-(\boldsymbol{I}_m\boldsymbol{\alpha}+\boldsymbol{\omega}\times\boldsymbol{I}_m\boldsymbol{\omega})\cdot\boldsymbol{\omega}_{m,\dot\varphi}-\sum_{i=1}^{6}(m_{ci}\boldsymbol{\alpha}_{ci}\cdot\boldsymbol{v}_{ci,\dot\varphi}+m_{si}\boldsymbol{\alpha}_{si}\cdot\boldsymbol{v}_{si,\dot\varphi})\\&-\sum_{i=1}^{6}(\boldsymbol{I}_{ci}\boldsymbol{\alpha}_i+\boldsymbol{\omega}_i\times\boldsymbol{I}_{ci}\boldsymbol{\omega}_i)\cdot\boldsymbol{\omega}_{i,\dot\varphi}-\sum_{i=1}^{6}(\boldsymbol{I}_{si}\boldsymbol{\alpha}_i+\boldsymbol{\omega}_i\times\boldsymbol{I}_{si}\boldsymbol{\omega}_i)\cdot\boldsymbol{\omega}_{i,\dot\varphi}\end{aligned} \tag{4.5.43}$$

由凯恩方程为

$$F_j+F_j^*=0\quad(j=1,\cdots,6)$$

代入偏速度表达式(4.5.24)～(4.5.29)，方程可简化为如下两式：

$$\begin{aligned}&m(\boldsymbol{g}-\boldsymbol{\alpha}_m)+\sum_{i=1}^{6}(F_i-f_i)\boldsymbol{u}_i-\sum_{i=1}^{6}\frac{\tilde{\boldsymbol{u}}_i^{\mathrm T}}{L_i}[(\boldsymbol{I}_{ci}+\boldsymbol{I}_{si})\boldsymbol{\alpha}_i+\boldsymbol{\omega}_i\times(\boldsymbol{I}_{ci}+\boldsymbol{I}_{si})\boldsymbol{\omega}_i]+\\&\sum_{i=1}^{6}m_{ci}\frac{b_{ci}}{L_i}(\boldsymbol{E}-\boldsymbol{u}_i\boldsymbol{u}_i^{\mathrm T})(\boldsymbol{g}-\boldsymbol{a}_{ci})+\sum_{i=1}^{6}m_{ci}\left[\boldsymbol{E}-\frac{b_{si}}{L_i}(\boldsymbol{E}-\boldsymbol{u}_i\boldsymbol{u}_i^{\mathrm T})\right](\boldsymbol{g}-\boldsymbol{a}_{ci})=0\end{aligned} \tag{4.5.44}$$

$$\begin{aligned}&m\tilde{\boldsymbol{r}}_c(\boldsymbol{g}-\boldsymbol{\alpha}_m)+\sum_{i=1}^{6}(F_i-f_i)\tilde{\boldsymbol{p}}_i\boldsymbol{u}_i-\sum_{i=1}^{6}\frac{\tilde{\boldsymbol{p}}_i\tilde{\boldsymbol{u}}_i^{\mathrm T}}{L_i}[(\boldsymbol{I}_{ci}+\boldsymbol{I}_{si})\boldsymbol{\alpha}_i+\boldsymbol{\omega}_i\times(\boldsymbol{I}_{ci}+\boldsymbol{I}_{si})\boldsymbol{\omega}_i]\\&-(\boldsymbol{I}_m\boldsymbol{\alpha}+\boldsymbol{\omega}\times\boldsymbol{I}_m\boldsymbol{\omega})+\sum_{i=1}^{6}m_{ci}\frac{b_{ci}}{L_i}\tilde{\boldsymbol{p}}_i\tilde{\boldsymbol{u}}_i^{\mathrm T}\tilde{\boldsymbol{u}}_i(\boldsymbol{g}-\boldsymbol{a}_{ci})+\sum_{i=1}^{6}m_{ci}\left[\tilde{\boldsymbol{p}}_i-\frac{b_{si}}{L_i}\tilde{\boldsymbol{p}}_i\tilde{\boldsymbol{u}}_i^{\mathrm T}\tilde{\boldsymbol{u}}_i\right](\boldsymbol{g}-\boldsymbol{a}_{si})=0\end{aligned} \tag{4.5.45}$$

令

$$\boldsymbol{Q}_i=m_{ci}\frac{b_{ci}^2}{L_i^2}(\boldsymbol{E}-\boldsymbol{u}_i\boldsymbol{u}_i^{\mathrm T})+m_{si}\left[\boldsymbol{E}-\frac{b_{si}}{L_i}(\boldsymbol{E}-\boldsymbol{u}_i\boldsymbol{u}_i^{\mathrm T})\right]^2+\frac{1}{L_i^2}\tilde{\boldsymbol{u}}_i^{\mathrm T}(\boldsymbol{I}_{ci}+\boldsymbol{I}_{si})\tilde{\boldsymbol{u}}_i \tag{4.5.46}$$

整理可得

$$\boldsymbol{M}_p\ddot{\boldsymbol{X}}_p+\boldsymbol{\eta}=\boldsymbol{J}_p(\boldsymbol{F}-\boldsymbol{f})+\boldsymbol{G} \tag{4.5.47}$$

其中

$$\boldsymbol{M}_p=\begin{bmatrix} m\boldsymbol{E}+\sum_{i=1}^{6}\boldsymbol{Q}_i & m\tilde{\boldsymbol{r}}_c^{\mathrm{T}}+\sum_{i=1}^{6}\boldsymbol{Q}_i\tilde{\boldsymbol{p}}_i^{\mathrm{T}} \\ m\tilde{\boldsymbol{r}}_c+\sum_{i=1}^{6}\tilde{\boldsymbol{p}}_i\boldsymbol{Q}_i & \boldsymbol{I}_m+m\tilde{\boldsymbol{r}}_c\tilde{\boldsymbol{r}}_c^{\mathrm{T}}+\sum_{i=1}^{6}\tilde{\boldsymbol{p}}_i\boldsymbol{Q}_i\tilde{\boldsymbol{p}}_i^{\mathrm{T}} \end{bmatrix}$$

$$\boldsymbol{\eta}=\begin{bmatrix} m\boldsymbol{\omega}_p\times\boldsymbol{\omega}_p\times\boldsymbol{r}_c \\ m\tilde{\boldsymbol{r}}_c(\boldsymbol{\omega}_p\times\boldsymbol{\omega}_p\times\boldsymbol{r}_c) \end{bmatrix}+\begin{bmatrix} \sum_{i=1}^{6}\boldsymbol{Q}_i(\boldsymbol{\omega}_p\times\boldsymbol{\omega}_p\times\boldsymbol{p}_i) \\ \sum_{i=1}^{6}\tilde{\boldsymbol{p}}_i\boldsymbol{Q}_i(\boldsymbol{\omega}_p\times\boldsymbol{\omega}_p\times\boldsymbol{p}_i)+\boldsymbol{\omega}_p\times\boldsymbol{I}_m\boldsymbol{\omega}_p \end{bmatrix}+$$

$$\begin{bmatrix} \sum_{i=1}^{6}\dfrac{\tilde{\boldsymbol{u}}_i^{\mathrm{T}}}{L_i}\boldsymbol{\omega}_i\times(\boldsymbol{I}_{ci}+\boldsymbol{I}_{si})\boldsymbol{\omega}_i \\ \sum_{i=1}^{6}\dfrac{\tilde{\boldsymbol{p}}_i\tilde{\boldsymbol{u}}_i^{\mathrm{T}}}{L_i}\boldsymbol{\omega}_i\times(\boldsymbol{I}_{ci}+\boldsymbol{I}_{si})\boldsymbol{\omega}_i \end{bmatrix}$$

$$\boldsymbol{G}=\begin{bmatrix} m\boldsymbol{g}+\sum_{i=1}^{6}m_{ci}\dfrac{b_{ci}}{L_i}(\boldsymbol{E}-\boldsymbol{u}_i\boldsymbol{u}_i^{\mathrm{T}})\boldsymbol{g}+\sum_{i=1}^{6}m_{si}\left[\boldsymbol{E}-\dfrac{b_{si}}{L_i}(\boldsymbol{E}-\boldsymbol{u}_i\boldsymbol{u}_i^{\mathrm{T}})\right]\boldsymbol{g} \\ m\tilde{\boldsymbol{r}}_c\boldsymbol{g}+\sum_{i=1}^{6}m_{ci}\dfrac{b_{ci}}{L_i}\tilde{\boldsymbol{p}}_i\tilde{\boldsymbol{u}}_i^{\mathrm{T}}\tilde{\boldsymbol{u}}_i\boldsymbol{g}+\sum_{i=1}^{6}m_{si}\left[\tilde{\boldsymbol{p}}_i-\dfrac{b_{si}}{L_i}\tilde{\boldsymbol{p}}_i\tilde{\boldsymbol{u}}_i^{\mathrm{T}}\tilde{\boldsymbol{u}}_i\right]\boldsymbol{g} \end{bmatrix}$$

不考虑重力及几何非线性项，则式(4.5.47)可写作

$$\boldsymbol{M}_p\ddot{\boldsymbol{X}}_p=\boldsymbol{J}_p(\boldsymbol{F}-\boldsymbol{f}) \tag{4.5.48}$$

即为 Stewart 平台的动力学方程。

4.5.2　太阳翼卫星的运动学分析

应当注意到，刚体复合运动的分析方法在柔性系统问题中同样也是最为基本的方法，在运动学分析的过程中不同坐标系间坐标的变换本质上即为刚性运动的复合。来具体分析一个柔性航天器运动学描述的例子。

现代航天器在一定条件下通常可模化为中心刚体带大型柔性附件类航天器进行动力学建模。对于中心刚体加柔性附件类航天器，目前广泛应用并取得极大成功的建模方法是混合坐标法。使用混合坐标法的首要问题就是系统的运动学描述，即刚性运动与柔性变形的复合表述。以带有二级柔性附件的卫星为例，对其进行运动学分析，列写系统动能。

设复合柔性结构航天器的结构形式如图 4.5.4 所示。其中 B 为中心刚体，与一级附件 i 相连，一级附件 i 与二级附件 j 相连。

采用以下的坐标系确定航天器上各点的位置：

$oxyz$—— 惯性系，简称 o 系；

$o_bx_by_bz_b$—— 星体的固连系，原点在星体质心，简称 b 系；

$o_ix_iy_iz_i$—— 一级附件 i 的固连系，其原点位于 B 和 i 的连接点，简称 i 系；

$o_jx_jy_jz_j$—— 二级附件 j 的固连系，其原点位于 i 和 j 的连接点，简称 j 系。

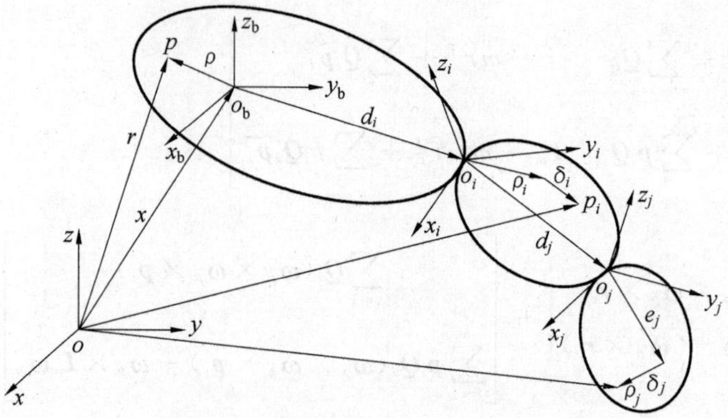

图 4.5.4　复合柔性结构航天器示意图

为列写航天器动能，首先需要计算系统内任意一点的速度。这里柔性航天器包含中心刚体、一级附件和二级附件 3 个组成部分，分别对其进行计算。

(1) 一级附件 i 上任意一点的速度表达式。

如图 4.5.4 所示，一级附件 i 上任意一点 P_i 相对定点 o 的矢径为

$$\boldsymbol{r}_i=\boldsymbol{x}+\boldsymbol{d}_i+\boldsymbol{\rho}_i+\boldsymbol{\delta}_i \tag{4.5.49}$$

式中　$\boldsymbol{x}$—— 星体质心相对标称位置的摄动量；

$\boldsymbol{d}_i$—— 一级附件与中心刚体连接点 o_i 相对星体质心 o_b 的矢径；

$\boldsymbol{\rho}_i$—— 一级附件未变形时，其上任意一点 P_i 相对连接点 o_i 的矢径；

$\boldsymbol{\delta}_i$—— 点 P_i 的变形位移。

将式(4.5.49) 在惯性系中对时间 t 求导，可得一级附件 i 上任意一点 P_i 的速度表达式：

$$\dot{\boldsymbol{r}}_i=\frac{\mathrm{d}\boldsymbol{r}_i}{\mathrm{d}t}=\frac{\mathrm{d}\boldsymbol{x}}{\mathrm{d}t}+\frac{\mathrm{d}\boldsymbol{d}_i}{\mathrm{d}t}+\frac{\mathrm{d}\boldsymbol{\rho}_i}{\mathrm{d}t}+\frac{\mathrm{d}\boldsymbol{\delta}_i}{\mathrm{d}t}=\dot{\boldsymbol{x}}+\overset{o\to b}{\boldsymbol{\omega}}\times\boldsymbol{d}_i+\overset{o\to i}{\boldsymbol{\omega}}\times(\boldsymbol{\rho}_i+\boldsymbol{\delta}_i)+\frac{\tilde{\mathrm{d}}\boldsymbol{\delta}_i}{\mathrm{d}t} \tag{4.5.50}$$

式中　$\overset{o\to b}{\boldsymbol{\omega}}$，$\overset{o\to i}{\boldsymbol{\omega}}$—— 分别为 b 系和 i 系相对 o 系的角速度；

$\dfrac{\tilde{\mathrm{d}}\boldsymbol{\delta}_i}{\mathrm{d}t}$——$\boldsymbol{\delta}_i$ 在 i 系中的相对导数，即相对速度。由 b 系、i 系和 o 系的相互关系可得

$$\overset{o\to i}{\boldsymbol{\omega}}=\overset{o\to b}{\boldsymbol{\omega}}+\overset{b\to i}{\boldsymbol{\omega}} \tag{4.5.51}$$

式中　$\overset{b\to i}{\boldsymbol{\omega}}$——$b$ 系相对 i 系的角速度。将(4.4.51) 代入式(4.4.50) 可得

$$\dot{\boldsymbol{r}}_i=\dot{\boldsymbol{x}}+\overset{o\to b}{\boldsymbol{\omega}}\times\boldsymbol{d}_i+(\overset{o\to b}{\boldsymbol{\omega}}+\overset{b\to i}{\boldsymbol{\omega}})\times(\boldsymbol{\rho}_i+\boldsymbol{\delta}_i)+\frac{\tilde{\mathrm{d}}\boldsymbol{\delta}_i}{\mathrm{d}t} \tag{4.5.52}$$

设星体及附件转动缓慢，附件的变形较小，忽略高阶小量后上式写作

$$\dot{\boldsymbol{r}}_i=\dot{\boldsymbol{x}}+\overset{o\to b}{\boldsymbol{\omega}}\times\boldsymbol{d}_i+(\overset{o\to b}{\boldsymbol{\omega}}+\overset{b\to i}{\boldsymbol{\omega}})\times\boldsymbol{\rho}_i+\frac{\tilde{\mathrm{d}}\boldsymbol{\delta}_i}{\mathrm{d}t} \tag{4.5.53}$$

注意到通常情况下式中 $\boldsymbol{x}$ 在 o 系中度量，$\boldsymbol{d}_i$ 在 b 系中度量，$\boldsymbol{\rho}_i$ 和 $\boldsymbol{\delta}_i$ 在 i 系中度量。因此将式(4.5.53) 在惯性系 o 系中投影时有

$$\dot{\boldsymbol{r}}_i^{(o)}=\dot{\boldsymbol{x}}^{(o)}+\overset{o\to b}{\boldsymbol{\omega}}\times(\boldsymbol{A}_{ob}\boldsymbol{d}_i^{(b)})+(\overset{o\to b}{\boldsymbol{\omega}}+\overset{b\to i}{\boldsymbol{\omega}})\times(\boldsymbol{A}_{oi}\boldsymbol{\rho}_i^{(i)})+\boldsymbol{A}_{oi}\frac{\tilde{\mathrm{d}}\boldsymbol{\delta}_i^{(i)}}{\mathrm{d}t} \tag{4.5.54}$$

式中　$\boldsymbol{A}_{ob}$，$\boldsymbol{A}_{oi}$——b 系和 i 系相对 o 系的方向余弦矩阵。

式(4.5.54)即为一级附件 i 上任意一点的速度在惯性系中的矢量式。

(2) 二级附件 j 上任意一点的速度表达式。

如图 4.5.4 所示，二级附件 j 上任意一点 P_j 相对定点 o 的矢径为

$$\boldsymbol{r}_j=\boldsymbol{x}+\boldsymbol{d}_i+\boldsymbol{d}_j+\boldsymbol{\rho}_j+\boldsymbol{\delta}_j \tag{4.5.55}$$

式中　$\boldsymbol{x}$—— 星体质心相对标称位置的摄动量；

$\boldsymbol{d}_i$—— 一级附件与中心刚体连接点 o_i 相对星体质心 o_b 的矢径；

$\boldsymbol{d}_j$—— 二级附件和一级附件连接点 o_j 相对 o_i 的矢径；

$\boldsymbol{\rho}_j$—— 未变形时二级附件上任意一点 P_j 相对连接点 o_j 的矢径；

$\boldsymbol{\delta}_j$—— 点 P_j 的变形位移。

将式(4.5.55)在惯性系中对时间 t 求导，可得二级附件 j 上任意一点 P_j 的速度表达式：

$$\begin{aligned}\dot{\boldsymbol{r}}_j&=\frac{\mathrm{d}\boldsymbol{r}_j}{\mathrm{d}t}=\frac{\mathrm{d}\boldsymbol{x}}{\mathrm{d}t}+\frac{\mathrm{d}\boldsymbol{d}_i}{\mathrm{d}t}+\frac{\mathrm{d}\boldsymbol{d}_j}{\mathrm{d}t}+\frac{\mathrm{d}\boldsymbol{\rho}_i}{\mathrm{d}t}+\frac{d\boldsymbol{\delta}_i}{\mathrm{d}t}\\&=\dot{\boldsymbol{x}}+\overset{o\to b}{\boldsymbol{\omega}}\times\boldsymbol{d}_i+\overset{o\to i}{\boldsymbol{\omega}}\times\boldsymbol{d}_j+\overset{o\to j}{\boldsymbol{\omega}}\times(\boldsymbol{\rho}_j+\boldsymbol{\delta}_j)+\frac{\tilde{\mathrm{d}}\boldsymbol{\delta}_j}{\mathrm{d}t}\end{aligned} \tag{4.5.56}$$

式中　$\overset{o\to b}{\boldsymbol{\omega}}$, $\overset{o\to i}{\boldsymbol{\omega}}$, $\overset{o\to j}{\boldsymbol{\omega}}$——$b$ 系、i 系和 j 系相对 o 系的角速度；

$\dfrac{\tilde{\mathrm{d}}\boldsymbol{\delta}_j}{\mathrm{d}t}$——$\boldsymbol{\delta}_j$ 在 j 系中的相对导数，即相对速度。

由 b 系、i 系、j 系和 o 系的相互关系可得 $\overset{o\to i}{\boldsymbol{\omega}}=\overset{o\to b}{\boldsymbol{\omega}}+\overset{b\to i}{\boldsymbol{\omega}}$，$\overset{o\to j}{\boldsymbol{\omega}}=\overset{o\to b}{\boldsymbol{\omega}}+\overset{b\to i}{\boldsymbol{\omega}}+\overset{i\to j}{\boldsymbol{\omega}}$，这里 $\overset{b\to i}{\boldsymbol{\omega}}$，$\overset{i\to j}{\boldsymbol{\omega}}$ 分别为 b 系相对 i 系和 i 系相对 j 系的角速度，代入式(4.4.56)可得

$$\dot{\boldsymbol{r}}_j=\dot{\boldsymbol{x}}+\overset{o\to b}{\boldsymbol{\omega}}\times\boldsymbol{d}_i+(\overset{o\to b}{\boldsymbol{\omega}}+\overset{b\to i}{\boldsymbol{\omega}})\times\boldsymbol{d}_j+(\overset{o\to b}{\boldsymbol{\omega}}+\overset{b\to i}{\boldsymbol{\omega}}+\overset{i\to j}{\boldsymbol{\omega}})\times(\boldsymbol{\rho}_j+\boldsymbol{\delta}_j)+\frac{\tilde{\mathrm{d}}\boldsymbol{\delta}_j}{\mathrm{d}t} \tag{4.5.57}$$

设星体及附件转动缓慢，附件的变形较小，忽略高阶小量后上式写作

$$\dot{\boldsymbol{r}}_j=\dot{\boldsymbol{x}}+\overset{o\to b}{\boldsymbol{\omega}}\times\boldsymbol{d}_i+(\overset{o\to b}{\boldsymbol{\omega}}+\overset{b\to i}{\boldsymbol{\omega}})\times\boldsymbol{d}_j+(\overset{o\to b}{\boldsymbol{\omega}}+\overset{b\to i}{\boldsymbol{\omega}}+\overset{i\to j}{\boldsymbol{\omega}})\times\boldsymbol{\rho}_j+\frac{\tilde{\mathrm{d}}\boldsymbol{\delta}_j}{\mathrm{d}t} \tag{4.5.58}$$

这里同样应当说明，通常情况下式中 $\boldsymbol{x}$ 在 o 系中度量，$\boldsymbol{d}_i$ 在 b 系中度量，$\boldsymbol{d}_j$ 在 i 系中度量，$\boldsymbol{\rho}_j$ 和 $\boldsymbol{\delta}_j$ 在 j 系中度量。因此将式(4.5.58)在惯性系 o 系中投影时有

$$\begin{aligned}\dot{\boldsymbol{r}}_j^{(o)}=&\dot{\boldsymbol{x}}^{(o)}+\overset{o\to b}{\boldsymbol{\omega}}\times(\boldsymbol{A}_{ob}\boldsymbol{d}_i^{(b)})+(\overset{o\to b}{\boldsymbol{\omega}}+\overset{b\to i}{\boldsymbol{\omega}})\times(\boldsymbol{A}_{oi}\boldsymbol{d}_j^{(i)})+\\&(\overset{o\to b}{\boldsymbol{\omega}}+\overset{b\to i}{\boldsymbol{\omega}}+\overset{i\to j}{\boldsymbol{\omega}})\times(\boldsymbol{A}_{oj}\boldsymbol{\rho}_j^{(j)})+\boldsymbol{A}_{oj}\frac{\tilde{d}\boldsymbol{\delta}_j^{(j)}}{\mathrm{d}t}\end{aligned} \tag{4.5.59}$$

式中　$\boldsymbol{A}_{ob}$，$\boldsymbol{A}_{oi}$，$\boldsymbol{A}_{oj}$——b 系、i 系和 j 系相对 o 系的方向余弦矩阵。

式(4.5.59)即为二级附件 j 上任意一点的速度在惯性系中的矢量式。

柔性航天器的动能 T 共包含 3 个部分：中心刚体的动能 T_b，一级附件的动能 T_i 和二级附件的动能 T_j。设中心刚体上任意一点 P 的相对定点 o 的矢径为 $\boldsymbol{r}$，可得动能 T 的表达式为

$$\begin{aligned}T&=T_b+T_i+T_j\\&=\frac{1}{2}\int_B\dot{\boldsymbol{r}}^{(o)\mathrm{T}}\dot{\boldsymbol{r}}^{(o)}\mathrm{d}m+\frac{1}{2}\int_i\dot{\boldsymbol{r}}_i^{(o)\mathrm{T}}\dot{\boldsymbol{r}}_i^{(o)\mathrm{T}}\mathrm{d}m+\frac{1}{2}\int_j\dot{\boldsymbol{r}}_j^{(o)\mathrm{T}}\dot{\boldsymbol{r}}_j^{(o)}\mathrm{d}m\end{aligned} \tag{4.5.60}$$

将式(4.5.54)和式(4.5.59)所得的表达式代入式(4.5.60)即可得到系统动能的计算公式，随后求出系统势能及广义力，由拉格朗日方程可列写系统动力学方程进行计算求解，不再详尽说明。这里给出系统动能计算过程的目的主要是为了说明柔性问题中刚性运动的复合方式。

习　题

1. $\triangle AOB$ 从图(a)中位置运动至图(b)中的位置，写出其固连坐标系与惯性系之间的方向余弦矩阵。

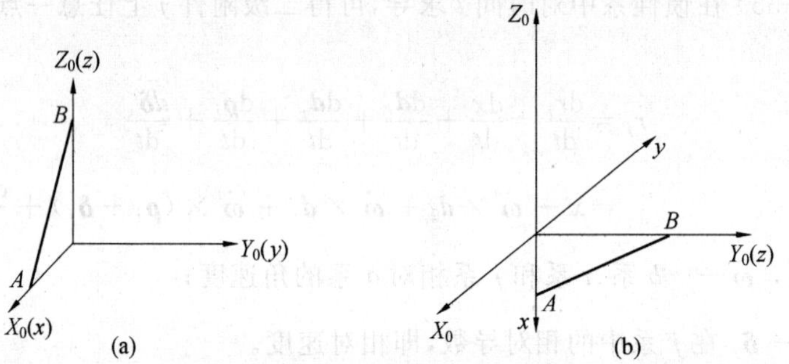

1 题图

2. 如图所示，边长为 a 的正方体绕其一侧面的对角线 OB 旋转45°，求另一侧面的对角线 OC 转动前后的夹角。

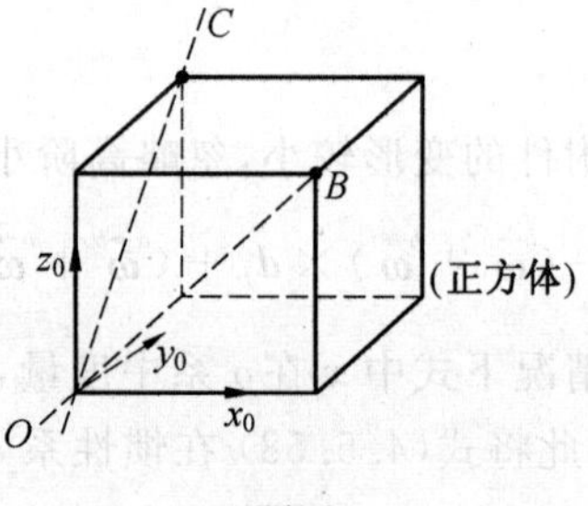

2 题图

3. 如图所示，边长分别为 a,b,c 的长方体与天花板在 O 点处铰接。图示位置处长方体的角速度和角加速度分别为 $\boldsymbol{\omega}=3\boldsymbol{i}+4\boldsymbol{j}$ 和 $\boldsymbol{\alpha}=2\boldsymbol{i}+3\boldsymbol{k}$，这里 $\boldsymbol{i},\boldsymbol{j},\boldsymbol{k}$ 为长方体的连体坐标系的坐标轴单位矢。求此时 D 点的速度和加速度。

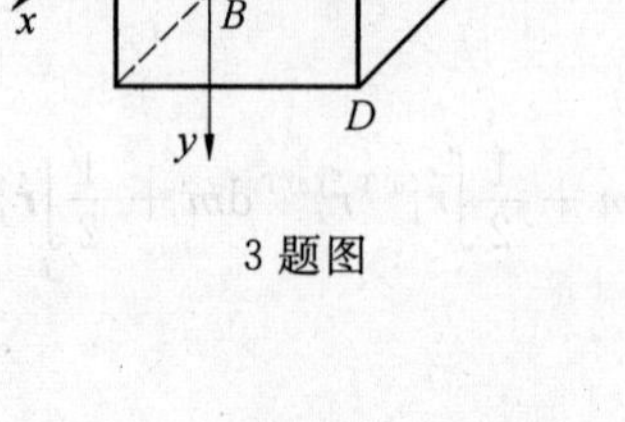

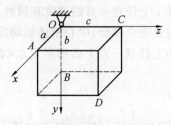

3 题图

4. 如图所示，均质立方体质量为 m，边长分别为 $OA=2a$，$OB=2b$，$OC=2c$。求立方体对其连体坐标系 $Oxyz$ 的惯量矩阵。

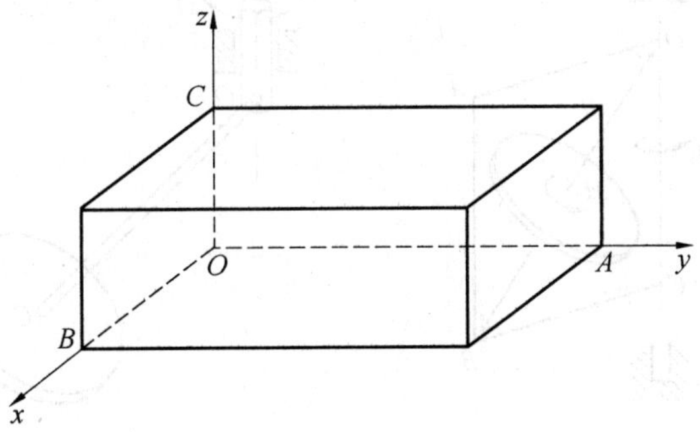

4 题图

5. 一均质圆锥体的高为 h，底面半径为 R，质量为 m，求其相对任意一条母线的转动惯量。

6. 如图所示，一底面半径为 R，半顶角为 α 的圆锥在水平面上做纯滚动。圆锥的中轴线 OO' 绕铅垂轴 Oz 转动的角速度为 Ω，求圆锥底面圆周上最高点 D 的瞬时速度和加速度。

7. 如图所示，均质圆盘的质量为 m，半径为 R，可绕长度为 l 的细杆转动，细杆又可绕固定轴 O_0z 转动。不计轴承摩擦，以 θ 和 φ 为广义坐标，写出圆盘的运动微分方程（θ 为细杆绕固定轴 O_0z 的转角，φ 为圆盘绕细杆的转角）。

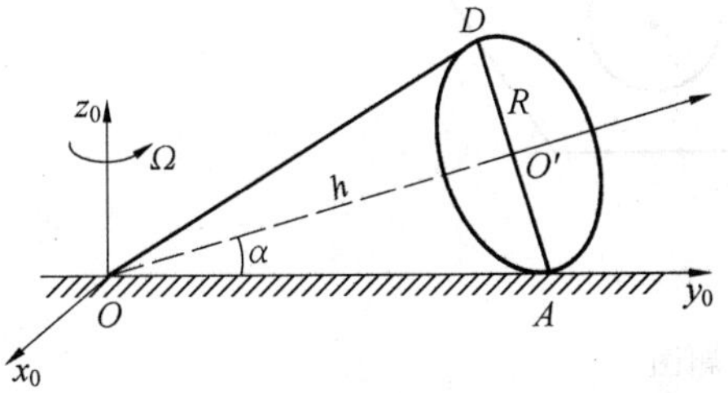

6 题图

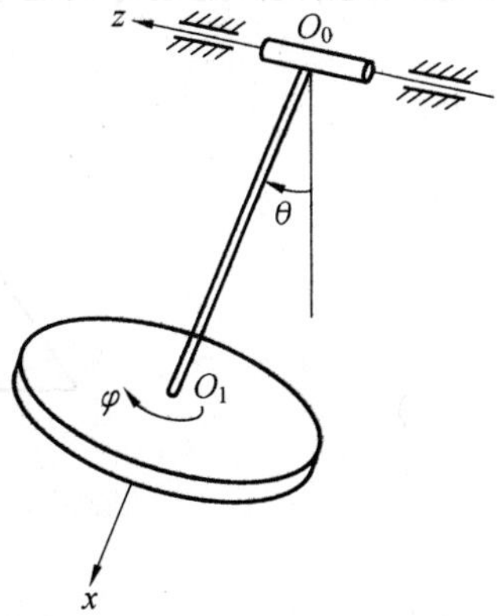

7 题图

8. 如图所示，系统可绕铅垂固定轴 Oz 转动。正方形框架 $OABC$ 内放置的均质圆盘可绕 OB 转动，框架的四边可看作是质量为 m，长度为 l 的均质细杆。圆盘的质量为 M，半径为 R。作用在框架和转子上的驱动力矩分别为 M_1 和 M_2，建立系统的运动微分方程。

9. 如图所示，质量为 m，半径为 R 的圆盘的圆心固结于长度为 l 的无质量细杆上，杆的另一端以光滑圆柱铰连接在以角速度 Ω 匀速转动的转轴上，建立系统的运动微分方程。

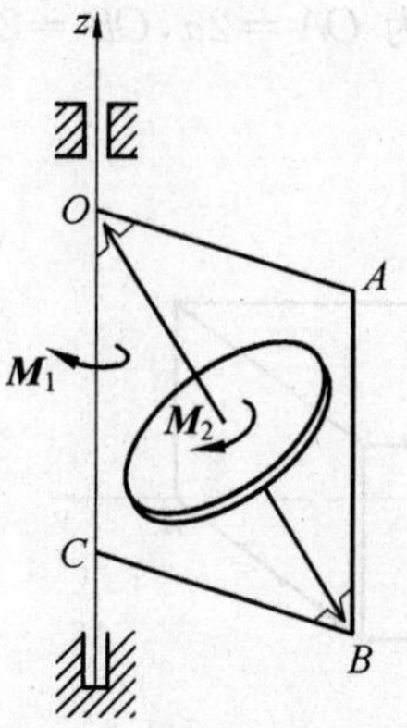

8 题图

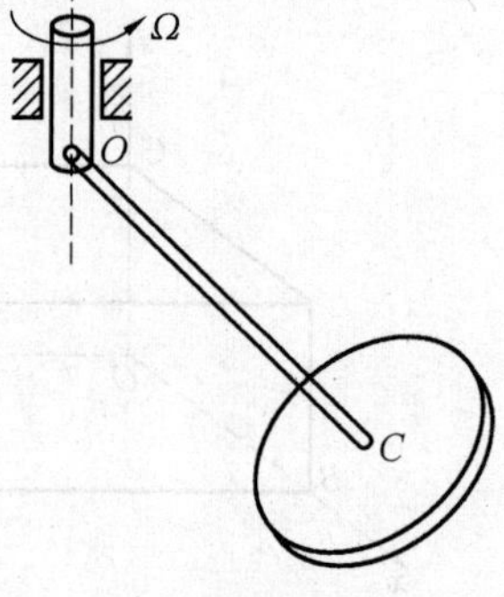

9 题图

10. 已知质量为 m 的物体在空中自由飞行，其所受到的空气阻力的主矢和对质心的主矩分别为 $\boldsymbol{F}=-k_1\boldsymbol{v}_C$，$\boldsymbol{L}=-k_2\boldsymbol{\omega}$，这里 $\boldsymbol{v}_C$，$\boldsymbol{\omega}$ 分别表示物体的质心速度和物体的角速度，k_1 和 k_2 分别为空气对物体的阻力系数和阻力矩系数。以物体质心坐标 x_C，y_C，z_C 与欧拉角 ψ，θ，φ 为广义坐标，建立运动微分方程。

11. 一质量为 m，半径为 R 的均质圆球在固定水平面上做纯滚动，建立球的运动微分方程。

12. 如图所示，一质量为 m，半径为 R 的均质圆球在以匀角速度 Ω 绕铅垂轴转动的粗糙水平面上做纯滚动，建立球的运动微分方程。

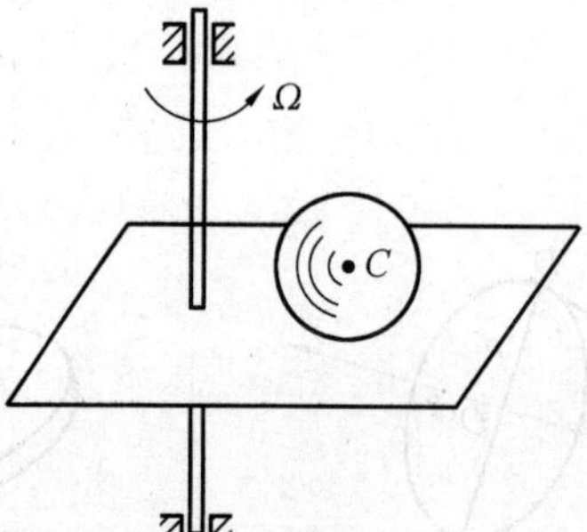

12 题图

第5章　运动稳定性基础

系统运动稳定性问题首先出现于对力学系统平衡位置的研究中。我们通过简单的观察就可以发现，系统的某些平衡位置在小扰动的作用下仍然是保持平衡的，而另一些看上去可能存在的平衡位置事实上却几乎不可能实现。比如，当重力场中的单摆处于下方的平衡位置时，不大的扰动只是使其开始周期性振动，而当其位于顶部的平衡位置时，仅微小的扰动就足以使其跌至下方。这个简单的例子中平衡的稳定性问题是显而易见的，但是大多数时候系统平衡位置的稳定性并不会是如此明显的。在稳定性问题开始引起人们注意的初期，系统地解决平衡位置的稳定性问题成为当时力学研究的一个重要任务。1644年，托里切利(Torricelli)首先给出了重力作用下刚体系平衡位置稳定性的一般准则，1788年拉格朗日(Lagrange)证明了保守系统平衡位置稳定性的定理。

19世纪中期，科技的发展引发的一系列问题使得人们不仅需要关注系统平衡位置的稳定性问题，还需要解决系统的运动稳定性问题，其中的经典问题之一是惯性离心调速器的稳定运动问题。惯性离心调速器最初用于小功率的蒸汽机上时，起到了较好的调节作用，发动机能够维持正常稳定的工作状态，然而，随着蒸汽机功率的加大，人们发现，完全相同构造的调速器不仅不能够按照预期调整速度，甚至会破坏发动机的稳态工作，从而使整个系统失去稳定性。对这个奇异的现象，当时设计结构的工程师与技术人员是难以解释的，工程上的需求最终引发了多国科学家的高度重视，大量的精力投入到了这个问题的研究当中，从而开启了近代稳定性研究的序幕。麦克斯韦(Maxwell)及其他科学家的研究表明，在解决诸如此类的控制问题之前，首先应当研究运动稳定性的一般准则。

19世纪末开始了从一般性的观点对运动稳定性问题进行分析的研究工作。诸如1877～1884年劳斯发表的一系列文章，1882年茹科夫斯基(Жуковский)完成的博士学位论文等。他们分别研究了一系列运动稳定性的一般问题，其中使用的一些方法和得到的结论直到今天仍然没有失去其意义。当时进行的研究中基本的缺陷在于研究者们在分析扰动运动微分方程时，直接研究线性的扰动运动方程，而没有分析高阶项的影响，即没有考虑方程中的非线性问题。事实上基于线性化的方程和原始非线性方程研究稳定性问题得到的结果可能是完全不同的。

1892年，李雅普诺夫发表了他的博士学位论文《运动稳定性一般问题》。这篇论文中包含了大量原创性的成果以及具有重要意义的结论。可以说运动稳定性研究可以以李雅普诺夫为分界点。在这里，我们仅仅讨论李雅普诺夫获得的部分成果。

首先，李雅普诺夫给出了运动稳定性的严格定义。在没有明确这个定义之前，研究中常会出现矛盾的现象，在某种意义下稳定的运动在另一种理解下可能成为不稳定的，或者相反。李雅普诺夫运动稳定性的定义一经给出就成功地被人们普遍采纳接受。

李雅普诺夫提出了一次近似下方程的运动稳定性问题，研究了何种情况下无须分析准确方程，只讨论线性化的方程即可得到稳定性的结论。他给出了时不变系统，即方程中不显含时间 t 的这类问题的完整解，同时研究了几类时变系统，特别是详细讨论了周期时变系统。李雅普诺夫给出了两类研究运动稳定性的基本方法，其中，第二种方法也称为直接法，由于其普遍有效而得到了极为广泛的应用。

以李雅普诺夫运动稳定性理论为基础发展了不同的研究方向，李雅普诺夫的结论得到了更深入的开拓，一系列的概念得到了扩展，许多科学家致力于研究大初始条件及常态扰动下的稳定性条件的确定，以及有限时间段内随机作用下的稳定性问题等。出现了某种意义下可称为应用稳定性理论的研究方向。这里不是指在科技发展的过程中日益大量涌现的局部特殊稳定性问题，而是指针对各个类型、相当宽泛的系统运动稳定性研究一般方法的建立（自动控制系统、可控系统等）。

运动稳定性理论广泛应用于物理、天文、化学、生物学等领域中，特别是在工程中有着极为重要的意义。飞船、飞机、火箭在运动中必须保持稳定的航向，发动机必须稳定地保持额定的工作状态，陀螺仪必须稳定地指示方向等。

当然，还应当明确，运动稳定性理论远未达到完善，必须进一步发展以面对越来越多的实际问题。

§5.1 基本概念

设 $y_1,\cdots,y_n$ 为描述某系统（如力系、电力系统等等）状态的变量，这些变量可能是位移、速度、电流、电压、温度等，或者是这些量的函数。设变量 $y_1,\cdots,y_n$ 的个数是有限的，系统的运动（即 $y_1,\cdots,y_n$ 随时间的变化）由常微分方程组描述

$$\begin{aligned}\frac{\mathrm{d}y_1}{\mathrm{d}t}&=Y_1(y_1,\cdots,y_n,t)\\&\vdots\\\frac{\mathrm{d}y_n}{\mathrm{d}t}&=Y_n(y_1,\cdots,y_n,t)\end{aligned}\tag{5.1.1}$$

式中 $Y_1,\cdots,Y_n$—— 变量 $y_1,\cdots,y_n$ 和时间 t 的函数，且满足解的存在和唯一性条件。

如果所有的函数 $Y_1,\cdots,Y_n$ 都不显含时间 t，那么系统称为时不变的，否则称为时变的。需要说明，实际问题中运动方程不一定形如式(5.1.1)，方程组中可能存在一些高阶方程。

在稳定性问题的研究中，系统的某些充分确定的运动称为未被扰运动。未被扰运动满足初始条件(5.1.2)：

$$y_{1_0}=f_1(t_0),\quad y_{2_0}=f_2(t_0),\cdots,y_{n_0}=f_n(t_0)\quad(t=t_0)\tag{5.1.2}$$

运动微分方程(5.1.1)的特解为

$$y_1=f_1(t),y_2=f_2(t),\cdots,y_n=f_n(t)\tag{5.1.3}$$

对初始条件(5.1.2)稍做改动，增加一个小的变量 $\varepsilon_1,\cdots,\varepsilon_n$ 有

$$y_{1_0}=f_1(t_0)+\varepsilon_1,y_{2_0}=f_2(t_0)+\varepsilon_2,\cdots,y_{n_0}=f_n(t_0)+\varepsilon_n\quad(t=t_0)\tag{5.1.4}$$

改变初始条件后的系统运动称为扰动运动，增量 $\varepsilon_1,\cdots,\varepsilon_n$ 称为扰动。

为简化表述，随后用 $y_j(t)$ 表示扰动运动中变量 y_j 的值，用 $f_j(t)$ 表示未被扰动运动中 y_j 的值，有如下差值：

$$x_j = y_j(t) - f_j(t) \quad (j = 1, \cdots, n) \tag{5.1.5}$$

变量 x_j 称为值 y_j 的误差或偏差。如果所有误差为零，即

$$x_1 = 0, x_2 = 0, \cdots, x_n = 0 \tag{5.1.6}$$

则扰动运动 $y_j(t)$ 与未被扰动运动 $f_j(t)$ 相一致，或者说，未被扰动运动对应于变量 x_j 的零值。

误差 $x_1, \cdots, x_n$ 在 n 维空间中确定了一个点 M，这个点称为描述点。在扰动运动中，当 $x_1, \cdots, x_n$ 的值发生变化时，点 M 会描绘出一条轨迹 γ。未被扰运动 $x_j = 0$ 对应于坐标原点。

扰动运动相对于未被扰运动的偏差由 $x_j(t)$ 的值来确定。如果所有 $x_j(t)$ 的模为小量，那么其平方和也为小量：

$$x_1^2 + x_2^2 + \cdots + x_n^2 = \sum_{j=1}^{n} x_j^2 \tag{5.1.7}$$

如果哪怕只有一个坐标 $x_j(t)$ 的模很大，则和式(5.1.7)的值也很大，反之亦然。因此可以选用式(5.1.7)来衡量扰动运动对未被扰运动的偏差，由于式(5.1.7)即为描述点 M 到坐标原点的距离，即这个距离描述了扰动运动对未被扰运动的偏差。

由扰动运动的定义并注意到等式(5.1.4)和(5.1.5)有

$$x_j = x_{0j} = \varepsilon_j \quad (j = 1, \cdots, n) \tag{5.1.8}$$

即误差 x_{0j} 的初始值给出了系统的扰动。

给出李雅普诺夫运动稳定性的定义：对于任意给定的小正数 ε，无论其如何小，若对任意的初始扰动 x_{0j} 总能找到一个正数 δ，使得当下式条件成立时：

$$\sum x_{0j}^2 < \delta \tag{5.1.9}$$

对任意时刻 $t \geqslant t_0$ 有下列不等式成立：

$$\sum x_j^2 < \varepsilon \tag{5.1.10}$$

则称未被扰运动是稳定的，否则，称之为不稳定的。

可以从几何角度理解这个定义。给定球面 $\sum x_j^2 = \varepsilon$，令这个球面的半径 $\sqrt{\varepsilon}$ 任意小，如果运动是稳定的，那么就可以找到另一个球面 $\sum x_j^2 = \delta$，这个球面具有如下特性：

如果描述点 M 在运动的初始时刻位于球面 δ 的内部，则随后的运动将限制在球面 ε 内，且任何时刻都不能达到其表面(图 5.1.1)。如果扰动运动不稳定，则无论描述点 M 在初始时刻所处的位置 M_0 多么靠近原点，随着时间的推移，其轨迹都必将自 ε 球内向外穿过这个球面。

实际上，这个未被扰运动的稳定性意味着，当初始扰动充分小时，扰动运动将无限接近于未被扰运动。同样，如果未被扰运动是不稳定的，那么无论初始扰动多么小，扰动运动都将远离未被扰运动。

如果未被扰运动是稳定的，当初始扰动充分小时，若扰动运动随时间趋近于未被扰运动，即有

$$\lim_{t\to\infty}\sum x_j^2(t)=0 \qquad (5.1.11)$$

则称未被扰运动是渐近稳定的。值得注意的是，仅仅一个极限条件(5.1.11)对保证渐近稳定性是不够的，必须还要有未被扰运动稳定的条件。这在几何上描述为：当系统渐近稳定时，描述点必须无限接近坐标原点，同时不能超出 ε 球的限制范围。

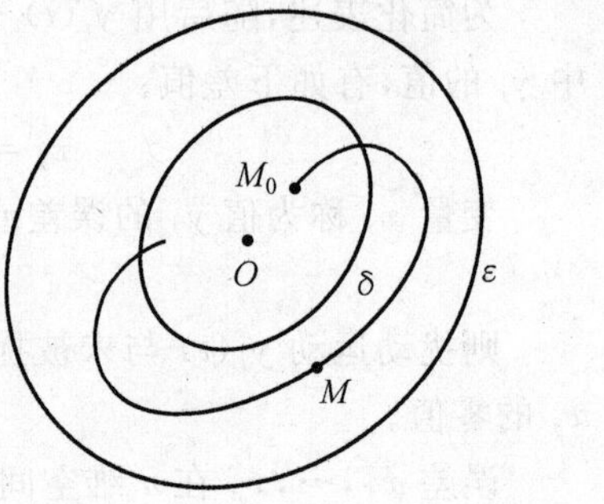

图 5.1.1

具体地，抛开误差空间 $x_1,\cdots,x_n$，来研究原始变量空间 $y_1,\cdots,y_n$，给出空间中的某个点 N。设未被扰运动中点 N 描述了轨迹 Ⅰ，扰动运动中描绘了轨迹 Ⅱ(图 5.1.2(a))。在这些轨迹上任选两点 N 和 N'，分别对应两种运动中相同时刻的系统变量，两点间距离 r 满足

$$r^2=\sum(y_j-f_j)^2=\sum x_j^2$$

当运动为稳定时，轨迹 Ⅱ 与轨迹 Ⅰ 相近(r 总小于 ε)，当渐近稳定时，轨迹 Ⅱ 无限接近于轨迹 Ⅰ(图 5.1.2(b))。

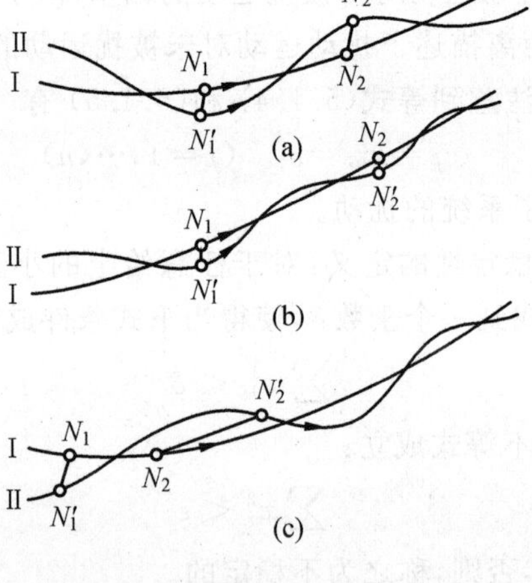

图 5.1.2

轨迹 Ⅰ 和 Ⅱ 的相近为稳定的必要条件，但不是充分的。事实上，同一时刻下 N 和 N' 之间的距离不仅可随轨迹远离而增加，也会在轨迹相近时加大(图 5.1.2(c))。

存在着这样的运动，它相对于一些变量是稳定的，但相对于另一些是不稳定的。例如，人造地球卫星相对其轨道半径是稳定的(轨道稳定性)，但相对于笛卡尔坐标系是不稳定的。因此，我们在谈及稳定性时，应当明确指出稳定是相对哪些坐标的。

当任意扰动下(不必为小量)系统都是渐近稳定的，则称其为全局稳定。有时系统并不是对任意扰动都稳定的，而只对满足某些条件的扰动稳定，称其为条件稳定的。

还需要说明的是，李雅普诺夫运动稳定性的定义建立在如下假设下：首先，假设扰动仅作用于初始条件，即扰动运动与未被扰运动上作用相同的力；其次，稳定性在无限时间区间上研究；再次，扰动为小量。应当指出，尽管存在着这些限制，李雅普诺夫运动稳定性仍然是实用有效的，同时，很多其他研究运动稳定性的方法也是以李雅普诺夫方法为基础的。

§ 5.2　扰动运动微分方程

当运动微分方程(5.1.1)的解已知时，可以直接确定出扰动运动中变量 $y_j(t)$ 的值，得到误差 $x_j = y_j(t) - f_j(t)$，从而解决未被扰运动 $f_j(t)$ 的稳定性问题。

但是，实际上大多数情况下运动微分方程(5.1.1)的解是未知的，所以上述方法很少使用。事实上，有时即使在方程(5.1.1)的解为已知的情况下，分析稳定性问题时也不是使用方程的解来分析，而是选用稳定性理论中的专门方法，即对误差 x_j 满足的扰动运动微分方程进行定性分析。

为得出扰动运动方程，首先将式(5.1.5)中的变量 $y_j(t)$ 表示为

$$y_j(t) = f_j(t) + x_j(t)$$

代入系统运动微分方程(5.1.1)中，有

$$\frac{\mathrm{d}f_j}{\mathrm{d}t} + \frac{\mathrm{d}x_j}{\mathrm{d}t} = Y_j(f_1 + x_1, \cdots, f_n + x_n, t)$$

将方程右端展开为 x_j 的台劳级数，有

$$\frac{\mathrm{d}f_j}{\mathrm{d}t} + \frac{\mathrm{d}x_j}{\mathrm{d}t} = Y_j(f_1, \cdots, f_n, t) + \left.\frac{\partial Y_j}{\partial x_1}\right|_{x_1=0} x_1 + \cdots + \left.\frac{\partial Y_j}{\partial x_n}\right|_{x_n=0} x_n + x_j^*$$

这里 x_j^* 为误差 x_j 高于一阶的项的集合。

注意到未被扰运动 $f_j(t)$ 必须满足方程(5.1.1)即

$$\frac{\mathrm{d}f_j}{\mathrm{d}t} = Y_j(f_1, \cdots, f_n, t) \quad (j = 1, \cdots, n)$$

可得

$$\frac{\mathrm{d}x_j}{\mathrm{d}t} = a_{j1}x_1 + \cdots + a_{jn}x_n + X_j^* \quad (j = 1, \cdots, n) \tag{5.2.1}$$

其中，系数为

$$a_{jk} = \left.\frac{\partial Y_j}{\partial x_k}\right|_{x=0} \tag{5.2.2}$$

它一般情况下为时间 t 的函数，也有可能为常数。

方程(5.2.2)称为扰动运动微分方程。若忽略高阶项 x_j^*，则有方程

$$\frac{\mathrm{d}x_j}{\mathrm{d}t} = a_{j1}x_1 + \cdots + a_{jn}x_n \quad (j = 1, \cdots, n) \tag{5.2.3}$$

称其为一阶近似方程。

很多时候可以通过一阶近似方程讨论运动稳定性问题，然而，也经常出现基于一阶近似方程得到的结论与原始方程的稳定性完全不同的情况。

来看一个例子，设扰动运动方程为

$$\frac{\mathrm{d}x_1}{\mathrm{d}t} = -\alpha x_2 + \alpha x_1\sqrt{x_1^2 + x_2^2}$$

$$\frac{\mathrm{d}x_2}{\mathrm{d}t} = \alpha x_1 + \alpha x_2\sqrt{x_1^2 + x_2^2} \tag{5.2.4}$$

其中 $\alpha = \mathrm{const}$。

将式(5.2.4)中的第一个方程乘以 x_1,第二个方程乘以 x_2 后相加,有

$$x_1\frac{\mathrm{d}x_1}{\mathrm{d}t}+x_2\frac{\mathrm{d}x_2}{\mathrm{d}t}=\alpha(x_1^2+x_2^2)^{\frac{3}{2}}$$

或

$$\frac{1}{2}\frac{\mathrm{d}}{\mathrm{d}t}(x_1^2+x_2^2)=\alpha(x_1^2+x_2^2)^{\frac{3}{2}}$$

令 $x_1^2+x_2^2=r^2$,这里 r 为描述点到原点的距离,选用新变量后,方程变为

$$\frac{1}{2}\frac{\mathrm{d}r^2}{\mathrm{d}t}=\alpha r^3$$

或

$$\frac{\mathrm{d}r}{\mathrm{d}t}=\alpha r^2$$

这个方程容易积分,其解为

$$r=\frac{r_0}{1-\alpha r_0(t-t_0)}$$

这里 r_0 为 $t=t_0$ 时 r 的值。

分析这个解,当 $\alpha>0$ 时,点 M 到原点的距离 r 在 $t\to t_0+\frac{1}{\alpha r_0}$ 时将无限地增长,即运动为不稳定的。(注意到,当 $\lim\limits_{t\to\infty}r^2=0$,即条件(5.1.11)成立,尽管运动是不稳定的)如果 $\alpha<0$,则当 $t\to\infty$ 时,r 递减,即运动为渐近稳定的。

现在来看将式(5.2.4)略去高阶项后得到的一阶近似方程:

$$\frac{\mathrm{d}x_1}{\mathrm{d}t}=-\alpha x_2,\quad \frac{\mathrm{d}x_2}{\mathrm{d}t}=\alpha x_1$$

由这组方程可得

$$\frac{\mathrm{d}r}{\mathrm{d}t}=0$$

或

$$r=r_0$$

这个解说明,一阶近似下描述点 M 沿着初始条件确定的圆周运动。可知,一阶近似下未被扰运动 $x_1=x_2=0$ 对 α 的所有值都是稳定的,这个结论显然与由式(5.2.4)得到的结论完全不同。

重新回到扰动运动方程(5.2.1),用 X_j 表示方程右端,可得时变扰动运动方程(为方便将 $x_1,\cdots,x_n$ 缩写为 x):

$$\frac{\mathrm{d}x_j}{\mathrm{d}t}=X_j(x_1,\cdots,x_n,t)=X_j(x,t)\quad(j=1,\cdots,n)\tag{5.2.5}$$

如果扰动方程是时不变的,即不显含时间 t,则有

$$\frac{\mathrm{d}x_j}{\mathrm{d}t}=X_j(x_1,\cdots,x_n)=X_j(x)\tag{5.2.6}$$

此外,由扰动运动方程可得,当 $x=0$(即 $x_1=\cdots=x_n=0$)时,所有 X_j 为0,即

$$X_j(0,t)\equiv 0\tag{5.2.7}$$

扰动运动方程的标准形式存在简单的几何描述。扰动运动中描述点 M 在状态空间 $x_1,\cdots,x_n$ 中绘出了一条轨迹 γ。点 M 的速度 $\boldsymbol{v}$ 方向沿轨迹的切线,其投影为

$$v_1=\frac{\mathrm{d}x_1}{\mathrm{d}t}=X_1,\cdots,v_n=\frac{\mathrm{d}x_n}{\mathrm{d}t}=X_n\tag{5.2.8}$$

显然，扰动运动方程标准形式(5.2.5)的右端即为描述点 M 的速度 $\boldsymbol{v}$ 的投影(图 5.2.1)。

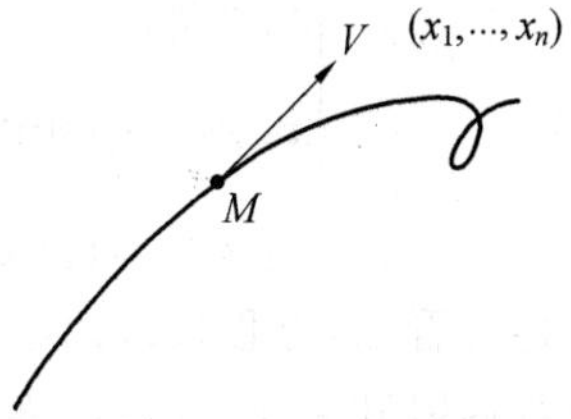

图 5.2.1

还应当指出，具体解决实际问题时，扰动运动方程不一定写作标准形式(5.2.1)或(5.2.5)，还可以是一些高阶方程。通过下面两个例子介绍建立扰动运动方程的基本方法。

【例 5.1】　空间摆的扰动运动微分方程。

质量为 m 的质点 M 以不可以伸长的细绳悬挂于点 O(空间摆)，设绳长为 l，点 M 的位置由角度 θ，φ 确定(图 5.2.2)。OZ 为铅垂轴，直线 MN 与 OZ 轴垂直，轴 X' 平行于轴 X。空间摆的动、势能分别为

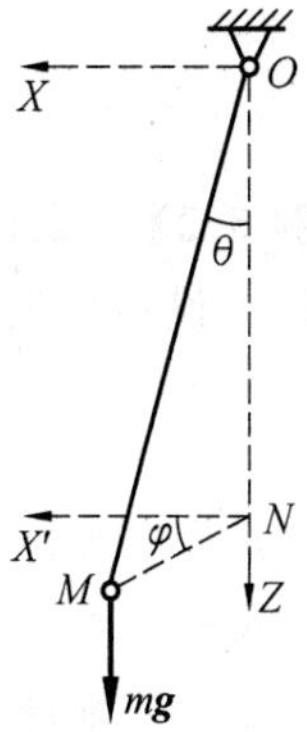

图 5.2.2

$$
\begin{aligned}
T &= \frac{1}{2} m l^2 (\dot{\theta} + \dot{\varphi}^2 \sin^2 \theta) \\
V &= mgl(1 - \cos\theta)
\end{aligned} \tag{5.2.9}
$$

由拉格朗日第二类方程可得空间摆的运动微分方程为

$$
ml^2\ddot{\theta} - ml^2\dot{\varphi}^2 \sin\theta\cos\theta + mgl\sin\theta = 0
$$

$$
ml^2\ddot{\varphi}\sin^2\theta + 2ml^2\dot{\theta}\,\dot{\varphi}\sin\theta\cos\theta = 0
$$

简化后有

$$
\begin{aligned}
\ddot{\theta} &= -\frac{g}{l}\sin\theta + \dot{\varphi}^2\sin\theta\cos\theta \\
\ddot{\varphi} &= -2\dot{\theta}\,\dot{\varphi}\cot\theta
\end{aligned} \tag{5.2.10}
$$

令

$$
\theta = y_1,\quad \dot{\theta} = y_2,\quad \dot{\varphi} = y_3 \tag{5.2.11}
$$

可得形如(5.1.1)的方程：

$$
\begin{cases}
\dot{y}_1 = y_2 \\
\dot{y}_2 = -\dfrac{g}{l}\sin y_1 + y_3^2 \sin y_1 \cos y_1 \\
\dot{y}_3 = -2y_2 y_3 \tan y_1
\end{cases} \tag{5.2.12}
$$

研究摆球沿水平面上圆周的匀速运动，即分析特解

$$
\begin{cases}
\theta = y_1 = \alpha = cosnt \\
\dot{\theta} = y_2 = 0 \\
\dot{\varphi} = y_3 = \omega = const
\end{cases} \tag{5.2.13}
$$

将式(5.2.13)中 y 的值代入方程(5.2.12)中有

$$
\omega^2 \cos\alpha = \frac{g}{l} \tag{5.2.14}
$$

这就是该运动中摆的参数应当满足的条件。

选择此运动为未被扰运动，现在令

$$
y_1 = \alpha + x_1,\quad y_2 = x_2,\quad y_3 = \omega + x_3 \tag{5.2.15}
$$

并将其代入方程(5.2.13)中，可得到形如(5.2.6)的扰动运动微分方程：

$$\begin{cases}\dot{x}_1 = x_2 \\ \dot{x}_2 = -\dfrac{g}{l}\sin(\alpha + x_1) + (\omega + x_3)^2\sin(\alpha + x_1)\cos(\alpha + x_1) \\ \dot{x}_3 = -2x_2(\omega + x_3)\cot(\alpha + x_1)\end{cases} \tag{5.2.16}$$

容易看出，方程(5.2.16)的右端在 $x_1 = x_2 = x_3 = 0$ 时为零，即满足条件(5.2.7)。将方程右端展开为 x_1, x_2, x_3 的级数形式并仅限于保留一阶小量，可得一阶近似方程：

$$\begin{cases}\dot{x}_1 = x_2 \\ \dot{x}_2 = (\omega^2\cos 2\alpha - \dfrac{g}{l}\cos\alpha)x_1 + \omega\sin 2\alpha \cdot x_3 \\ \dot{x}_3 = -2\omega\cot\alpha \cdot x_2\end{cases} \tag{5.2.17}$$

【例 5.2】 人造地球卫星的扰动运动微分方程。

解 设卫星上仅作用重力 $\boldsymbol{F}$，则由万有引力定律有

$$F = \mu\frac{m}{r^2} \tag{5.2.18}$$

式中 μ—— 地球万有引力参数，$\mu = gR^2 = fM$；

R—— 半径；

g—— 地球表面的重力加速度值；

M—— 地球质量；

f—— 万有引力常数；

r—— 地球质心到卫星的距离，$r = |OC|$；

m—— 卫星质量。

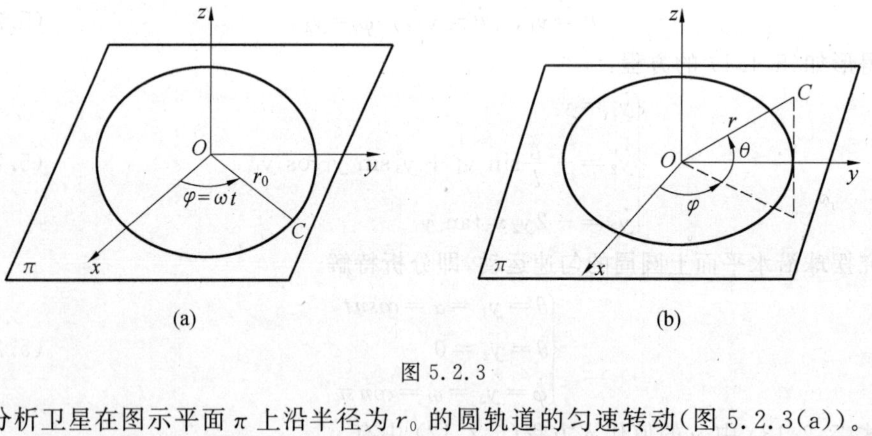

图 5.2.3

分析卫星在图示平面 π 上沿半径为 r_0 的圆轨道的匀速转动(图 5.2.3(a))。这个运动又可称为卫星的定常运动。由基本力学定律(如牛顿第二定律)可知，定常运动中卫星参数应当满足条件：

$$\omega^2 r_0^3 = \mu \tag{5.2.19}$$

式中 ω—— 定常运动中卫星沿半径为 r_0 的圆周转动的角速度值，$\omega = \dot{\varphi} = \text{const}$。

设卫星上作用某扰动(例如卫星在从最后一级火箭上脱离时，会破坏保障卫星实现定常运动的条件)，此时卫星将处于扰动运动状态，轨道不再为圆轨，运动也不会发生在平面

π 上，角速度 $\dot{\varphi} \neq \sqrt{\dfrac{\mu}{r_0^3}}$。

建立坐标系 $oxyz$，其中 xy 平面与平面 π 重合，卫星质心 C 的坐标由球坐标 r,θ,φ 给出(图 5.2.3(b))。卫星的动、势能分别为

$$\begin{cases} T = \dfrac{1}{2}m(\dot{r}^2 + r^2\dot{\theta}^2 + r^2\cos^2\theta\dot{\varphi}^2) \\ V = -\mu\dfrac{m}{r} \end{cases} \tag{5.2.20}$$

这里卫星的自转对轨道运动的影响不考虑。

研究卫星定常运动相对于变量 $r,\dot{r},\theta,\dot{\theta}$ 和 $\dot{\varphi}$ 的稳定性问题，首先需要建立扰动运动方程。

令 $r = r_0 + x, \dot{\varphi} = \omega + y$，由拉格朗日第二类方程可得卫星的扰动运动微分方程为

$$\begin{aligned} & x - (r_0 + x)\dot{\theta}^2 - (r_0 + x)\cos^2\theta(\omega + y)^2 = -\frac{\mu}{(r_0 + x)^2} \\ & (r_0 + x)\ddot{\theta} + 2\dot{x}\dot{\theta} + (r_0 + x)\cos\theta\sin\theta \cdot (\omega + y)^2 = 0 \\ & \frac{\mathrm{d}}{\mathrm{d}t}[(r_0 + x)^2\cos^2\theta \cdot (\omega + y)] = 0 \end{aligned} \tag{5.2.21}$$

令

$$x = x_1,\quad \dot{x} = x_2,\quad \theta = x_3,\quad \dot{\theta} = x_4,\quad y = x_5$$

将其代入方程(5.2.21)中可得标准形式的扰动运动微分方程

$$\begin{cases} \dot{x}_1 = x_2 \\ \dot{x}_2 = (r_0 + x_1)[x_4^2 + \cos^2 x_3(\omega + x_5)^2] - \dfrac{\mu}{(r_0 + x_1)^2} \\ \dot{x}_3 = x_4 \\ \dot{x}_4 = -2\dfrac{x_2 x_4}{r_0 + x_1} - \dfrac{1}{2}(\omega + x_5)^2\sin 2x_3 \\ \dot{x}_5 = -2\dfrac{x_2}{r_0 + x_1}(\omega + x_5) + 2x_4(\omega + x_5)\tan x_3 \end{cases} \tag{5.2.22}$$

方程(5.2.22)的右端在 $x_1 = x_2 = x_3 = x_4 = x_5 = 0$ 时为零，即满足条件(5.2.7)。

进一步将方程(5.2.22)的右端展成为 $x_1,\cdots,x_5$ 的级数形式，可得卫星定常运动的一阶近似方程

$$\begin{cases} \dot{x}_1 = x_2 \\ \dot{x}_2 = 3\omega^2 x_1 + 2r_0\omega x_5 \\ \dot{x}_3 = x_4 \\ \dot{x}_4 = -2\omega^2 x_3 \\ \dot{x}_5 = -2\dfrac{\omega}{r_0}x_2 \end{cases} \tag{5.2.23}$$

注意到上述方程的推导中需使用式(5.2.19)。

§5.3　李雅普诺夫一次近似理论

5.3.1　李雅普诺夫一次近似下稳定性的基本理论

在很多情况下可以使用一阶近似方程研究系统的运动稳定性。这不仅仅是因为运用这个方法可以简化问题，而是因为在很多情况下我们仅能够确定系统的一次项。在5.2节中曾经说明，使用一阶近似方程可能会得到错误的结论。那么自然会产生问题：在什么条件下可以使用一阶近似方程来讨论系统的稳定性。这个问题可以如下描述。

给出系统的扰动运动方程为

$$\begin{cases}\dot{x}_1 = a_{11}x_1 + \cdots + a_{1n}x_n + X_1 \\ \vdots \\ \dot{x}_n = a_{n1}x_1 + \cdots + a_{nn}x_n + X_n\end{cases} \tag{5.3.1}$$

这里 $X_1, \cdots, X_n$ 为高于一阶的 $x_1, \cdots, x_n$ 的非线性项的全体。

问题归结为，需要确定在什么条件下，对任意的 $X_1, \cdots, X_n$ 都可以使用下列的一阶近似方程来确定系统的稳定性。

$$\begin{cases}\dot{x}_1 = a_{11}x_1 + \cdots + a_{1n}x_n \\ \vdots \\ \dot{x}_n = a_{n1}x_1 + \cdots + a_{nn}x_n\end{cases} \tag{5.3.2}$$

这个问题首先由李雅普诺夫提出，并且他本人给出了当系数 a_{ij} 为常数时问题的解，也给出了某些系数 $a_{ij}(t)$ 为时变情况下的解。

在给出李雅普诺夫一次近似下稳定性理论的基本定理之前，先来做一些必要的说明。

当系统中不显含时间 t 时，即式(5.3.2)中所有的 a_{ij} 为常数。这个方程组存在如下形式的特解：

$$x_1 = A_1 e^{\lambda t}, \cdots, x_n = A_n e^{\lambda t} \tag{5.3.3}$$

这里 $A_1, \cdots, A_n, \lambda$ 为常数。

对式(5.3.3)进行微分，有

$$\dot{x}_1 = A_1 \lambda e^{\lambda t}, \cdots, \dot{x}_n = A_n \lambda e^{\lambda t}$$

将这些值代入方程(5.3.2)中，并约去 $e^{\lambda t}$，可得

$$\begin{cases}(a_{11} - \lambda)A_1 + a_{12}A_2 + \cdots + a_{1n}A_n = 0 \\ a_{21}A_1 + (a_{22} - \lambda)A_2 + \cdots + a_{2n}A_n = 0 \\ \vdots \\ a_{n1}A_1 + a_{n2}A_2 + \cdots + (a_{nn} - \lambda)A_n = 0\end{cases} \tag{5.3.4}$$

这是一个 n 阶代数方程，其存在不为零根的条件为系数行列式为零，即

$$\det\begin{pmatrix} a_{11} - \lambda & a_{12} & \cdots & a_{1n} \\ a_{21} & a_{22} - \lambda & \cdots & a_{2n} \\ \cdots & \cdots & \cdots & \cdots \\ a_{n1} & a_{n2} & \cdots & a_{nn} - \lambda \end{pmatrix} = 0 \tag{5.3.5}$$

方程(5.3.5) 称为特征方程,对应的行列式称为特征行列式。

如果特征方程的根均为单根(没有相等的根),那么存在如下非奇异线性变换:

$$z_k = \sum_{j=1}^{n} a_{kj} x_j \quad (k=1,\cdots,n) \tag{5.3.6}$$

式中　a_{kj}—— 常数,这个变换将一阶近似方程(5.3.2) 转化为

$$\begin{cases} \dot{z}_1 = \lambda_1 z_1 \\ \dot{z}_2 = \lambda_2 z_2 \\ \quad \vdots \\ \dot{z}_n = \lambda_n z_n \end{cases} \tag{5.3.7}$$

变量 $z_1,\cdots,z_n$ 称为正则变量。

如果对扰动运动微分方程(5.3.1) 使用变换(5.3.6),则有

$$\begin{cases} \dot{z}_1 = \lambda_1 z_1 + Z_1 \\ \dot{z}_2 = \lambda_2 z_2 + Z_2 \\ \quad \vdots \\ \dot{z}_n = \lambda_n z_n + Z_n \end{cases} \tag{5.3.8}$$

这里 $Z_1,\cdots,Z_n$ 为高于 $z_1,\cdots,z_n$ 一次的非线性项的全体。

特征方程(5.3.5) 的每一个复根:$\lambda = v + \mathrm{i}\mu$ 都对应着一个共轭复根 $\bar{\lambda} = v - \mathrm{i}\mu$($\nu$,$\mu$—— 常实数),它们对应着复共轭正则变量 $z = u + \mathrm{i}\nu$ 和 $\bar{z} = u - \mathrm{i}\nu$,这里 u,ν 为时间 t 的实函数。特征方程(5.3.5) 的实根对应实的正则变量 z。

由于系数 a_{ij} 为常数,那么相对于变量 x_k 的未被扰运动稳定性与相对正则变量 z_k 的未被扰运动稳定性等价。

假设系统是线性的,即扰动运动微分方程为(5.3.2) 或(5.3.7)。由于假设系统的所有根均为单根,微分方程(5.3.7) 彼此线性无关。它们可逐个积分,其通解为

$$\begin{cases} z_1 = z_{01} \mathrm{e}^{\lambda_1 t} \\ \quad \vdots \\ z_n = z_{0n} \mathrm{e}^{\lambda_n t} \end{cases} \tag{5.3.9}$$

这里 $z_{01},\cdots,z_{0n}$ 为初始时刻 $t=0$ 时变量 $z_1,\cdots,z_n$ 的值。

设 $\lambda_k = v_k + \mathrm{i}\mu_k$ 为特征方程的根(它们可以是复根或虚根或实根),有

$$|\mathrm{e}^{\lambda_k t}| = |\mathrm{e}^{(v_k + \mathrm{i}\mu_k)t}| = \mathrm{e}^{v_k t} |\mathrm{e}^{\mathrm{i}\mu_k t}|$$

注意到对任意 μ_k 和 t 有 $|\mathrm{e}^{\mathrm{i}\mu_k t}| = 1$,则

$$|\mathrm{e}^{\lambda_k t}| = \mathrm{e}^{v_k t} \tag{5.3.10}$$

由此可知,当 $t \to \infty$ 时有

$$\begin{cases} |\mathrm{e}^{\lambda_k t}| \to 0, & v_k < 0 \\ |\mathrm{e}^{\lambda_k t}| \to 1, & v_k = 0 \\ |\mathrm{e}^{\lambda_k t}| \to \infty, & v_k > 0 \end{cases} \tag{5.3.11}$$

由普遍解(5.3.9) 及极限式(5.3.11) 可直接得到特征方程的根为单根的线性时不变系统的运动稳定性定理:

① 如果特征方程的所有根都有负实部(所有 $v_k < 0$),则未被扰运动渐近稳定(当 $t \to \infty$ 时,所有 $z_k \to 0$)。

② 如果特征方程的根中存在至少一个实部为正的,则未被扰运动不稳定(当 $t \to \infty$,至少有一个 $z_k \to \infty$)。

③ 如果特征方程的某些根实部为零,而其他的根实部为负,则未被扰运动稳定,但不是渐近稳定(所有 z_k 都有界,但只有一部分趋向于零)。

下面就可以讨论非线性项影响下系统的运动稳定性问题了。

李雅普诺夫一次近似下的运动稳定性定理:如果一阶近似方程的特征方程所有根都具有负实部,则无论系统的非线性项如何,系统的未被扰运动都是渐近稳定的。

李雅普诺夫一次近似下运动不稳定定理:如果一阶近似方程的特征方程中存在哪怕一个具有正实部的根,则无论非线性项如何,系统的未被扰运动都是不稳定的。

这两个李雅普诺夫一次近似下的运动稳定性定理讨论了两种情况:

① 特征方程的所有根具有负实部;

② 特征方程的根中至少有一个具有正实部。

这两种情况讨论的未被扰运动稳定性问题不需要考虑到非线性项。当然,还存在另一种情况,即系统特征方程的某些根实部为零,而其余的具有负实部。这种情形(我们一般称之为临界的)使用一阶近似方程判断系统的稳定性是不可行的,必须考虑非线性项的影响。

研究临界情形的运动稳定性,一般需要对应实际情况使用相应的具体分析方法。这里我们仅给出一个例子,来说明临界情形下不能使用一阶近似方程分析系统的未被扰运动稳定性问题。

【例 5.3】 分析扰动运动方程:

$$\dot{x}_1 = -\alpha x_2 + \alpha x_1 \sqrt{x_1^2 + x_2^2}$$

$$\dot{x}_2 = \alpha x_1 + \alpha x_2 \sqrt{x_1^2 + x_2^2}$$

这里 $\alpha = \text{const}$。

其一阶近似方程为

$$\dot{x}_1 = -\alpha x_2, \quad \dot{x}_2 = \alpha x_1$$

特征方程为 $\begin{vmatrix} \lambda & \alpha \\ -\alpha & \lambda \end{vmatrix} = \lambda^2 + \alpha^2 = 0$

存在两个实部为零的特征根($\lambda_{1,2} = \pm|\alpha|\mathrm{i}$),显然不能使用李雅普诺夫一次近似稳定定理。事实上,在 5.2 节中已经说明了,这个特征解的稳定性与一阶近似方程的稳定性无关。

5.3.2 胡尔维茨准则

将方程(5.3.5)中的特征行列式展开后,有

$$a_0\lambda^n + a_1\lambda^{n-1} + \cdots + a_{n-1}\lambda + a_n = 0 \tag{5.3.12}$$

不失一般性,可设 $a_0 > 0$。

由上一节我们知道，使用一阶近似方程判断系统稳定时，需要确定特征方程的所有根实部为负。那么可否不对特征方程求解而直接判断其根的正负呢？

人们首先研究的是 $n=3$ 的特例。这个问题的一般解由劳斯和胡尔维茨在 19 世纪末给出。劳斯和胡尔维茨的解答尽管形式上有所不同，但他们实际上是等效的。这里我们采用胡尔维茨的解答，因为它具有代数特征，更方便使用。

由方程(5.3.12)的系数构建下列矩阵

$$\begin{bmatrix} a_1 & a_3 & a_5 & \cdots & 0 \\ a_0 & a_2 & a_4 & \cdots & 0 \\ 0 & a_1 & a_3 & \cdots & 0 \\ \vdots & \vdots & \vdots & \vdots & \vdots \\ 0 & 0 & 0 & \cdots & a_n \end{bmatrix} \tag{5.3.13}$$

列写矩阵(5.3.13)的各阶主子式：

$$\Delta_1 = a_1, \Delta_2 = \begin{vmatrix} a_1 & a_3 \\ a_0 & a_2 \end{vmatrix}, \cdots, \Delta_n = a_{n-1}\Delta_{n-1} \tag{5.3.14}$$

胡尔维茨准则：使所有系数为实数且最高次项系数为正的代数方程(5.3.12)的所有根具有负实部，必要且充分的条件是各阶主子式为正：

$$\Delta_1 > 0, \Delta_2 > 0, \cdots, \Delta_{n-1} > 0, \Delta_n > 0 \tag{5.3.15}$$

由胡尔维茨准则和李雅普诺夫一次近似下的运动稳定性定理立刻可以得到如下结论：

如果当 $a_0 > 0$ 时，所有胡尔维茨主子式 $\Delta_1, \Delta_2, \cdots, \Delta_n$ 为正，则无论非线性项如何，未被扰运动都是渐近稳定的。

同时应当注意到，如果不等式(5.3.15)中哪怕有一个改变符号方向，那么在方程(5.3.12)的根中都将会出现实部为正的。

§5.4　李雅普诺夫直接法(第二法)

5.4.1　李雅普诺夫函数

李雅普诺夫直接法是研究运动稳定性问题最有效的方法之一，这个方法也称为李雅普诺夫第二法。这一节我们研究时不变系统的李雅普诺夫直接法。

李雅普诺夫直接法的研究从一个实函数 $V(x)=V(x_1,\cdots,x_n)$ 开始，状态变量满足：

$$\sum x_j^2 \leqslant \mu \tag{5.4.1}$$

式中　μ—— 任意正常数。

设在区域(5.4.1)上函数 V 为单值、连续的，且当所有 $x_1,\cdots,x_n$ 为零时等于零，即

$$V(0)=0 \tag{5.4.2}$$

若在区域(5.4.1)上函数 V 除零外只能取一种符号，那么称其为常号函数(常正或常负的)。若当且仅当所有 $x_1,\cdots,x_n$ 为零时，常号函数为零，则称函数为定号函数(正定或

负定的)。既可取正又可取负的函数称为变号函数。函数 V 在研究运动稳定性时需要用到,称其为李雅普诺夫函数。下面用两个例子进一步说明李雅普诺夫函数。

【例 5.4】 $V=x_1^2+5x_2^4$。

这个函数在 x_1,x_2 不全为零时只取正值,仅在 x_1,x_2 同时为零时取零。显然,这个函数是正定的。在 x_1,x_2,V 空间中曲面 $V=x_1^2+5x_2^4$ 位于 x_1x_2 平面的一侧,仅在原点处与其相切(图 5.4.1(a))。

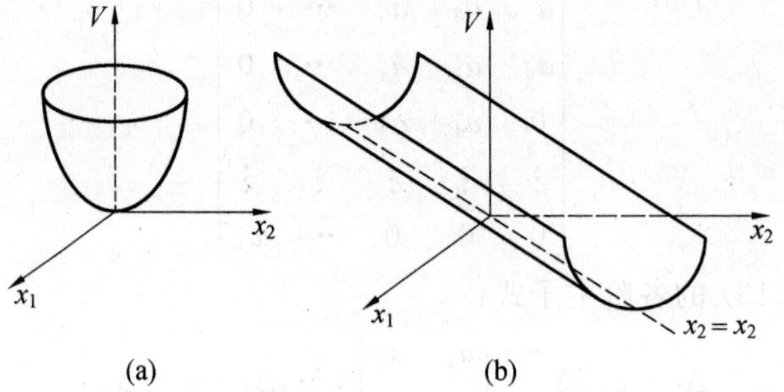

图 5.4.1

【例 5.5】 $V=x_1^2-2x_1x_2+x_2^2=(x_1-x_2)^2$

此函数不能取负值,但其不仅在顶点 $x_1=x_2=0$ 处为零,在直线 $x_1=x_2$ 上,函数 V 的值均为零。所以这个函数为常正的,但不是正定的。在 x_1,x_2,V 空间中曲面 $V=(x_1-x_2)^2$ 位于 x_1x_2 平面的一侧,与这个平面相切的不是一个点,而是一条直线(图 5.4.1(b))。

通过定义及例子我们可以看出,常正(常负)函数我们也可理解为是非负(非正)函数。需要说明,定号(正定、负定)函数在 $x_1=\cdots=x_n=0$ 点处取极值(正定函数取极小值,负定函数取极大值)。而常号(常正、常负)函数在坐标原点处没有极值,因为在原点的邻域内函数 V 也可为零。

再来看函数 V 的一些特征。首先,定号函数 V 必须含有所有的变量 $x_1,\cdots,x_n$。否则,若 V 中不包含变量 x_n,则当 $x_1=\cdots=x_{n-1}=0,x_n\neq 0$ 时函数 V 也可以为零。

现在设函数 $V=V(x)$ 及其导数是连续正定的,此时在原点 $x_1=\cdots=x_n=0$ 处,V 具有孤立的极小值,且在这一点其所有一阶偏导数皆为零(极值存在的必要条件):

$$\left.\frac{\partial V}{\partial x_j}\right|_{x_j=0}=0 \quad (j=1,\cdots,n) \tag{5.4.3}$$

将函数 V 在原点处展成为麦克劳林级数:

$$V=V(0)+\sum_{j=1}^{n}\left(\frac{\partial V}{\partial x_j}\right)_0 x_j+\frac{1}{2}\sum_{k=1}^{n}\left(\frac{\partial^2 V}{\partial x_k\partial x_j}\right)x_kx_j+\cdots$$

这里省略号表示高于二阶的项。注意到式(5.4.2)、(5.4.3)有

$$V=\frac{1}{2}\sum_{k=1}^{n}\sum_{j=1}^{n}C_{kj}x_kx_j+\cdots \tag{5.4.4}$$

其中常数

$$C_{kj}=C_{jk}=\left(\frac{\partial^2 V}{\partial x_k\partial x_j}\right) \tag{5.4.5}$$

由式(5.4.4)可知,定号函数 V 对变量 $x_1,\cdots,x_n$ 在原点处的展开式不包含一阶项。

设二次型常为正:

$$\frac{1}{2}\sum_{k=1}^{n}\sum_{j=1}^{n}C_{kj}x_kx_j \tag{5.4.6}$$

当且仅当 $x_1=\cdots=x_n=0$ 时为零。此时在 x_j 充分小时,无须考虑高阶项即可确定函数 V 同样常为正,且仅当 $x_1=\cdots=x_n=0$ 时为零。即如果二次型(5.4.6)为正定的,则函数 V 也是正定的。

来分析二次型(5.4.6)的系数矩阵:

$$\boldsymbol{C}=\begin{pmatrix}C_{11} & \cdots & C_{1n}\\ \vdots & \ddots & \vdots\\ C_{n1} & \cdots & C_{nn}\end{pmatrix} \tag{5.4.7}$$

其各阶主子式为

$$\Delta_1=C_{11},\Delta_2=\begin{vmatrix}C_{11} & C_{12}\\ C_{21} & C_{22}\end{vmatrix},\cdots,\Delta_n=C=\begin{vmatrix}C_{11} & \cdots & C_{1n}\\ \vdots & \ddots & \vdots\\ C_{n1} & \cdots & C_{nn}\end{vmatrix} \tag{5.4.8}$$

存在如下的希里维斯特准则:二次型正定的必要充分条件是其系数矩阵的各阶主子式 $\Delta_1,\cdots,\Delta_n$ 为正,即

$$\Delta_1>0,\Delta_2>0,\cdots,\Delta_n>0 \tag{5.4.9}$$

应当指出,希里维斯特准则(5.4.9)是函数 V 正定的充分(非必要)条件。

如果函数 V 是正定的,则 $-V$ 是负定的。因此函数 V 负定性的充分条件可由对矩阵 $\boldsymbol{C}$ 使用希里维斯特准则(5.4.9)得到,此时有

$$\Delta_1<0,\Delta_2>0,\Delta_3<0,\cdots \tag{5.4.10}$$

即各阶主子式 Δ_j 的符号轮换,同时 $\Delta_1=C_{11}$ 必须为负。

【例 5.6】 对下列函数进行正定性判别。

$$V=1+\sin x_1-\cos(x_1-x_2)$$

将其在原点处展为 x_1 和 x_2 的级数,有

$$\sin^2 x_1=x_1^2+\cdots,\quad \cos(x_1-x_2)=1-\frac{1}{2}(x_1-x_2)^2+\cdots$$

省略号表示高于二阶的量,有

$$V=\frac{1}{2}(3x_1^2-2x_1x_2+x_2^2)+\cdots$$

此时函数 V 二次型的系数矩阵为 $\begin{pmatrix}3 & -1\\ -1 & 1\end{pmatrix}$,各阶主子式为 $\Delta_1=3,\Delta_2=\begin{vmatrix}3 & -1\\ -1 & 1\end{vmatrix}=2$,即 $\Delta_1>0,\Delta_2>0$,则满足希里维斯特准则的条件,函数 V 是正定的。

再来研究函数 V 的特性,首先我们设函数 V 为定号的,则表面 $V(x_1,\cdots,x_n)=C$ 为封闭的。

不失一般性,我们设 V 是正定的,选择球面 $\sum x_j^2=\mu$ 并设 l 为函数 V 在这个球面上的

最小值，那么在整个球面 μ 上有 $V_\mu \geqslant l$。

l 为大于零的数，因为函数 V 是正定的，也就是说在整个球面上 V 不能取零或负值。

构建曲面 $V=C$，并使 $C<l$，自原点沿任意直线 OL 向球面 μ 运动(图 5.4.2(a))，则函数 V 从 0 变为某个大于 C 的数 C_1。由于函数的连续性，则必有某个时刻函数 V 的值为 C，即直线 OL 与曲面 $V=C$ 交于某点。由于直线 OL 为任意的；因此这个表面 $V=C$ 是封闭的。

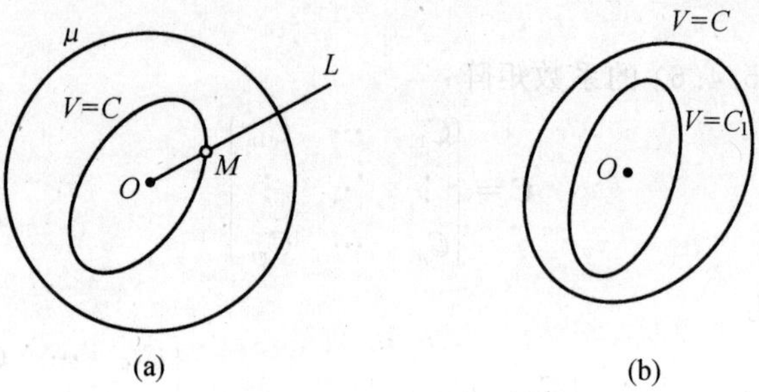

图 5.4.2

注意到曲面 $V=C$ 的封闭性仅在 V 为正定函数时成立，当函数 V 为常号或变号时，曲面并不封闭。

由这个证明可得如下两个推论：

① 如果 $|C|>|C_1|$，则表面 $V=C_1$ 位于表面 $V=C$ 内，同时两个表面无交点(图 5.4.2(b))。

② 如果描述点 M 沿着正定函数 V 增长的方向运动，那么点的轨迹自曲面 $V=C$ 的内部向外部穿过，反之则由外向内穿过(当 V 负定时情况相反)。

在表面 $V(x)=C$ 上任选一点 M，计算这一点处的梯度矢量 $\boldsymbol{grad}V$ 有

$$\boldsymbol{grad}V=\frac{\partial V}{\partial x_1}\boldsymbol{e}_1+\frac{\partial V}{\partial x_2}\boldsymbol{e}_2+\cdots+\frac{\partial V}{\partial x_n}\boldsymbol{e}_n \tag{5.5.11}$$

式中　$\boldsymbol{e}_1,\cdots,\boldsymbol{e}_n$—— 轴 $x_1,\cdots,x_n$ 的单位矢量。

这里梯度 $\boldsymbol{grad}V$ 沿曲面 $V(x)=C$ 在点 M 处的法线方向，并指向函数 V 增加的方向。由此可知，若 $V(x)$ 正定，则 $\boldsymbol{grad}V$ 指向曲面外侧(图 5.4.3(a))，若 $V(x)$ 负定，则 $\boldsymbol{grad}V$ 指向曲面内侧(图 5.4.3(b))。

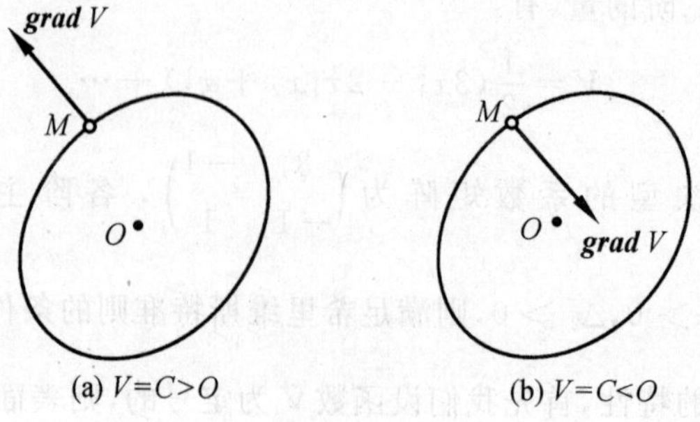

图 5.4.3

注意到，函数 V 基于扰动运动微分方程(5.2.6)的全导数 $\dot{V}$ 为

$$\dot{V}=\frac{\mathrm{d}V}{\mathrm{d}t}=\frac{\partial v}{\partial x_1}\dot{x}_1+\frac{\partial v}{\partial x_2}\dot{x}_2+\cdots+\frac{\partial v}{\partial x_n}\dot{x}_n=\frac{\partial v}{\partial x_1}X_1+\cdots+\frac{\partial v}{\partial x_2}X_2+\cdots+\frac{\partial v}{\partial x_n}X_n \tag{5.5.12}$$

5.4.2　李雅普诺夫运动稳定性定理

定理：如果对某扰动运动微分方程可以找到一个正定函数 V，其基于扰动运动微分方程的全导数为常负的或者恒等于零，则未被扰运动稳定。

证明：任选充分小的正数 $\varepsilon>0$ 并构建球面 $\sum x_j^2=\varepsilon$，给出表面 $V=C$，其位于球 ε 内(图 5.4.4，这个 V 总是能够得到的，因为函数 V 是连续的，并且在原点处为 0)。现在选择一个小正数 δ，使得球面 $\sum x_j^2=\delta$ 完全位于表面 $V=C$ 内，并且与其无交点。来说明若描述点初始时刻在 δ 球面内时，则其永远也不能达到 ε 球面，当然也就证明了定理。

不失一般性，设函数 V 是正定的。根据定理可知，函数 V 对于扰动运动方程的导数将是常负的或者恒等于零，即有 $\dot{V}\leqslant 0$。则

$$V-V_0=\int_{t_0}^{t}\dot{V}\mathrm{d}t \tag{5.5.13}$$

这里 V_0 为点 M_0 处函数 V 的值，可得

$$V\leqslant V_0$$

由这个不等式可以看出，当 $t\geqslant t_0$ 时，描述点 M 或者在表面 $V=V_0=C_1$(当 $V\equiv 0$)或者位于这个表面内部(图 5.4.4)。由此可知，当初始时刻描述点 M 位于球面 δ 内部的点 M_0 处时，在随后的任何时刻都不能超出表面 $V=C_1$ 的范围，更加不能够达到 ε 球面，这就证明了定理。

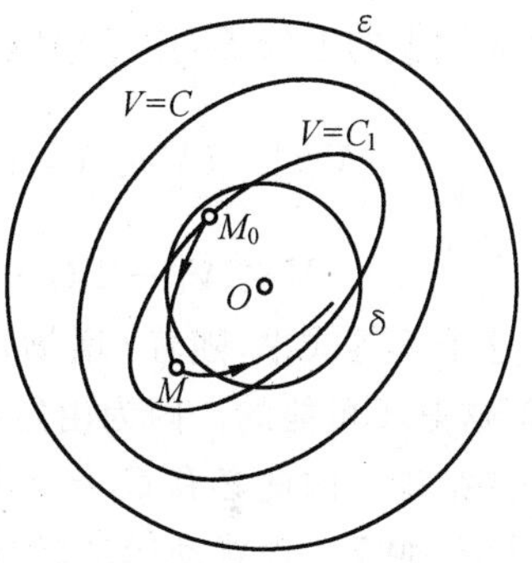

图 5.4.4

【例 5.7】　设扰动运动方程为

$$\dot{x}_1=-x_1+3x_2^2$$
$$\dot{x}_2=-x_1x_2-x_2^3$$

引入正定函数 $V=\frac{1}{2}(x_1^2+x_2^2)$，基于扰动运动方程计算其对时间的导数：

$$\dot{V}=\frac{\mathrm{d}V}{\mathrm{d}t}=x_1\dot{x}_1+x_2\dot{x}_2=x_1(-x_1+3x_2^2)+x_2(-x_1x_2-x_2^3)=-(x_1-x_2^2)^2$$

根据定理可知，未被扰运动 $x_1=0,x_2=0$ 是稳定的。后面还会说明，这个运动不仅仅是稳定的，而且是渐近稳定的。

5.4.3　李雅普诺夫渐近稳定定理

定理：如果对扰动运动微分方程可以找到一个正定函数 $V(x)$，其基于这些方程的全导数 $\dot{V}$ 是负定的，则未被扰运动渐进稳定。

证明：首先应当注意到，李雅普诺夫稳定性定理的全部条件成立，描述点显然不能越过表面 $V=C_1$（图 5.4.4）。

同时，渐近稳定性定理的条件更强，即导数 $\dot{V}$ 不能恒等于零，并且 $\dot{V}=0$ 当且仅当位于原点处（因为 $\dot{V}$ 为定号的而非常号的），因此，描述点 M 在初始点之后立刻进入表面 $V=C_1$ 不失一般性，我们取函数 V 正定，由定理条件可知其导数 $\dot{V}$ 是负定的，有不等式：

$$\dot{V}=\frac{\mathrm{d}V}{\mathrm{d}t}<0$$

可得函数 V 为正且单调递减，这意味着函数有界，$C_2\geqslant 0$。换言之，描述点 M 自外趋向表面 $V=C_2$（图 5.4.5）。

特别地，当 $C_2=0$ 时，表面 $V=C_2$ 退化为原点。当 $C_2\neq 0$ 时，在表面 $V=C_2$ 及 $V=C_1$ 之间形成封闭区间，其上 $\dot{V}$ 为负。令 $-L(L>0)$ 表示函数 $\dot{V}$ 在这个区间上的上确界，注意到恒等式（5.5.13）及

$$\dot{V}\leqslant -LV\leqslant V_0-\int_{t_0}^{t}L\mathrm{d}t$$

即　　$$V\leqslant V_0-L(t-t_0)$$

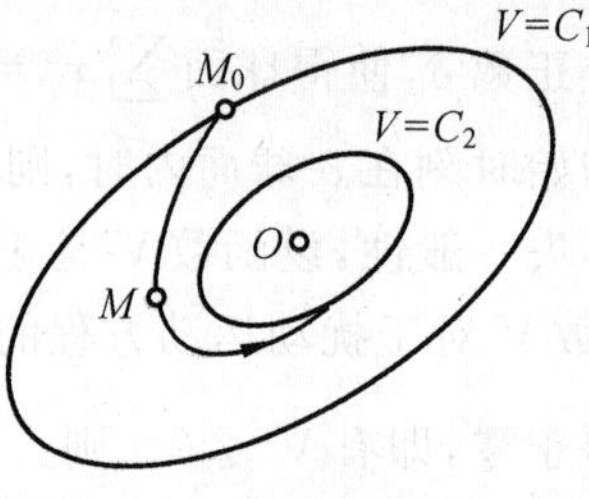

图 5.4.5

这个不等式中，随着 t 增加，函数 V 将会变成负数，但这是不可能的。因为由定理可知 V 为正定的。即当 $C_2\neq 0$ 时，我们得到了与定理矛盾的结论。因此必有 $C_2=0$，即描述点 M 将渐进趋向于原点，也就证明了定理。

【例 5.8】　设扰动运动微分方程为

$$\dot{x}_1=-x_2+x_1x_2-x_1^3-\frac{1}{2}x_1x_2^2$$

$$\dot{x}_2=-3x_2+x_1x_2+x_1^2x_2-\frac{1}{2}x_1x_2^2$$

选择如下形式的 V 函数：

$$V=\frac{1}{2}(3x_1^2-2x_1x_2+x_2^2)$$

这个函数为正定的，将扰动运动方程代入 $\dot{V}$ 的表达式有

$$\dot{V}=(3x_1-x_2)\dot{x}_1-(x_1-x_2)=-3x_1^4+2x_1^2x_2-2x_2^2$$

$\dot{V}$ 相对 x_1^2 和 x_2 的系数矩阵为

$$\begin{pmatrix}-3 & 1\\ 1 & -2\end{pmatrix}$$

其各阶主子式为

$$\Delta_1=-3<0,\Delta_2=\begin{vmatrix}-3 & 1\\ 1 & -2\end{vmatrix}=5>0$$

满足准则条件（5.5.10），即 $\dot{V}$ 为相对 x_1^2 和 x_2 的负定函数。由李雅普诺夫渐近稳定

性定理可知未被扰运动 $x_1=0, x_2=0$ 为渐近稳定的。

5.4.4　不稳定定理

李雅普诺夫给出了两个不稳定定理，契达耶夫推广了这两个定理，并且证明了一个新的不稳定定理，李雅普诺夫的两个定理可视为契达耶夫这个定理的特殊情况。

设实连续单值函数 $V(x)$ 的定义域为

$$\sum x_k^2 \leqslant \mu$$

式中　μ——正常数。

$V=0$ 为域 $V>0$ 的界面。设 $V(0)=0$，即坐标原点位于域 $V>0$ 的界面上。例如，函数 $V=x_1-x_2^2$ 的界面为双曲域：

$$x_1=x_2^2$$

契达耶夫定理：如果对扰动运动微分方程可以找到函数 $V(x)$，对于零的任何小邻域存在域 $V>0$，且其基于这些方程的导数 $\dot{V}$ 在域 $V>0$ 内的所有点处都为正，则未被扰动运动是不稳定的。

证明：选任意小正数 ε 构造球面 $\sum x_k^2=\varepsilon$（当然 $\varepsilon\leqslant\mu$）。为确定未被扰动运动是不稳定的，只需要找到描述点 M 存在一个位于球面 ε 外的轨迹。令 M 点在初始时刻位于域 $V>\varepsilon$ 上，M_0 不与原点重合，但可以无限接近原点。由定理条件可知，在域 $V>0$ 上有

$$\dot{V}=\frac{\mathrm{d}V}{\mathrm{d}t}>0$$

即 V 是单调递增的，则对所有 $t\geqslant t_0$ 有

$$V(x)\geqslant V_0>0$$

这里 V_0 为函数 V 在点 M_0 处的值。

随后的运动中描述点 M_0 不可能与域 $V>0$ 的界面相交（在界面上 $V=0$，而初始时刻 $V>0$ 并且 V 单调递增）。设描述点 M 在随后的运动中不离开球面 ε，即一直处在封闭的域 G 内（图 5.4.6）：

$$\sum x_k^2\leqslant\varepsilon,\quad V(x)\geqslant V_0$$

那么由于 V 是不显含时间 t 的连续函数，则对所有 $t\geqslant t_0$ 是有界的，即有下列条件成立：

$$V\leqslant L$$

这里 L 为正数。

在封闭区域 G 上导数 $\dot{V}$ 是正的并且有界（按定理可知 $\dot{V}$ 为正，又由其连续且不显含时间 t，可知有界）。因此在这个区间上导数 $\dot{V}$ 有下确界 L，同时 $t>0$。如果设描述点 M 不能离开 ε 球内，即其始终位于域 G 内，则对所有 $t\geqslant t_0$ 有

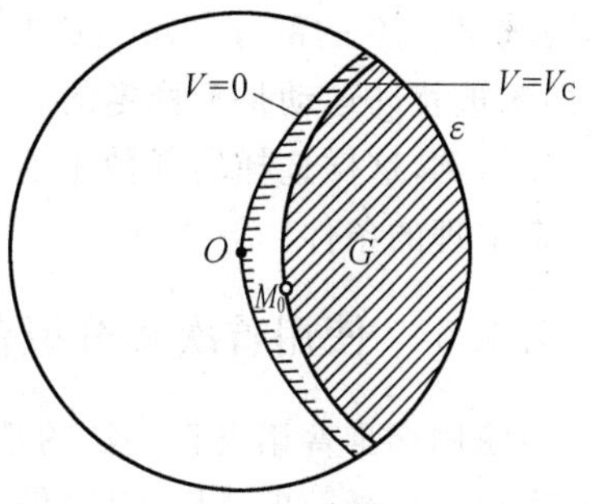

图 5.4.6

$$\dot{V} \geqslant L > 0$$

由这个不等式及式(5.5.13)，有

$$V \geqslant V_0 + L(t - t_0)$$

由此可知，随着时间增加函数 V 无限增长，函数 V 的矛盾性是源于假设描述点不能够离开球面 ε 内部。因此假设是错误的，这就证明了定理。

前面已经说明了契达耶夫定理是两个李雅普诺夫定理的推广，下面给出一个李雅普诺夫不稳定定理。

李雅普诺夫不稳定定理：如果对扰动运动微分方程可以找到一个函数 V，其基于这些方程的导数 $\dot{V}$ 定号，并且在原点的邻域内可以与函数 V 本身取相同符号，则未被扰运动不稳定。

事实上，如果按照定理的条件导数 $\dot{V}$ 是正定的(不失一般性，可认为 $\dot{V} > 0$)，则其在函数 V 取正值的区域($V > 0$)也是正的。即满足契达耶夫定理的所有条件，可以证明李雅普诺夫定理。

契达耶夫的推广在于，他弱化了李雅普诺夫定理中对于导数的要求。在李雅普诺夫定理条件中，$\dot{V}$ 须为正定的。而契达耶夫定理中，只要求 $\dot{V}$ 在 $V > 0$ 的区域上是正定的。

【例 5.9】　设扰动运动方程为

$$\dot{x}_1 = x_1^2 + 2x_2^5$$

$$\dot{x}_2 = x_1 x_2^2$$

说明未被扰动运动 $x_1 = x_2 = 0$ 是不稳定的。

选择函数：

$$V = x_1^2 - x_2^4$$

这个函数对应的域 $V > 0$ 由两条双曲线 $x_1 = x_1^2$ 和 $x_1 = x_2^2$ 围成(图 5.4.7)。计算函数 V 基于扰动运动方程的导数 $\dot{V}$

$$\dot{V} = 2x_1\dot{x}_1 - 4x_2^3\dot{x}_2 = 2x_1^3$$

由于这个导数对所有 $x_1 > 0$ 和任意 x_2 都为正，则域 $V > 0$ 的部分满足契达耶夫定理的所有条件，即未被扰动运动是不稳定的。

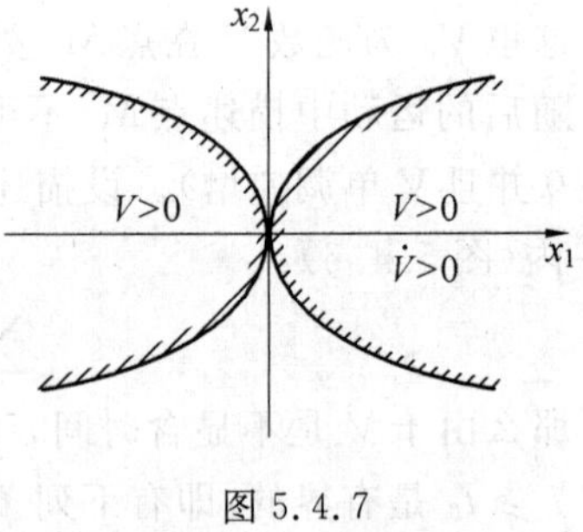

图 5.4.7

注意到，这样选择的函数不能满足李雅普诺夫不稳定定理的条件。

5.4.5　使用首次积分组合构建李雅普诺夫函数

为使用李雅普诺夫直接法的基本定理，需要已知具有确定特性的函数 V。遗憾的是，没有构建这种函数的一般方法，但是在很多情况中可以根据已知的首次积分来构造。

设扰动运动方程(5.2.6)存在首次积分：

$$F(x_1, \cdots, x_n) = h = \text{const} \tag{5.5.14}$$

则差 $F(x) - F(0)$ 是变量 $x_1, \cdots, x_n$ 的正定函数。此时可如下选择李雅普诺夫函数：

$$V = F(x_1, \cdots, x_n) - F(0) \tag{5.5.15}$$

此函数 V 关于时间 t 的导数基于扰动运动方程恒等于 0，显然，这个函数满足李雅普诺夫运动稳定性定理的全部条件。

在某些情况中，扰动运动微分方程存在若干首次积分：

$$F_1(x_1, \cdots, x_n) = h_1, \quad F_m(x_1, \cdots, x_n) = h_m \tag{5.5.16}$$

这里 $h_1, \cdots, h_m$ 为积分常数，并且其中任何一个都不是正定函数。对此种情况契达耶夫给出了寻找积分组合形式的函数 V 的方法。这个组合的一般形式为

$$\begin{aligned} V = &\lambda_1[F_1 - F_0(0)] + \cdots + \lambda_m[F_m - F_m(0)] + \\ &k_1[F_1^2 - F_1^2(0)] + \cdots + k_m[F_m^2 - F_m^2(0)] \end{aligned} \tag{5.5.17}$$

这里 $\lambda_1, \cdots, \lambda_m, k_1, \cdots, k_m$ 为未定常数。

如果常数 λ_j 和 k_j 可选择使函数 V 为正定的，则这个函数将满足李雅普诺夫运动稳定性定理的全部条件（因为 $V = \text{const}$ 同样是扰动运动方程的首次积分）。

使用首次积分组合构造李雅普诺夫函数的契达耶夫方法是十分有效的，在使用具体例子来详细说明前，先给出对于契达耶夫方法的几点注释：

(1) $2m$ 个系数 λ_j, k_j 中的一个可以任意选择，例如令 $\lambda_1 = 1$；

(2) 很多时候可使用首次积分的线性组合来建立函数 V，即令所有 $k_j = 0$。积分的二次项仅在一次项的线性组合不能满足时才考虑引入；

(3) 很多时候扰动运动方程的首次积分可由一般定理建立（例如，使用力学基本定理），并不需要建立方程组本身。

应当说，在研究运动稳定性（不是渐近稳定）时建立首次积分组合的契达耶夫方法是最为有效的方法之一。

【例 5.10】 球面摆定常运动的稳定性。

质量为 m 的质点 M 悬挂在长为 l 的无质量细绳上，在重力作用下以常角速度在水平面内运动（球面摆）（图 5.4.8(a)）。细绳悬挂在点 O，M 在水平面内做圆周运动，定义细绳与铅垂线 OO_1 之间的夹角为 α，细绳绕铅垂线 OO_1 旋转的角速度为 ω。定常运动时，角度 α、角速度 ω 及摆长 l 之间存在已知的关系式（可由达朗贝尔原理等基本原理得到）：

$$\omega^2 \cos\alpha = \frac{g}{l} \tag{5.5.18}$$

选择摆做圆周运动为未被扰运动，假设此运动上作用着不大的扰动。定义细绳与铅垂线 OO_1 之间的扰动运动中的角度为 θ（图 5.4.8(b)），平面 OO_1M 绕铅垂线 OO_1 旋转的角速度为 $\dot{\varphi}$。

令

$$\theta = \alpha + x_1, \quad \dot{\theta} = x_2, \quad \dot{\varphi} = \omega + x_3 \tag{5.5.19}$$

研究未被扰运动相对量 $\theta, \dot{\theta}$ 和 $\dot{\varphi}$ 的稳定性。动能 T 和势能 V 分别为

$$T = \frac{ml^2}{2}(\dot{\theta}^2 + \sin^2\theta\dot{\varphi}^2)$$

$$V = -mgl\cos\theta$$

因为作用在摆上的重力有势，而坐标 φ 为循环坐标（动能 T 依赖于广义速度 $\dot{\varphi}$，但不依赖于 φ，与这个坐标相应的广义力等于 0：$Q_\varphi = -\dfrac{\partial V}{\partial \varphi} = 0$），则存在两个首次积分：

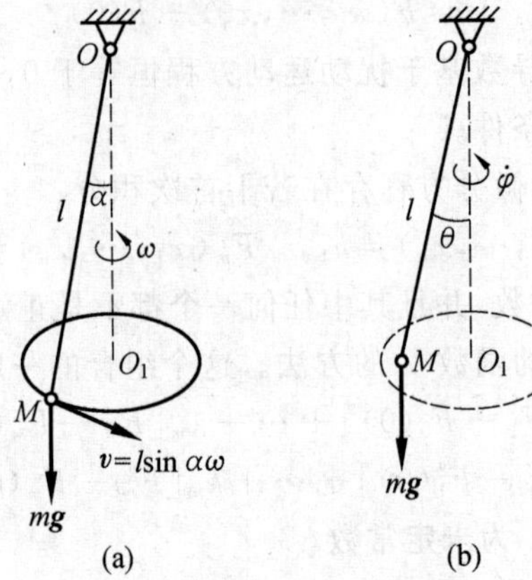

图 5.4.8

$$T+V=\frac{ml^2}{2}(\dot{\theta}^2+\sin^2\theta\dot{\varphi}^2)-mgl\cos\theta=\frac{ml^2}{2}\cdot h$$

$$\frac{\partial T}{\partial\dot{\varphi}}=ml^2\sin^2\theta\dot{\varphi}=ml^2n$$

这里，h 和 n 为常数，乘子 $\frac{ml^2}{2}$ 及 ml^2 为方便而引入。

其中第二个等式为摆相对铅垂线 OO_1 的动量矩积分。

由等式(5.5.19)，这些积分写为如下形式：

$$F_1(x_1,x_2,x_3)=[x_2^2+(\sin^2(\alpha+x_1))(\omega+x_3)^2]-\frac{2g}{l}\cos(\alpha+x_1)=h$$

$$F_2(x_1,x_2,x_3)=(\sin^2(\alpha+x_1))(\omega+x_3)=n \tag{5.5.20}$$

积分(5.5.20)由动力学基本定理可得，当然，也可首先建立扰动运动微分方程(5.2.16)，然后对其进行组合，找到积分(5.5.20)。

研究摆相对量 $\theta,\dot{\theta}$ 和 $\dot{\varphi}$ 定常运动的稳定性。得到的积分中的任何一个都不是量 x_1，x_2，和 x_3 的定号函数。因此建立积分(5.5.20)的线性组合，令 $\lambda_1=1,\lambda_2=\lambda$。

$$V=F_1-F_1(0)+\lambda[F_2-F_2(0)]=[x_2^2+\sin^2(\alpha+x_1)\cdot(\omega+x_3)^2]$$

$$-\frac{2g}{l}\cos(\alpha+x_1)-(\omega^2\sin^2\alpha-\frac{2g}{l}\cos\alpha)+\lambda\sin^2(\alpha+x_1)\cdot(\omega+x_3)-\lambda\sin^2\alpha\omega$$

引入的项 $-(\omega^2\sin^2\alpha-\frac{2g}{l}\cos\alpha)$ 和 $-\lambda\sin^2\alpha\cdot\omega$ 是为使函数 V 在 $x_1=x_2=x_3=0$ 时为零。对函数 V 进行展开

$$\sin^2(\alpha+x_1)=\sin^2\alpha+\sin 2\alpha\cdot x_1+\cos 2\alpha\cdot x_1^2+\cdots$$

$$\cos(\alpha+x_1)=\cos\alpha-\sin\alpha\cdot x_1-\frac{1}{2}\cos\alpha\cdot x_1^2+\cdots$$

这里省略号表示高于一阶的项。

注意到式(5.5.18)，将这些 $\sin^2(\alpha+x_1)$ 和 $\cos(\alpha+x_1)$ 的展开式代入函数 V 的表达式中并合并同类项得

$$V=\omega[(\lambda+\omega)+\cos 2\alpha+\omega\cos^2\alpha]x_1^2+x_2^2+\sin^2\alpha\cdot x_3^2$$

$$+\omega\sin 2\alpha\cdot(\lambda+2\omega)x_1+\sin^2\alpha\cdot(\lambda+2\omega)x_3+\sin 2\alpha\cdot(\lambda+2\omega)x_1x_3+\cdots$$

为使函数 V 为正定的，必须首先消去含有 x_1,x_2,x_3 的一次项，在本例中只需令 $\lambda=-2\omega$ 就可以了。

当 $\lambda=-2\omega$ 时，函数 V 为

$$V=\omega^2\sin^2\alpha\cdot x_1^2+\sin^2\alpha\cdot x_3^2+\cdots$$

因为函数 V 相对 x_1,x_2 和 x_3 是正定的，则函数 V 基于首次积分(5.5.20)对时间的全导数恒等于 0，显然，球面摆的定常运动相对 $\theta,\dot{\theta}$ 和 $\dot{\varphi}$ 是稳定的。

【例 5.11】 人造地球卫星质心定常运动的稳定性。

在前面已经说明，人造地球卫星能够沿半径为 r_0 的圆周以常角速度运动。运动参数满足条件：

$$\omega^2r_0^3=\mu \tag{5.5.21}$$

卫星扰动运动中的位置由球坐标 r,θ,φ 确定，图 5.2.3 的卫星的动能 T 和势能 V 由式(5.2.20) 确定：

$$T=\frac{m}{2}(\dot{r}^2+r^2\dot{\theta}^2+r^2\cos^2\theta\dot{\varphi}^2),\quad V=-\mu\frac{m}{r}$$

因为作用在人造卫星上的引力是有势的，坐标 φ 为循环坐标，则存在两个首次积分：

$$T+V=\frac{m}{2}(\dot{r}^2+r^2\dot{\theta}^2+r^2\cos^2\theta\dot{\varphi}^2)-\mu\frac{m}{r}=\frac{m}{2}h$$

$$\frac{\partial T}{\partial\dot{\varphi}}=mr^2\cos^2\theta\dot{\varphi}=mn \tag{5.5.22}$$

这里 h 和 n 为常数，积分(5.5.22) 可由人造卫星质心扰动运动方程(5.2.22) 直接得到。

分析卫星沿圆轨道的定常运动相对量 $r,\dot{r},\theta,\dot{\theta},\dot{\varphi}$ 的稳定性，令

$$r=r_0+x_1,\quad \dot{r}=x_2,\quad \theta=x_3,\quad \dot{\theta}=x_4,\quad \dot{\varphi}=\omega+x_5$$

则积分可写为如下形式：

$$F_1=x_2^2+(r_0+x_1)^2x_4^2+(r_0+x_1)^2\cos^2x_3\cdot(\omega+x_5)^2-2\frac{\mu}{r_0+x_1}=h$$

$$F_2=(r_0+x_1)^2\cos^2x_3\cdot(\omega+x_5)=n \tag{5.5.23}$$

注意到，与例 5.10 中相同，两个扰动运动微分方程的首次积分也可由基本定理得到，并不需要建立动力学方程。此外，第一个首次积分(5.5.23) 可直接由(5.2.21) 的第二个方程得到，第二个首次积分可由这些方程的组合得到，但这个方法不仅需要建立方程(5.2.21) 或(5.5.22)，还需要从中计算首次积分。

研究卫星的未被扰运动，得到的首次积分中没有一个是正定的，李雅普诺夫函数 V 可由这些积分的组合形式得到

$$V=F_1-F_1(0)+\lambda[F_2-F_2(0)]+k[F_2^2-F_2^2(0)]$$

这里 λ,k 为常数。

将积分 F_1 和 F_2 的值代入 V 的表达式：

$$V=x_2^2+(r_0+x_1)^2x_4^2+(r_0+x_1)^2\cos^2x_3\cdot(\omega+x_5)^2-2\frac{\mu}{r_0+x_1}-r_0^2\omega^2+$$

$$2\frac{\mu}{r_0}+\lambda[(r_0+x_1)^2\cos^2 x_3\cdot(\omega+x_5)-r_0^2\omega]+$$
$$k[(r_0+x_1)^4\cos^4 x_3\cdot(\omega+x_5)^2-r_0^4\omega^2]$$

将这个等式的右端各项分别展为 $x_1,\cdots,x_5$ 的级数，有

$$\cos^2 x_3=(1-\frac{x_3^2}{2}+\cdots)^2=1-x_3^2+\cdots$$

$$\cos^4 x_3=(1-\frac{x_3^2}{2}+\cdots)^4=1-2x_3^2+\cdots$$

$$\frac{\mu}{r_0+x_1}=\frac{\mu}{r_0}-\mu\frac{x_1}{r_0^2}+\mu\frac{x_1^2}{r_0^3}+\cdots$$

这里省略号表示高于一阶的项。

将这些表达式代入函数 V 的表达式中并注意到定常运动中参数 ω 和 r_0 满足条件式(5.5.15)，那么由简单变换可得

$$V=\omega(-\omega+\lambda+6kr_0^2\omega)x_1^2+x_2^2-r_0^2\omega(\omega+\lambda+2r_2r_0^2\omega)x_3^2+$$
$$r_0^2x_4^2+r_0^2(1+kr_0^2)x_5^2+2r_0\omega(2\omega+\lambda+2kr_0^2\omega)x_1+$$
$$r_0^2(2\omega+\lambda+2kr_0^2\omega)x_5+2r_0(2\omega+\lambda+4kr_0^2\omega)x_1x_5+\cdots$$

为使函数 V 为定号的，需要首先令那些含有变量 x_1 和 x_5 一阶项的系数为 0。由此，数 λ,k 需要满足方程关系式：

$$2\omega+\lambda+2kr_0^2\omega=0$$

即

$$\lambda=-2\omega-2kr_0^2\omega$$

将 λ 值代入 V 的最后一个表达式，可得

$$V=\omega^2(4kr_0^2-3)x_1^2+x_2^2+r_0^2\omega^2x_3^2+r_0^2x_4^2+r_0^2(1+kr_0^2)x_5^2+4kr_0^3\omega x_1x_5+\cdots$$

将二次项分为两组：

$$V_1=x_2^2+r_0^2\omega^2x_3^2+r_0^2x_4^2$$

$$V_2=\omega^2(4kr_0^2-3)x_1^2+r_0^2(1+kr_0^2)x_5^2+4kr_0^3\omega x_1x_5$$

函数 V_1 相对于 x_2,x_3 和 x_4 是正定的。为使函数 V 相对于 x_1,x_2,x_3,x_4,x_5 是正定的，只需说明能够找到数 k 使 V_2 相对 x_1 和 x_5 是正定的。对函数 V_2 的希里维斯特准则为

$$\Delta_1=\omega^2(4kr_0^2-3)>0$$

$$\Delta_2=\begin{vmatrix}\omega^2(4kr_0^2-3) & 2kr_0^3\omega \\ 2kr_0^3\omega & r_0^2(1+kr_0^2)\end{vmatrix}=\omega^2r_0^2(kr_0^2-3)>0$$

由这些表达式可知，当 $k>3/r_0^2$ 时两个条件均成立，显然，函数 V_2 相对 x_1 和 x_5 是正定的，从而函数 V 相对于 x_1,x_2,x_3,x_4,x_5 是正定的，即证明了人造地球卫星定常运动相对量 $r,\dot{r},\theta,\dot{\theta}$ 和 $\dot{\varphi}$ 的稳定性。

应当说明的是，有时不能用选择积分组合的方法构建出适用的李雅普诺夫函数。在这种情况下需要尝试其他的积分组合。如果所有积分组合都不能够确定出运动稳定性条件，这并不意味着运动就是不稳定的，只是需要使用其他研究稳定性问题的方法。

再来分析一道渐近稳定性的例题。

【例 5.12】 位于阻尼环境下刚体平衡的渐进稳定性。

位于阻尼环境中的刚体相对惯性系平动(或静止),取这个运动作为未被扰运动,给刚体一个不大的扰动,使其相对平动坐标系 $C\xi\eta\zeta$ 开始旋转,该坐标系的原点与刚体的质心 C 重合。

假设,刚体运动的环境给出阻力矩 $\boldsymbol{M}$,与角速度 $\boldsymbol{\omega}$ 的某次幂成比例:

$$\boldsymbol{M} = -\kappa\omega^{\alpha}\frac{\boldsymbol{\omega}}{\omega} = -\kappa\omega^{\alpha-1}\boldsymbol{\omega} \tag{5.5.24}$$

式中　$\boldsymbol{\omega}$—— 扰动运动中刚体的角速度;

κ,α—— 正系数(它们可能是常的,也可能与 $\boldsymbol{\omega}$ 相关,$0 < \kappa_1 \leqslant \kappa(\omega) \leqslant \kappa_2$,$1 < \alpha_1 \leqslant \alpha(\omega) \leqslant \alpha_2$)。

除此之外,假设其他作用在刚体上的力没有相对质心的力矩。欧拉动力学方程为

$$J_x\frac{\mathrm{d}\omega_x}{\mathrm{d}t} + (J_z - J_y)\omega_z\omega_y = -\kappa\omega^{\alpha-1}\omega_x$$

$$J_y\frac{\mathrm{d}\omega_y}{\mathrm{d}t} + (J_x - J_z)\omega_x\omega_z = -\kappa\omega^{\alpha-1}\omega_y$$

$$J_z\frac{\mathrm{d}\omega_z}{\mathrm{d}t} + (J_y - J_x)\omega_y\omega_x = -\kappa\omega^{\alpha-1}\omega_z \tag{5.5.25}$$

式中　J_x,J_y,J_z—— 刚体的中心惯量主矩,$\omega_x,\omega_y,\omega_z$ 为刚体角速度在中心惯量主轴上的投影。刚体平动或处于静止时,则式(5.5.25)为扰动运动微分方程。

下面来证明刚体的未被扰动运动相对于量 $\omega_x,\omega_y,\omega_z$ 是渐进稳定的。为此将式(5.5.25)中的第一个方程乘上 ω_x,第二个方程乘上 ω_y,第三个方程乘上 ω_z 后求和并简单运算可得

$$J_x\omega_x\frac{\mathrm{d}\omega_x}{\mathrm{d}t} + J_y\omega_y\frac{\mathrm{d}\omega_y}{\mathrm{d}t} + J_z\omega_z\frac{\mathrm{d}\omega_z}{\mathrm{d}t} = -\kappa\omega^{\alpha-1}(\omega_x^2 + \omega_y^2 + \omega_z^2) \tag{5.5.26}$$

考虑到 $\omega = (\omega_x^2 + \omega_y^2 + \omega_z^2)^{\frac{1}{2}}$,则

$$\frac{1}{2}\frac{\mathrm{d}}{\mathrm{d}t}(J_x\omega_x^2 + J_y\omega_y^2 + J_z\omega_z^2) = -R(\omega_x^2 + \omega_y^2 + \omega_z^2)^{\frac{\alpha+1}{2}} \tag{5.5.27}$$

函数 $V = \frac{1}{2}(J_x\omega_x^2 + J_y\omega_y^2 + J_z\omega_z^2)$ 正定。

计算其基于扰动方程对时间的全导数,可知满足李雅普诺夫渐近稳定定理的全部条件。刚体基于上述假设的旋转运动相对于量 ω_x,ω_y 和 ω_z 渐近稳定。注意到,这里并不能够得到相对角变量的稳定性。

习　　题

1. 系统特征方程为

$$\lambda^4 + 5\lambda^3 + 10\lambda^2 + 7\lambda + 2 = 0$$

判断特征根的实部是否存在非负的。

2. 系统的运动微分方程为

$$\begin{cases}\dot{x}_1 = x_2 \\ \dot{x}_2 = -x_1 + \mu x_2 - 2x_1^2 x_2\end{cases}$$

μ 为常数，且 $-2 < \mu < 2$，判断何时可使用一阶近似方程判断平衡位置的稳定性。

3. 判断是否可使用一阶近似方程判断下列系统平衡位置的稳定性。

(1)
$$\begin{cases}\dot{x}_1 = -x_1 + x_2 \\ \dot{x}_2 = -x_1 - x_2 + \alpha x_2^3\end{cases}$$

(2)
$$\begin{cases}\dot{x}_1 = x_2 - x_1^3 \\ \dot{x}_2 = -x_1 + x_2\end{cases}$$

4. 使用胡尔维茨判据判断下列系统零解的稳定性。

$$\begin{cases}\dot{x}_1 = -3x_1 - 3x_2 + 2x_3 \\ \dot{x}_2 = x_1 + x_2 - x_3 \\ \dot{x}_3 = -3x_1 - x_2\end{cases}$$

5. 系统一阶扰动运动方程为

$$\begin{cases}\dot{x}_1 = x_2 \\ \dot{x}_2 = -a^2 x_1 - b x_2 \quad (a, b > 0)\end{cases}$$

分析其平衡位置的稳定性。

6. 判断下列二次型的符号性质。

(1) $V = x_1^2 + 4x_2^2 + x_3^2 + 2x_1x_2 - 6x_2x_3 - 2x_1x_3$；

(2) $V = -x_1^2 - 3x_2^2 - 11x_3^2 + 2x_1x_2 - 4x_2x_3 - 2x_1x_3$。

7. 系统扰动运动方程为

$$\begin{cases}\dot{x}_1 = -x_1 + x_2 + x_1(x_1^2 + x_2^2) \\ \dot{x}_2 = -x_1 - x_2 + x_2(x_1^2 + x_2^2)\end{cases}$$

函数 $V = x_1^2 + x_2^2$ 可否作为李雅普诺夫函数判断系统平衡位置的稳定性。

8. 有阻尼倒立摆系统

$$\begin{cases}\dot{x}_1 = x_2 \\ \dot{x}_2 = k^2 \sin x_1 - 2\mu x_2 \quad k > 0, \mu > 0\end{cases}$$

分析其平衡位置 $x_1 = x_2 = 0$ 的稳定性。

9. 如图所示，二维平面摆置于重力场中，选择总机械能为李雅普诺夫函数分析平衡位置 $\theta = 0$ 的稳定性。

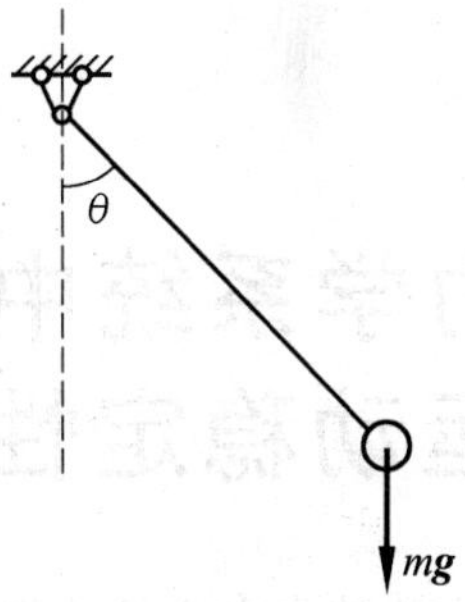

9 题图

10. 一质量为 m 的小环沿抛物线 $x^2=2pz$ 形状的光滑金属丝运动，系统以匀角速度 Ω 绕铅垂轴转动，分析小环的相对平衡位置及其稳定性。

11. 二维倒立摆如图所示，在基座及两杆连接处分别作用有刚度为 k_1 和 k_2 的蜗卷弹簧，分析其平衡位置及其稳定性。

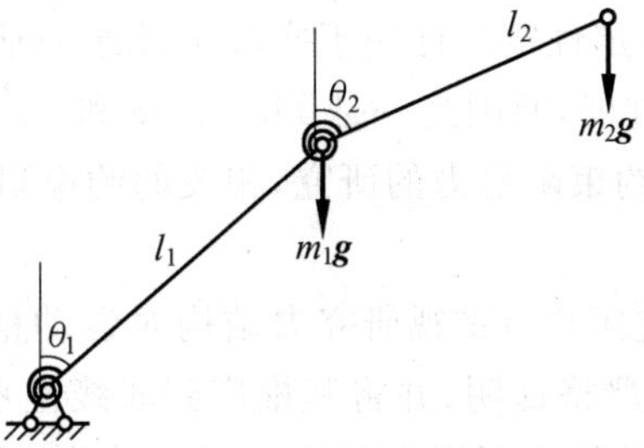

11 题图

第6章　力学系统中力的结构对运动稳定性的影响

李雅普诺夫运动稳定性研究方法的强大之处首先在于其万能性。但正因为如此，方法中没有包含对影响运动稳定性的不同物理因素的分析。然而在很多情况下，这种具有普遍意义的分析可能是十分有益的。这一章中我们将具体分析力学系统中各种不同的力如何影响运动稳定性。

力结构对运动稳定性影响的研究始于汤姆森(Thomson)和泰特(Tet)1879年的工作，他们给出了陀螺力的一般定义，并证明了4个运动稳定性的定理(注意到：与此问题有直接关联的拉格朗日平衡稳定性定理证明于实际上几乎只研究保守系统的年代)。这个方向随后70年左右都没有进展，原因之一是Thomson和Tet的定理只适用于线性自治系统。此外，这个理论不包含约束阻尼力的研究，相关的约束阻尼力在工程问题中较完整的出现始于20世纪中期。

在20世纪50年代初重新开始重视研究力结构对运动稳定性的影响，这一期间得到了Thomson和Tet定理的严格证明，并将其推广到非线性系统中去，同时得到了约束阻尼力相关的新结果，这些结果使得不同类型的力对运动稳定性的影响有了明确的物理解释。应当注意到，即使使用这些结论不能够减少计算量，它们在对影响运动稳定性的因素进行定性估计时仍然是有益的，特别是在系统的设计过程中。

§6.1　力的分类

设系统的位置由 l 个广义坐标 $q_1,\cdots,q_l$ 确定，其运动由拉格朗日第二类方程描述：

$$\frac{\mathrm{d}}{\mathrm{d}t}\frac{\partial T}{\partial \dot{q}_j}-\frac{\partial T}{\partial q_j}=Q_j(q,\dot{q})\qquad (j=1,\cdots,l) \tag{6.1.1}$$

系统的动能为

$$T=\frac{1}{2}\sum_{j=1}^{l}\sum_{k=1}^{l}a_{kj}\dot{q}_k\dot{q}_j \tag{6.1.2}$$

这个动能是广义速度的正定二次型，其系数 $a_{kj}(q)=a_{jk}(q)$ 依赖于 q，而广义力 Q_j 是坐标 q 和速度 $\dot{q}$ 的函数。

为了更具有直观性，在分析中引入正交空间 $(q_1,\cdots,q_l)$ 和两个向量：

$$\boldsymbol{q}=(q_1,\cdots,q_l)^{\mathrm{T}},\quad \boldsymbol{Q}=(Q_1,\cdots,Q_l)^{\mathrm{T}}$$

其中，第一个向量确定描述点 M 的位置，而第二个向量确定作用在这个点上的力。下面来研究力的一些具体特性。

6.1.1 线性力

首先分析力 $\boldsymbol{Q}$ 与描述点的位置矢量 $\boldsymbol{q}$ 和速度矢量 $\dot{\boldsymbol{q}}$ 线性相关的情况：

$$\boldsymbol{Q}=-\boldsymbol{C}_1\boldsymbol{q}-\boldsymbol{B}_1\dot{\boldsymbol{q}} \tag{6.1.3}$$

这里 $\boldsymbol{C}_1$ 和 $\boldsymbol{B}_1$ 是已知的 $l\times l$ 方阵。

将 $\boldsymbol{C}_1$ 和 $\boldsymbol{B}_1$ 分别分解为对称的 $\boldsymbol{C}$ 和 $\boldsymbol{B}$ 及反对称的 $\boldsymbol{P}$ 和 $\boldsymbol{G}$ 两部分，令

$$\boldsymbol{C}_1=\boldsymbol{C}+\boldsymbol{P},\quad \boldsymbol{B}_1=\boldsymbol{B}+\boldsymbol{G} \tag{6.1.4}$$

这里

$$\boldsymbol{C}=\boldsymbol{C}^{\mathrm{T}}=\frac{1}{2}(\boldsymbol{C}_1+\boldsymbol{C}_1^{\mathrm{T}}),\quad \boldsymbol{P}=-\boldsymbol{P}^{\mathrm{T}}=\frac{1}{2}(\boldsymbol{C}_1-\boldsymbol{C}_1^{\mathrm{T}})$$

$$\boldsymbol{B}=\boldsymbol{B}^{\mathrm{T}}=\frac{1}{2}(\boldsymbol{B}_1+\boldsymbol{B}_1^{\mathrm{T}}),\quad \boldsymbol{G}=-\boldsymbol{G}^{\mathrm{T}}=\frac{1}{2}(\boldsymbol{B}_1-\boldsymbol{B}_1^{\mathrm{T}}) \tag{6.1.5}$$

此时力 $\boldsymbol{Q}$ 可表示为

$$\boldsymbol{Q}=\boldsymbol{K}+\boldsymbol{R}+\boldsymbol{D}+\boldsymbol{\Gamma} \tag{6.1.6}$$

这里

$$\boldsymbol{K}=-\boldsymbol{C}\boldsymbol{q},\quad \boldsymbol{R}=-\boldsymbol{P}\boldsymbol{q},\quad \boldsymbol{D}=-\boldsymbol{B}\dot{\boldsymbol{q}},\quad \boldsymbol{\Gamma}=-\boldsymbol{G}\dot{\boldsymbol{q}} \tag{6.1.7}$$

力 $\boldsymbol{K}=-\boldsymbol{C}\boldsymbol{q}$，$\boldsymbol{C}=[C_{kj}]$ 为对称阵，称为有势的或保守的，其二次型为系统的势能：

$$V=\frac{1}{2}\boldsymbol{C}\boldsymbol{q}\cdot\boldsymbol{q}=\frac{1}{2}\sum_{k=1}^{l}\sum_{j=1}^{l}C_{kj}q_kq_j \tag{6.1.8}$$

由对称阵 $\boldsymbol{B}=[b_{kj}]$ 建立二次型：

$$F=\frac{1}{2}\boldsymbol{B}\dot{\boldsymbol{q}}\cdot\dot{\boldsymbol{q}}=\frac{1}{2}\sum_{k=1}^{l}\sum_{j=1}^{l}b_{kj}\dot{q}_k\dot{q}_j \tag{6.1.9}$$

如果这个函数非负，则称其为瑞利耗散函数；相应的力 $\boldsymbol{D}=-\boldsymbol{B}\dot{\boldsymbol{q}}$ 称为正阻尼耗散力（或称为耗散力）。如果二次型 F 正定，则阻尼力为完全耗散的，否则称为不完全耗散的。如果函数 F 可取负值，则在力 $\boldsymbol{D}=-\boldsymbol{B}\dot{\boldsymbol{q}}$ 的组成中存在加速力（负阻尼力），通常正阻尼耗散力是在阻尼环境中运动时自然出现的。加速力（负阻尼力），一般而言，是由专门的装置实现的。

与速度 $\dot{\boldsymbol{q}}$ 线性相关的力 $\boldsymbol{\Gamma}=-\boldsymbol{G}\dot{\boldsymbol{q}}$，其系数矩阵是反对称的，称为陀螺力，最常在包含陀螺的系统中出现，但也可能出现在其他系统中。

与坐标 $\boldsymbol{q}$ 线性相关的力 $\boldsymbol{R}=-\boldsymbol{P}\boldsymbol{q}$，其系数矩阵 $\boldsymbol{P}=[p_{kj}]$ 反对称，称为约束阻尼力。约束阻尼力有时自然产生，有时由特定的装置产生。

【例 6.1】 分解力 Q_1 和 Q_2：

$$Q_1=-5\dot{q}_1+q_1-2q_2,\quad Q_2=2\dot{q}_1+\dot{q}_2-6q_1-5q_2$$

其系数矩阵为 $\boldsymbol{C}_1$ 和 $\boldsymbol{B}_1$：

$$\boldsymbol{C}_1=\begin{bmatrix}-1 & 2\\ 6 & 5\end{bmatrix},\quad \boldsymbol{B}_1=\begin{bmatrix}5 & 0\\ -2 & -1\end{bmatrix}$$

求矩阵的转置：

$$\boldsymbol{C}_1^{\mathrm{T}}=\begin{bmatrix}-1 & 6\\ 2 & 5\end{bmatrix},\quad \boldsymbol{B}_1^{\mathrm{T}}=\begin{bmatrix}5 & -2\\ 0 & -1\end{bmatrix}$$

将矩阵 C_1 和 B_1 分解为对称和反对称矩阵之和的形式：

$$C=\frac{1}{2}(C_1+C_1^{T})=\begin{bmatrix}-1 & 4\\ 4 & 5\end{bmatrix},\quad P=\frac{1}{2}(C_1-C_1^{T})=\begin{bmatrix}0 & -2\\ 2 & 0\end{bmatrix}$$

$$B=\frac{1}{2}(B_1+B_1^{T})=\begin{bmatrix}5 & -1\\ -1 & -1\end{bmatrix},\quad G=\frac{1}{2}(B_1-B_1^{T})=\begin{bmatrix}0 & 1\\ -1 & 0\end{bmatrix}$$

建立势能函数 V 和瑞利函数 F：

$$V=\frac{1}{2}(-q_1^2+8q_1q_2+5q_2^2),\quad F=\frac{1}{2}(5\dot{q}_1^2-2\dot{q}_1\dot{q}_2-\dot{q}_2^2)$$

例中瑞利函数既可取正值（如当 $\dot{q}_1\neq 0,\dot{q}_2=0$），也可取负值（如当 $\dot{q}_1=0,\dot{q}_2\neq 0$）。因此耗散力 $-B\dot{q}$ 有正负两部分。有势力 $-Cq$，约束阻尼力 $-Pq$，耗散力 $-B\dot{q}$ 和陀螺力 $-G\dot{q}$ 分别为

$$\begin{bmatrix}q_1-4q_2\\ -4q_1-5q_2\end{bmatrix},\begin{bmatrix}2q_2\\ -2q_1\end{bmatrix},\begin{bmatrix}-5\dot{q}_1+\dot{q}_2\\ \dot{q}_1+\dot{q}_2\end{bmatrix},\begin{bmatrix}-\dot{q}_2\\ \dot{q}_1\end{bmatrix}$$

6.1.2 非线性力

上述对线性力的分类方法对线性系统而言是极为方便的，但是对于非线性力这种方法不再适用，需要考察力更一般的特征。

已知有势力 $K(q)$ 做功与质点运动的路径无关，对这个力有下列等式成立：

$$K(q)=-\boldsymbol{grad}(V) \tag{6.1.10}$$

其分量式为

$$K_j=-\frac{\partial V}{\partial q_j}\quad (j=1,\cdots,l) \tag{6.1.11}$$

式中 V—— 势能函数。

为使由描述点位置表示的力 $K(q)$ 为有势的，必要且充分的是其各分量满足下列关系式：

$$\frac{\partial K_j}{\partial q_k}=\frac{\partial K_k}{\partial q_j}\quad (k,j=1,\cdots,l) \tag{6.1.12}$$

（这些条件的必要性可由(6.1.11)直接得到）。

对线性力 $K=-Cq$，式(6.1.10)～(6.1.12)同样成立，可由式(6.1.8)直接得到。

陀螺力 $\Gamma(\dot{q})$ 的功率恒等于零：

$$\Gamma\cdot\dot{q}=\sum_{k=1}^{l}\Gamma_k\dot{q}_k=0 \tag{6.1.13}$$

可知陀螺力与描述点 M 的速度 $\dot{q}$ 正交。对于线性陀螺力 $\Gamma=-G\dot{q}$，由矩阵 G 的反对称性可知乘积 $\Gamma\cdot\dot{q}=-G\dot{q}\cdot\dot{q}$ 恒等于 0。

耗散力 $D(\dot{q})$ 的自变量为描述点 M 的速度 $\dot{q}$，正阻尼的耗散力做负功：

$$N=D\cdot\dot{q}=\sum_{k=1}^{l}D_k\dot{q}_k\leqslant 0 \tag{6.1.14}$$

而负阻尼做正功。如果功率 $N(\dot{q})$ 是速度 $\dot{q}_k$ 的负定函数，则耗散力称为全局的；如果功率 $N(\dot{q})$ 只是常负的函数，则耗散力称为非全局的或局部的。

由约束阻尼力的定义可知，它与描述点 M 的位置矢量 $\boldsymbol{q}$ 垂直（因为矩阵 $\boldsymbol{P}$ 反对称）。由这个特性，称只与系统坐标 q_k 相关并与描述点的位置矢量 $\boldsymbol{q}$ 垂直的力 $\boldsymbol{R}(\boldsymbol{q})$ 为约束阻尼力，即

$$\boldsymbol{R}\cdot\boldsymbol{q}=-\boldsymbol{P}\boldsymbol{q}\cdot\boldsymbol{q}\equiv 0 \tag{6.1.15}$$

前面已经说明了与坐标和速度线性相关的任意力都可以分解为有势力 $\boldsymbol{K}$，约束阻尼力 $\boldsymbol{R}$、陀螺力 $\boldsymbol{\Gamma}$ 和耗散力 $\boldsymbol{D}$。现在来说明同样的分解可方便地推广至非线性力的分解中。

1. 力 $\boldsymbol{Q}(\boldsymbol{q})$ 仅与位置相关

定理　任何仅与系统位置相关的力 $\boldsymbol{Q}(\boldsymbol{q})$，如果与其一阶导数均为连续的，则可以分解为有势力和约束阻尼力

$$\boldsymbol{Q}(\boldsymbol{q})=-\boldsymbol{grad}V+\boldsymbol{R}(\boldsymbol{q}) \tag{6.1.16}$$

式中　V—— 势能。

证明　将等式(6.1.16)的两端点乘描述点的矢径 $\boldsymbol{q}$，有

$$\boldsymbol{Q}\cdot\boldsymbol{q}=-(\boldsymbol{grad}V)\cdot\boldsymbol{q}+\boldsymbol{R}\cdot\boldsymbol{q} \tag{6.1.17}$$

由式(6.1.16)

$$\boldsymbol{Q}\cdot\boldsymbol{q}=-(\boldsymbol{grad}V)\cdot\boldsymbol{q} \tag{6.1.18}$$

这个等式的左侧为坐标 $q_1,\cdots,q_l$ 的已知函数（因为 $\boldsymbol{Q}$ 已知）。定义这个函数为 H：

$$H(q_1,\cdots,q_l)=\boldsymbol{Q}\cdot\boldsymbol{q}=\sum_{k=1}^{l}Q_kq_k \tag{6.1.19}$$

如果函数 H 恒等于 0，则根据等式(6.1.15)，力 $\boldsymbol{Q}$ 为约束阻尼力。

分析一般情况，即当 H 和势能 V 不等于 0 时。将式(6.1.18)写为标量形式，同时考虑到等式(6.1.19)，有

$$q_1\frac{\partial V}{\partial q_1}+\cdots+q_l\frac{\partial V}{\partial q_l}=-H \tag{6.1.20}$$

在这个等式中函数 H 已知，而函数 V 未知。因此，式(6.1.20)可视为势能偏导数的线性非齐次微分方程。方程(6.1.20)的解与下列常数微分方程组的解相同：

$$\frac{\mathrm{d}q_1}{q_1}=\cdots=\frac{\mathrm{d}q_{l-1}}{q_{l-1}}=\frac{\mathrm{d}q_l}{q_l}=\frac{\mathrm{d}V}{-H}$$

由前 $l-1$ 个方程可得

$$q_1=c_1q_l,\cdots,q_{l-1}=c_{l-1}q_l \tag{6.1.21}$$

式中　$c_1,\cdots,c_{l-1}$—— 任意积分常数。

最后一个方程：　$\dfrac{\mathrm{d}q_l}{q_l}=\dfrac{\mathrm{d}V}{-H}$

可转化为

$$\mathrm{d}V=-\frac{H(q_1,\cdots,q_l)}{q_l}\mathrm{d}q_l \tag{6.1.22}$$

将函数 H 中的变量 $q_1,\cdots,q_{l-1}$ 由式(6.1.21)替换，此时函数与唯一一个变量 q_l 和常数 $c_1,\cdots,c_{l-1}$ 相关。对等式(6.1.22)进行积分可得

$$V=-\int\frac{H(c_1q_l,\cdots,c_{l-1}q_l,q_l)}{q_l}\mathrm{d}q_l+c_l$$

式中 c_l——新的积分常数。

偏导数方程(6.1.20)的一般解现在可表示为如下形式：

$$V=-\int\frac{H(c_1q_l,\cdots,c_{l-1}q_l,q_l)}{q_l}\mathrm{d}q_l+\Psi(\frac{q_1}{q_l},\cdots,\frac{q_{l-1}}{q_l})$$

式中 Ψ——任意函数。

由 $H=0$ 时势能为0(见式(6.1.19)的解释)，因此，令 $\Psi=0$，可得势能的最终表达式：

$$V=-\int\frac{H(c_1q_l,\cdots,c_{l-1}q_l,q_l)}{q_l}\mathrm{d}q_l \tag{6.1.23}$$

当然，计算积分后，其中的积分常数 $c_1,\cdots,c_{l-1}$ 需要由其在式(6.1.21)中的得数替换。

当势能 V 确定后，由式(6.1.16)约束阻尼力 $\boldsymbol{R}$ 可表示为

$$\boldsymbol{R}=\boldsymbol{Q}+\boldsymbol{grad}V \tag{6.1.24}$$

有势力 $\boldsymbol{K}=-\boldsymbol{grad}V$ 的分量为(由式(6.1.11))

$$K_1=-\frac{\partial V}{\partial q_1},\cdots,K_l=-\frac{\partial V}{\partial q_l} \tag{6.1.25}$$

因此，由式(6.1.24)约束阻尼力的分量为

$$R_1=Q_1+\frac{\partial V}{\partial q_1},\cdots,R_l=Q_l+\frac{\partial V}{\partial q_l} \tag{6.1.26}$$

注意到，线性位置力 $\boldsymbol{Q}=-\boldsymbol{c}_1\boldsymbol{q}$ 的表达式(6.1.5)同样可以由式(6.1.25)和(6.1.26)得到，但这时方法比较复杂，通常只是对非线性系统使用此方法。

【例 6.2】 给定仅与位置相关的位置力。

$$Q_1=q_1^3+q_1q_2^3,Q_2=q_1^2q_2^2+2q_2^5 \tag{6.1.27}$$

将其分解为有势力和约束阻尼力。

由式(6.1.19)构成函数

$$H=Q_1q_1+Q_2q_2=q_1^4+2q_1^2q_2^3+2q_2^6$$

此时积分(6.1.21)为

$$q_1=cq_2$$

将这个 q_1 值代入函数 H：

$$H=c^4q_2^4+2c^2q_2^5+2q_2^6$$

由式(6.1.23)计算势能 V 有

$$V=-\int\frac{c^4q_2^4+2c^2q_2^5+2q_2^6}{q_2}\mathrm{d}q_2$$

或

$$V=-\frac{1}{4}c^4q_2^4-\frac{2}{5}c^2q_2^5-\frac{1}{3}q_2^6$$

取代常数 c 使用其值 $\frac{q_1}{q_2}$，可得势能的最终表达式：

$$V=-(\frac{1}{4}q_1^4+\frac{2}{5}q_1^2q_2^3+\frac{1}{3}q_2^6) \tag{6.1.28}$$

注意到当 $q_1=q_2=0$ 时，势能取极大值(因为对变量 q_1^2 和 q_2^3 有希里维斯特准则成立：$\Delta_1=-\frac{1}{4}<0,\Delta_2=\frac{13}{300}>0$)。

有势力 $\boldsymbol{K}$ 和约束阻尼力 $\boldsymbol{R}$ 的分量可由式(6.1.25)和(6.1.26)得到

$$K_1 = q_1^3 + \frac{4}{5}q_1 q_2^3,\quad K_2 = \frac{6}{5}q_1^2 q_2^2 + 2q_2^5 \tag{6.1.29}$$

$$R_1 = \frac{1}{5}q_1 q_2^3,\quad R_2 = -\frac{1}{5}q_1^2 q_2^2 \tag{6.1.30}$$

容易证明,分量 R_1 和 R_2 都满足条件(6.1.15)。

2. 力 $\boldsymbol{Q}(\dot{\boldsymbol{q}})$ 仅与描述点 M 的速度 $\dot{\boldsymbol{q}}$ 相关

现在分析力 $\boldsymbol{Q}(\dot{\boldsymbol{q}})$ 仅与描述点 M 的速度 $\dot{\boldsymbol{q}}$ 相关的情况。如果从这个力中划分出陀螺力部分 $\boldsymbol{\Gamma}$(不做功的力),则相应于定义剩余的部分即为耗散力

$$\boldsymbol{Q}(\dot{\boldsymbol{q}}) = \boldsymbol{D}(\dot{\boldsymbol{q}}) + \boldsymbol{\Gamma}(\dot{\boldsymbol{q}}) \tag{6.1.31}$$

来说明。耗散力 $\boldsymbol{D}(\dot{\boldsymbol{q}})$ 可以表示为某标量函数 $F(\dot{\boldsymbol{q}})$ 的梯度

$$\boldsymbol{D} = -\boldsymbol{grad}F \tag{6.1.32}$$

在这个等式中梯度 $\boldsymbol{D}$ 在速度空间($\dot{q}_1,\cdots,\dot{q}_l$)中确定,有

$$D_k = -\frac{\partial F}{\partial \dot{q}_k}\quad (k=1,\cdots,l) \tag{6.1.33}$$

同时必须有下列等式成立:

$$-\frac{\partial D_k}{\partial \dot{q}_j} = \frac{\partial D_j}{\partial \dot{q}_k}\quad (k,j=1,\cdots,l) \tag{6.1.34}$$

为证明结论只需注意到速度空间中陀螺力 $\boldsymbol{\Gamma}$ 的定义与坐标空间($q_1,\cdots,q_l$)中约束阻尼力 $\boldsymbol{R}$ 满足相同的正交条件(6.1.13)和(6.1.15)。因此,重复位置力分解类似的过程,可以证明下列定理:

定理　仅与系统速度相关的任意函数 $\boldsymbol{Q}(\dot{\boldsymbol{q}})$,如果与其一阶导数都是连续的,则可以分解为两个力的和:

$$\boldsymbol{Q}(\dot{\boldsymbol{q}}) = -\boldsymbol{grad}F + \boldsymbol{\Gamma} \tag{6.1.35}$$

式中　$\boldsymbol{\Gamma}$—— 陀螺力;

F—— 速度 $\dot{\boldsymbol{q}}$ 的标量函数。

比较式(6.1.35)和(6.1.31),可得(6.1.32)。函数 $F(\dot{\boldsymbol{q}})$ 是阻尼力的"势能"。

考虑到式(6.1.32)和(6.1.33),计算阻尼力的功率:

$$N(\dot{\boldsymbol{q}}) = \boldsymbol{D}\cdot\dot{\boldsymbol{q}} = -\boldsymbol{grad}(F)\cdot\dot{\boldsymbol{q}} = -\sum_{k=1}^{l}\frac{\partial F}{\partial \dot{q}_k}\dot{q}_k \tag{6.1.36}$$

如果阻尼力 $\boldsymbol{D}$ 的分量 D_k 相对速度是齐次的且其次数为 m,则函数 F 也是齐次的,同时其次数显然为 $m+1$。在这种情况下,由式(6.1.36),根据欧拉齐次函数定理可得

$$N = -(m+1)F \tag{6.1.37}$$

其中,对于线性阻尼力有 $N=-2F$。

由式(6.1.37)可见,完全耗散的正阻尼齐次力相当于正定的耗散函数 F,而当其为局部耗散时,只是常正函数 F。

一般,如果不特别说明,阻尼力 $\boldsymbol{D}$ 的作用将认为是正阻尼的(耗散力)。在少数情况下,当分析负阻尼力时,称其为加速力。

在前面的分析中,假定陀螺力 $\boldsymbol{\Gamma}$ 和阻尼力 $\boldsymbol{D}$ 仅与速度 $\dot{\boldsymbol{q}}$ 相关。实际上,这些力也往往

与系统的位置,即与描述点 M 的矢径 $\boldsymbol{q}$ 也相关,表示为

$$\boldsymbol{\Gamma}=\boldsymbol{\Gamma}(\boldsymbol{q},\dot{\boldsymbol{q}}),\quad \boldsymbol{D}=\boldsymbol{D}(\boldsymbol{q},\dot{\boldsymbol{q}})$$

如果描述点 M 的矢径 $\boldsymbol{q}$ 仅视为参数,则所有这些力的定义都保持不变。假设力 $\boldsymbol{\Gamma}$ 和 $\boldsymbol{D}$ 在 $\dot{\boldsymbol{q}}=0$ 时为零

$$\boldsymbol{\Gamma}(\boldsymbol{q},0)=0,\quad \boldsymbol{D}(\boldsymbol{q},0)=0 \tag{6.1.38}$$

同时假设,当 $\dot{\boldsymbol{q}}\neq 0$ 时这些力在 $\boldsymbol{q}$ 为任意接近于点 $\boldsymbol{q}=0$ 的值时都不为零。

耗散力 $\boldsymbol{D}$ 的功率现在不仅与速度 $\dot{\boldsymbol{q}}$,也与位置 $\boldsymbol{q}$ 相关:

$$N(\boldsymbol{q},\dot{\boldsymbol{q}})=\boldsymbol{D}(\boldsymbol{q},\dot{\boldsymbol{q}})\cdot\dot{\boldsymbol{q}} \tag{6.1.39}$$

完全和局部耗散力的定义几乎没有改变:耗散力 $\boldsymbol{D}$ 为完全的(局部的),如果力 $\boldsymbol{D}$ 的功率 $N(\boldsymbol{q},\dot{\boldsymbol{q}})$ 对于 $\boldsymbol{q}=0$ 附近的所有 $\boldsymbol{q}$ 值为速度 $\dot{\boldsymbol{q}}$ 的负定(常负)函数。

【例 6.3】 说明与速度线性相关的力 $\boldsymbol{\Gamma}$ 为陀螺力:

$$\Gamma_1=\cos\beta\dot{\beta},\quad \Gamma_2=-\cos\beta\dot{\alpha}$$

计算力 $\boldsymbol{\Gamma}$ 的功率:

$$N=\Gamma_1\dot{\alpha}+\Gamma_2\dot{\beta}=\cos\beta\dot{\beta}\dot{\alpha}+(-\cos\beta\dot{\alpha})\dot{\beta}$$

这个功率恒等于零,因此力 $\boldsymbol{\Gamma}$ 为陀螺力。

【例 6.4】 说明下列与速度非线性相关的力 $\boldsymbol{\Gamma}$ 是陀螺力。

$$\Gamma_1=(B-C)\dot{x}_2\dot{x}_3,\quad \Gamma_2=(C-A)\dot{x}_3\dot{x}_1,\quad \Gamma_3=(A-B)\dot{x}_1\dot{x}_2$$

式中　A,B,C—— 坐标 x_1,x_2,x_3 和速度 $\dot{x}_1,\dot{x}_2,\dot{x}_3$ 的任意函数。

与例 6.3 类似,力 $\boldsymbol{\Gamma}$ 的功率 $N=\Gamma_1\dot{x}_1+\Gamma_2\dot{x}_2+\Gamma_3\dot{x}_3$ 恒等于零,因此其为陀螺力。

【例 6.5】 说明下列耗散力 $\boldsymbol{D}$ 是完全耗散的正阻尼力

$$D_1=-[1+\cos^2(q_1+q_2)]\dot{q}_1^2\,\mathrm{sign}\,\dot{q}_1,\quad D_2=-(\dot{q}_2+\dot{q}_2^3)$$

这个力的功率为

$$N=D_1\dot{q}_1+D_2\dot{q}_2=-\{[1+\cos^2(q_1+q_2)]\dot{q}_1^2\mid\dot{q}_1\mid+\dot{q}_2^2+\dot{q}_2^4\}$$

在 q_1 和 q_2 为任意值时是速度 $\dot{q}_1$ 和 $\dot{q}_2$ 的负定函数(在计算 N 时注意到 $\dot{q}_1 sing\dot{q}_1=|\dot{q}_1|$)。

其瑞利函数为

$$F=\frac{1}{3}[1+\cos^2(q_1+q_2)]\mid\dot{q}_1\mid^3+\frac{1}{2}\dot{q}_2^2+\frac{1}{4}\dot{q}_2^4$$

这个函数满足等式(6.1.33),因为

$$\frac{\mathrm{d}}{\mathrm{d}\dot{q}_1}\mid\dot{q}_1\mid^3=3\mid\dot{q}_1\mid^2\frac{\mathrm{d}}{\mathrm{d}\dot{q}_1}\mid\dot{q}_1\mid=3\dot{q}_1^2 sing\dot{q}_1$$

【例 6.6】 分解下列力:

$$Q_1=-\dot{q}_1^3\dot{q}_2^2,\quad Q_2=-\dot{q}_1^2\dot{q}_2^3$$

陀螺力和阻尼力部分:

$$\Gamma_1=\frac{1}{3}(\dot{q}_1\dot{q}_2^4-\dot{q}_1^3\dot{q}_2^2),\quad \Gamma_2=\frac{1}{3}(\dot{q}_1^4\dot{q}_2-\dot{q}_1^2\dot{q}_2^3)$$

$$D_1=-\frac{2}{3}\dot{q}_1^3\dot{q}_2^2-\frac{1}{3}\dot{q}_1\dot{q}_2^4,\quad D_2=-\frac{2}{3}\dot{q}_1^2\dot{q}_2^3-\frac{1}{3}\dot{q}_1^4\dot{q}_2$$

容易检验,陀螺力 Γ_1 和 Γ_2 满足条件(6.1.13),而力 D_1 和 D_2 满足(6.1.14)。此时函数 F 为

$$F=\frac{1}{6}\dot{q}_1^4\dot{q}_2^2+\frac{1}{6}\dot{q}_1^2\dot{q}_2^4$$

因为这个函数正定，即为完全耗散。

§6.2　不同类型的力在扰动运动方程中的描述

系统的扰动运动方程可表示为

$$\frac{\mathrm{d}}{\mathrm{d}t}\frac{\partial T}{\partial \dot{q}_k}-\frac{\partial T}{\partial q_k}=-\frac{\partial V}{\partial q_k}+D_k+\Gamma_k+R_k \tag{6.2.1}$$

其中动能 T 为速度 $\dot{\boldsymbol{q}}$ 的正定二次型：

$$T=\frac{1}{2}\sum_{k=1}^{l}\sum_{j=1}^{l}a_{kj}\dot{q}_k\dot{q}_j \tag{6.2.2}$$

式中　$a_{kj}=a_{jk}$ —— 广义坐标 $\boldsymbol{q}$ 的函数。

设当 $\boldsymbol{q}=0$ 时势能为零。除此之外，设当 $\boldsymbol{q}=0$ 时，有势力和约束阻尼力为零，而当 $\dot{\boldsymbol{q}}=0$ 时耗散力和陀螺力为零。

方程的右端项分别作为有势、耗散、陀螺、约束阻尼力，对于这些力仅需假设它们满足 6.1 节中给出的定义和微分方程(6.2.1) 解的存在与唯一条件，不需要再对这些力做任何限制。它们可以是线性的，也可以是非线性的。

所有研究约束定常的系统平衡稳定性的问题及定常运动稳定性的问题都可以转化为研究扰动运动方程(6.2.1)。抛开实际的具体问题，认为 $\boldsymbol{q}=0$ 和 $\dot{\boldsymbol{q}}=0$ 对应于系统的平衡状态，方程(6.2.1) 描述了平衡位置附近的扰动运动。问题转变为如下形式：如何根据作用力的结构来确定系统平衡的稳定性？基于拉格朗日定理及其推广研究保守系统平衡位置的势能，并由分析方程右端部分来确定平衡稳定性可视为此类问题的一个例子。

分析式(6.2.1) 中所有力对 $\boldsymbol{q}$ 和 $\dot{\boldsymbol{q}}$ 展开式中含有非线性项的情况。此时，系统扰动运动方程可写作：

$$\boldsymbol{A}\ddot{\boldsymbol{q}}+\boldsymbol{B}_1\dot{\boldsymbol{q}}+\boldsymbol{C}_1\boldsymbol{q}=\boldsymbol{Q}^{(2)} \tag{6.2.3}$$

式中　$\boldsymbol{A}$—— 正定系数矩阵；

$\boldsymbol{B}_1,\boldsymbol{C}_1$—— 表征线性项的系数方阵(所有矩阵的元素值为常数)，矢量 $\boldsymbol{Q}^{(2)}$ 的分量中包含所有高于一阶的坐标 q_k 和速度 $\dot{q}_k$ 项。

利用式(6.1.4) 和(6.1.5) 将矩阵 $\boldsymbol{B}_1$ 和 $\boldsymbol{C}_1$ 分解为对称和反对称部分，有

$$\boldsymbol{A}\ddot{\boldsymbol{q}}+\boldsymbol{B}\dot{\boldsymbol{q}}+\boldsymbol{G}\dot{\boldsymbol{q}}+\boldsymbol{C}\boldsymbol{q}+\boldsymbol{P}\boldsymbol{q}=\boldsymbol{Q}^{(2)} \tag{6.2.4}$$

系统的动能为式(6.2.2)，其中设系数 a_{kj} 为常数。有势力、约束阻尼力，陀螺力和耗散力由式(6.1.7) 给出，势能由式(6.1.8)、瑞利函数由式(6.1.9) 确定。

扰动运动方程(6.2.4) 还可以写为另两种形式，引入变量：

$$\boldsymbol{q}=\boldsymbol{\Lambda Z}$$

式中　$\boldsymbol{\Lambda}$—— 正交变化矩阵。代入方程(6.2.4) 后有

$$\boldsymbol{A\Lambda}\ddot{\boldsymbol{Z}}+\boldsymbol{B\Lambda}\dot{\boldsymbol{Z}}+\boldsymbol{G\Lambda}\dot{\boldsymbol{Z}}+\boldsymbol{C\Lambda Z}+\boldsymbol{P\Lambda Z}=\boldsymbol{Z}_1$$

方程的两边同时左乘转置矩阵 $\boldsymbol{\Lambda}^{\mathrm{T}}$：

$$\boldsymbol{\Lambda}^{\mathrm{T}}\boldsymbol{A}\boldsymbol{\Lambda}\ddot{\boldsymbol{Z}}+\boldsymbol{\Lambda}^{\mathrm{T}}\boldsymbol{B}\boldsymbol{\Lambda}\dot{\boldsymbol{Z}}+\boldsymbol{\Lambda}^{\mathrm{T}}\boldsymbol{G}\boldsymbol{\Lambda}\dot{\boldsymbol{Z}}+\boldsymbol{\Lambda}^{\mathrm{T}}\boldsymbol{C}\boldsymbol{\Lambda}\boldsymbol{Z}+\boldsymbol{\Lambda}^{\mathrm{T}}\boldsymbol{P}\boldsymbol{\Lambda}\boldsymbol{Z}=\boldsymbol{\Lambda}^{\mathrm{T}}\boldsymbol{Z}_1 \tag{6.2.5}$$

这里令 $\boldsymbol{Z}^{(2)}=\boldsymbol{\Lambda}^{\mathrm{T}}\boldsymbol{Z}_1$，其分量为高于 Z_k 和 Z_k 一阶的项。注意到矩阵 $\boldsymbol{A}$ 和 $\boldsymbol{C}$ 是对称的，并且矩阵 $\boldsymbol{A}$ 正定，由矩阵分析理论可知存在着非奇异正交阵 $\boldsymbol{\Lambda}$，使得

$$\boldsymbol{\Lambda}^{\mathrm{T}}\boldsymbol{A}\boldsymbol{\Lambda}=\boldsymbol{E},\boldsymbol{\Lambda}^{\mathrm{T}}\boldsymbol{C}\boldsymbol{\Lambda}=\boldsymbol{C}_0$$

式中　$\boldsymbol{E}$—— 单位阵；

$\boldsymbol{C}_0$—— 对角阵。

容易看出，矩阵 $\boldsymbol{\Lambda}^{\mathrm{T}}\boldsymbol{B}\boldsymbol{\Lambda}$ 对称，而矩阵 $\boldsymbol{\Lambda}^{\mathrm{T}}\boldsymbol{G}\boldsymbol{\Lambda}$ 和 $\boldsymbol{\Lambda}^{\mathrm{T}}\boldsymbol{P}\boldsymbol{\Lambda}$ 反对称。事实上，由矩阵置换准则及矩阵 $\boldsymbol{B}$ 的对称性有

$$(\boldsymbol{\Lambda}^{\mathrm{T}}\boldsymbol{B}\boldsymbol{\Lambda})^{\mathrm{T}}=(\boldsymbol{B}\boldsymbol{\Lambda})^{\mathrm{T}}(\boldsymbol{\Lambda}^{\mathrm{T}})^{\mathrm{T}}=\boldsymbol{\Lambda}^{\mathrm{T}}\boldsymbol{B}^{\mathrm{T}}\boldsymbol{\Lambda}=\boldsymbol{\Lambda}^{\mathrm{T}}\boldsymbol{B}\boldsymbol{\Lambda}$$

从而证明了矩阵 $\boldsymbol{\Lambda}^{\mathrm{T}}\boldsymbol{B}^{\mathrm{T}}\boldsymbol{\Lambda}$ 的对称性。

分析反对称阵 $\boldsymbol{G}$(或 $\boldsymbol{P}$)，有

$$(\boldsymbol{\Lambda}^{\mathrm{T}}\boldsymbol{G}\boldsymbol{\Lambda})^{\mathrm{T}}=(\boldsymbol{G}\boldsymbol{\Lambda})^{\mathrm{T}}=(\boldsymbol{G}\boldsymbol{\Lambda})^{\mathrm{T}}(\boldsymbol{\Lambda}^{\mathrm{T}})^{\mathrm{T}}=\boldsymbol{\Lambda}^{\mathrm{T}}\boldsymbol{G}^{\mathrm{T}}\boldsymbol{\Lambda}$$

考虑到矩阵 $\boldsymbol{G}$ 反对称($\boldsymbol{G}^{\mathrm{T}}=-\boldsymbol{G}$) 有

$$(\boldsymbol{\Lambda}^{\mathrm{T}}\boldsymbol{G}\boldsymbol{\Lambda})^{\mathrm{T}}=-\boldsymbol{\Lambda}^{\mathrm{T}}\boldsymbol{G}\boldsymbol{\Lambda}$$

矩阵 $\boldsymbol{\Lambda}^{\mathrm{T}}\boldsymbol{G}\boldsymbol{\Lambda}$ 反对称。类似的变换当然对矩阵 $\boldsymbol{\Lambda}^{\mathrm{T}}\boldsymbol{P}\boldsymbol{\Lambda}$ 也是成立的。因此，方程(6.2.5)可写作

$$\ddot{\boldsymbol{Z}}+\boldsymbol{B}\dot{\boldsymbol{Z}}+\boldsymbol{G}\dot{\boldsymbol{Z}}+\boldsymbol{C}_0\boldsymbol{Z}+\boldsymbol{P}\boldsymbol{Z}=\boldsymbol{Z}^{(2)} \tag{6.2.6}$$

这里为简化，将对称阵 $\boldsymbol{\Lambda}^{\mathrm{T}}\boldsymbol{B}^{\mathrm{T}}\boldsymbol{\Lambda}$ 和反对称阵 $\boldsymbol{\Lambda}^{\mathrm{T}}\boldsymbol{G}\boldsymbol{\Lambda}$ 和 $\boldsymbol{\Lambda}^{\mathrm{T}}\boldsymbol{P}\boldsymbol{\Lambda}$ 分别按先前的字母 $\boldsymbol{B}$，$\boldsymbol{G}$ 和 $\boldsymbol{P}$ 来表示。

我们使用矩阵分析的基本的定理变换了方程(6.2.4)中的矩阵 $\boldsymbol{A}$ 和 $\boldsymbol{C}$，得到了一种新形式的扰动运动方程。类似地，可以改变矩阵 $\boldsymbol{A}$ 和 $\boldsymbol{B}$，得到另一种形式的扰动运动方程：

$$\ddot{\boldsymbol{Z}}+\boldsymbol{B}_0\dot{\boldsymbol{Z}}+\boldsymbol{G}\dot{\boldsymbol{Z}}+\boldsymbol{C}\boldsymbol{Z}+\boldsymbol{P}\boldsymbol{Z}=\boldsymbol{Z}^{(2)} \tag{6.2.7}$$

在方程(6.2.6)和(6.2.7)中 $\boldsymbol{C}_0$ 和 $\boldsymbol{B}_0$ 为实对称阵：

$$\boldsymbol{C}_0=\begin{bmatrix} c_1 & \cdots & 0 \\ \vdots & c_2 & \vdots \\ 0 & \cdots & c_l \end{bmatrix},\quad \boldsymbol{B}_0=\begin{bmatrix} b_1 & \cdots & 0 \\ \vdots & b_2 & \vdots \\ 0 & \cdots & b_l \end{bmatrix} \tag{6.2.8}$$

由此，由线性正交变换 $\boldsymbol{q}=\boldsymbol{\Lambda}\boldsymbol{Z}$ 方程可转化为式(6.2.6)或(6.2.7)之一，同时有势力，约束阻尼力，陀螺力和耗散力都保持结构不变。显然，由坐标 $\boldsymbol{Z}$ 和速度 $\dot{\boldsymbol{Z}}$ 的稳定性(不稳定性)即可得对应坐标 $\boldsymbol{q}$ 和速度 $\dot{\boldsymbol{q}}$ 的稳定性，反之亦然。因此在运动稳定性分析中，变换 $\boldsymbol{q}=\boldsymbol{\Lambda}\boldsymbol{Z}$ 本身我们并不感兴趣，只需要知道这个变换存在就可以了。

分析方程(6.2.7)中的阻尼力 $\boldsymbol{B}_0\dot{\boldsymbol{Z}}$。如果系数 $b_k>0$，对应的这个力的分量一定使运动减缓，如果 $b_k<0$，则力的这个分量将使运动加速。如果 $\sum b_k>0$，认为耗散力优于加速力，如果 $\sum b_k<0$，则加速力优于耗散力。当没有加速力时矩阵 $\boldsymbol{B}_0$ 的分量 b_k 中没有负的(可能有为 0 的元素)，而全局耗散时所有元素 b_k 为正。

正交变换时矩阵行列式是不变的，则有下列恒等式：

$$\boldsymbol{S}_p\boldsymbol{B}_0=\sum_{k=1}^{l}b_k=\sum_{k=1}^{l}b_{kk}=\boldsymbol{S}_p\boldsymbol{B}=\boldsymbol{S}_p\boldsymbol{B}_1 \tag{6.2.9}$$

$$c_1 \cdots c_l = \det \boldsymbol{C}, \quad \det(\boldsymbol{C} + \boldsymbol{P}) = \det \boldsymbol{C}_1 \tag{6.2.10}$$

由第一个恒等式可知，耗散力和加速力的占优问题可由原始系统(6.2.3)讨论。

§6.3　稳定性系数

设系统上作用的仅为有势力($\boldsymbol{D} = \boldsymbol{\Gamma} = \boldsymbol{R} = \boldsymbol{0}$)，那么由式(6.2.6)可得

$$\ddot{\boldsymbol{Z}} + \boldsymbol{C}_0 \boldsymbol{Z} = \boldsymbol{Z}^{(2)} \tag{6.3.1}$$

这个向量矩阵方程可写作 l 个标量方程(注意到 $\boldsymbol{C}_0$ 为对角阵)：

$$\begin{gathered} \ddot{z}_1 + c_1 z_1 = Z_1^{(2)} \\ \vdots \\ \ddot{z}_l + c_l z_l = Z_l^{(2)} \end{gathered} \tag{6.3.2}$$

这里函数 $Z_k^{(2)}$ 中包含坐标 z_k 和速度 $\dot{z}_k$ 的高于一阶的项。

式(6.3.2)中每个方程的左侧都只含有一个坐标，称这个坐标为模态坐标。设第 k 个方程的特征值等于 $\pm\sqrt{-c_k}$，则如果某个数 c_k 为正，当不存在相应的非线性项 Z_k 时，模态坐标 z_k 对应的运动是稳定的。如果某个 $c_k < 0$，则不需要考虑对应的高阶项，这个模态坐标对应的运动为不稳定的(因为两个特征值 $\pm\sqrt{-c_k}$ 中存在一个是正的，见李雅普诺夫一阶近似下的运动不稳定定理)。称数 c_k 为系统的稳定系数，而 c_k 中负数的个数称为不稳定度，这个定义由庞加莱(Poincare)给出。在运动稳定性分析中有意义的并不是不稳定度的大小，而是它的奇偶性。由式(6.2.10)中的第一个等式：

$$c_1 \cdots c_l = \det \boldsymbol{C}$$

即可以确定系统不稳定度的奇偶性，并不需要寻找转化为模态坐标的变换(这个变换在力学研究中受到很大重视，但实现它并不比求解系统本身简单)。如果系数 c_k 中有偶数个为负数，则乘积 $c_1 \cdots c_l$ 为正(假设稳定性系数中不存在等于零的)，有 $\det \boldsymbol{C} > 0$；如果 c_k 中有奇数个为负数，则乘积 $c_1 \cdots c_l$ 为负，显然，$\det \boldsymbol{C} < 0$。反之，也是成立的。由此可知，存在简单的判断准则：如果初始扰动运动方程有势力矩阵 $\boldsymbol{C}$ 的行列式为正，则系数的不稳定度为偶数，如果 $\det \boldsymbol{C} < 0$，则系统的不稳定度为奇数。

【例 6.7】　扰动运动方程为

$$\begin{gathered} \ddot{q}_1 + \ddot{q}_2 + 5q_1 + 2q_2 = 0 \\ \ddot{q}_1 + 3\ddot{q}_2 + 2q_1 - q_2 = 0 \end{gathered}$$

系统有势力与坐标线性相关，其系数矩阵是对称的：

$$\boldsymbol{C} = \begin{bmatrix} 5 & 2 \\ 2 & -1 \end{bmatrix}$$

这个矩阵的行列式 $\det C = -9$ 为负。因此可以确定，这个系统的不稳定度为奇数。又因为系统的坐标数为 2，故有一个不稳定和一个稳定坐标。

【例 6.8】　扰动运动方程为

$$\begin{gathered} \ddot{q}_1 + q_1 + 2q_3 = 0 \\ \ddot{q}_2 - 3q_2 + q_3 = 0 \end{gathered}$$

$$\ddot{q}_3 + 2q_1 + q_2 - q_3 = 0$$

与坐标线性相关的有势力系数矩阵为

$$\boldsymbol{C} = \begin{bmatrix} 1 & 0 & 2 \\ 0 & -3 & 1 \\ 2 & 1 & -1 \end{bmatrix}$$

矩阵 $\boldsymbol{C}$ 是对称的，因为系统有势。矩阵行列式 $\det C$ 为正。可以说明，如果系统有不稳定坐标，则其个数为偶数个。容易验证，不稳定坐标存在，且其个数为 2，事实上，建立矩阵的主子式：

$$\Delta_1 = 1 > 0, \quad \Delta_2 = \begin{vmatrix} 1 & 0 \\ 0 & -3 \end{vmatrix} = -3 < 0, \quad \Delta_3 = \det C = 14 > 0$$

因为势能系数矩阵的希里维斯特行列式中的一个为负，则系统不稳定，显然必有不稳定的坐标。但是它们的个数必须为偶数个，而系统包含 3 个坐标，因此系统有两个不稳定和一个稳定坐标。

§6.4　陀螺力和耗散力对有势系统平衡稳定性的影响

现在分析在有势系统上作用耗散力和陀螺力时对系统稳定性的影响。

首先假设，未被扰运动 $\boldsymbol{Z}=0, \dot{\boldsymbol{Z}}=0$ 仅在有势力的作用下是不稳定的。自然会产生一个问题：能不能由陀螺力的引入来镇定不稳定运动？由下面简单的例子可以说明，在某些情况下，这是可以实现的。有势系统为

$$\begin{aligned} \ddot{z}_1 + c_1 z_1 = 0 \\ \ddot{z}_2 + c_2 z_2 = 0 \end{aligned} \tag{6.4.1}$$

当 c_1 和 c_2 为负时，系统不稳定。向系统中分别加入陀螺力 $-g\dot{z}_2$ 和 $g\dot{z}_1$，有

$$\begin{aligned} \ddot{z}_1 + g\dot{z}_2 + c_1 z_1 = 0 \\ \ddot{z}_2 - g\dot{z}_1 + c_2 z_2 = 0 \end{aligned} \tag{6.4.2}$$

建立这个系统的特征方程：

$$\begin{vmatrix} \lambda^2 + c_1 & g\lambda \\ -g\lambda & \lambda^2 + c_2 \end{vmatrix} = \lambda^4 + (g^2 + c_1 + c_2)\lambda^2 + c_1 c_2 = 0$$

因为在这个方程中每一个根 λ 都对应着一个根 $-\lambda$，因此，哪怕存在一个根实部不等于零，都可以找到实部为正的根。由此可知，只有当特征方程的所有根均为纯虚根时才能够存在稳定性，满足这个条件的根 λ^2 应为负实根。其必要充分条件是特征方程的系数满足下列条件：

$$c_1 c_2 > 0, \quad g^2 + c_1 + c_2 > 0, \quad (g^2 + c_1 + c_2)^2 - 4c_1 c_2 > 0$$

注意到由假设 $c_1 < 0$ 和 $c_2 < 0$，这个不等式等价于：

$$|g| > \sqrt{-c_1} + \sqrt{-c_2} \tag{6.4.3}$$

由此，如果系数 g 满足这个条件，则不稳定有势系统(6.4.1)可由陀螺力 $-g\dot{z}_2$ 和 $g\dot{z}_1$

的补充而镇定。

随之出现了另一个问题，是否总是可由补充陀螺力来镇定不稳定的有势系统呢？这个问题的解答由一系列定理来说明。

Thomson－Tet－Chetaev 第一定理：如果只在有势力作用下，系统孤立的平衡位置不稳定度为奇数，则当存在高于一阶的坐标和速度任意项时，陀螺镇定是不可能的。

证明：设有势系统

$$\ddot{\boldsymbol{Z}}+\boldsymbol{C}_0\boldsymbol{Z}=\boldsymbol{Z}^{(2)} \tag{6.4.4}$$

平衡位置的不稳定度为奇数。向系统中引入任意的陀螺力 $-\boldsymbol{G}\dot{\boldsymbol{Z}}$，有

$$\ddot{\boldsymbol{Z}}-\boldsymbol{G}\dot{\boldsymbol{Z}}+\boldsymbol{C}_0\boldsymbol{Z}=\boldsymbol{Z}^{(2)}$$

建立特征方程，并注意到 $\boldsymbol{C}_0$ 为对角阵，$\boldsymbol{G}$ 为反对称阵，有

$$\Delta=\begin{vmatrix} \lambda^2+c_1 & g_{12}\lambda & \cdots & g_{1l}\lambda \\ g_{21}\lambda & \lambda^2+c_2 & \cdots & g_{2l}\lambda \\ \cdots & \cdots & \cdots & \cdots \\ g_{l1}\lambda & g_{l2}\lambda & \cdots & \lambda^2+c_l \end{vmatrix}=0$$

展开行列式并合并 λ 的同类项，可得

$$\Delta=\lambda^{2l}+\cdots+a_{2l}=0$$

这个方程的自由项 a_{2l} 显然等于乘积 $c_1\cdots c_l$（为找到这个乘积，只需在行列式中令 $\lambda=0$）：

$$a_{2l}=c_1\cdots c_l$$

由定理条件可得 $a_{2l}<0$。同时稳定性系数 c_k 存在为负的，其中没有为零的（因为平衡位置是孤立的）。因此，在特征方程的根中存在至少一个有正实部的根。这个定理的证明可由李雅普诺夫一阶近似下的运动不稳定性定理以及特征方程的自由项不存在陀螺力得出。

进行陀螺力和耗散力对有势系统平衡位置的影响分析之前，先给出一个后面将要用到的式子。设一般形式的系统（6.2.1）中没有约束阻尼力（$R_k=0$）：

$$\frac{\mathrm{d}}{\mathrm{d}t}\frac{\partial T}{\partial\dot{q}_k}-\frac{\partial T}{\partial q_k}=-\frac{\partial V}{\partial q_k}+D_k+\Gamma_k\quad(k=1,\cdots,l) \tag{6.4.5}$$

给每个方程对应乘上 $\dot{q}_k$ 并对其求和。那么，考虑到等式（6.1.13），经过一个简单的变换可得

$$\frac{\mathrm{d}}{\mathrm{d}t}(T+V)=N \tag{6.4.6}$$

这里 $N=\sum D_k\dot{q}_k$ 为阻尼力的功率。如果阻尼力相对速度为齐次的，则由式（6.1.37）可得

$$\frac{\mathrm{d}}{\mathrm{d}t}(T+V)=-(m+1)F \tag{6.4.7}$$

注意到，对于线性阻尼力，$m=1$，等式的右端等于 $-2F$（理论力学课程中引入的正是这种情况下的式（6.4.7））。

Thomson－Tet－Chetaev 第二定理：如果仅在有势力作用下系统孤立的平衡位置是

稳定的，则补充上任意的陀螺力和耗散力，系统的平衡位置仍然是稳定的。

证明：由式(6.4.6)耗散力的功率 N 非正，则有

$$\frac{\mathrm{d}}{\mathrm{d}t}(T+V)\leqslant 0$$

又稳定的平衡位置处势能 V 有极小值，因此函数($T+V$)相对于坐标 q_k 和速度 $\dot{q}_k$ 将是正定的。由李雅普诺夫运动稳定定理即可得这个定理的证明。

再给出一个渐进稳定的相关定理，这里仅给出定理的内容而不做证明。

Thomson－Tet－Chetaev 第三定理：如果仅在有势力作用下系统孤立的平衡位置是稳定的，则在系统中补充上任意的陀螺力和完全耗散的阻尼力使该平衡位置成为渐近稳定的。

这一节开头已经说明了，在某些情况下可由陀螺力来镇定不稳定的有势系统，但并没有考虑同时存在耗散力的情况。下面这个定理回答了这一问题。

Thomson－Tet－Chetaev 第四定理：如果保守系统孤立的不稳定平衡位置附近势能可取负值，则补充上完全耗散的阻尼力和任意的陀螺力平衡仍然是不稳定的。

由定理可知，如果使用陀螺力来镇定不稳定的有势系统(见本节开始)，则甚至是微小的完全耗散的阻尼力(实际上它们总是存在的)都会随着时间的推移破坏掉已得到的稳定性。因此，Thomson 和 Tet 称仅在有势力作用下系统的稳定性为永久的，而由陀螺力镇定得到的稳定性称为暂时的。此外，后面还将说明，如果系统上除了耗散力外还作用有加速力，则不稳定有势系统的陀螺镇定是有可能实现的。

不妨给出式(6.4.6)和(6.4.7)的物理解释。表达式 $T+V$ 为全机械能，完全耗散时，功率 $N<0$，而瑞利函数 $F>0$。因此

$$\frac{\mathrm{d}}{\mathrm{d}t}(T+V)<0$$

即随时间推移全机械能 $T+V$ 减小，由式(6.4.6)和(6.4.7)，功率 N 和瑞利耗散函数 F 可视为全能 $T+V$ 减少的量度。由此可解释正的阻尼力称为耗散力，相应的瑞利函数称为耗散函数的原因。

【例 6.9】 陀螺稳定性。

在自转速度等于 $\dot{\varphi}$ 的陀螺上作用着两个外力(忽略阻力)，重力 $\boldsymbol{P}=M\boldsymbol{g}$ 作用在陀螺的质心上，以及支承点 O 处的反作用力 $\boldsymbol{R}$(图 6.4.1(a))。对称轴 Z 的位置相对静系 $O\xi\eta\zeta$(轴 $O\zeta$ 为铅垂轴)由角度 α 和 β 确定(图 6.4.1(b))。选择绕与静止铅垂轴 ζ 重合的对称轴 Z 以角速度 $\dot{\varphi}_0=n$ 的匀速旋转为未被扰运动：

$$\alpha=0,\dot{\alpha}=0,\beta=0,\dot{\beta}=0,\dot{\varphi}=\dot{\varphi}_0=n=\text{const}$$

引入坐标系 $oxyz$(图 6.4.1(b))，并定义 p_1,q_1,r_1 为坐标系 $oxyz$ 相对静止系 $O\xi\eta\zeta$ 旋转的角速度 ω_1 在坐标系 $oxyz$ 的投影。

由图 6.4.1(b) 可得

$$p_1=\dot{\alpha},\quad q_1=\dot{\beta}\cos\alpha,\quad r_1=-\dot{\beta}\sin\alpha$$

陀螺旋转角速度 ω 的投影 p,q,r 由下列等式确定：

$$p=\dot{\alpha},\quad q=\dot{\beta}\cos\alpha,\quad r=\dot{\varphi}-\dot{\beta}\sin\alpha$$

陀螺动能为

$$T=\frac{1}{2}J_x(\dot{\alpha}^2+\dot{\beta}^2\cos^2\alpha)+\frac{1}{2}J_z(\dot{\varphi}-\dot{\beta}\sin\alpha)^2$$

式中　$J_x=J_y$—— 赤道惯量矩；

J_z—— 极惯量矩。

势能 V 为

$$V=PL\cos\alpha\cos\beta$$

式中　P—— 陀螺质量；

L—— 质心 C 到支承 O 的距离。

由基本动力学规律(如拉格朗日第二类方程)可得陀螺运动相对角度 α 和 β 的一阶近似扰动运动方程为

$$\begin{aligned}J_x\ddot{\alpha}+J_zn\dot{\beta}-PL\alpha=0\\J_x\ddot{\beta}-J_zn\dot{\alpha}-PL\beta=0\end{aligned}\tag{6.4.8}$$

由角度 α 和 β 来确定陀螺轴 Z 的位置，可知在陀螺不稳定时两个坐标是不稳定的(因为质心 C 高于支撑点)。因此，陀螺有偶数个不稳定坐标，Thomson－Tet 第一定理的必要条件满足。

方程(6.4.8)可视为在不稳定的有势系统：

$$J_x\ddot{\alpha}-PL\alpha=0$$

$$J_x\ddot{\beta}-PL\beta=0$$

上添加了陀螺力 $J_zn\dot{\beta}$ 和 $J_zn\dot{\alpha}$ 的结果。

在方程(6.4.8)中，如果：

$$C_1=C_2=-\frac{PL}{J_x},\quad g=\frac{J_zn}{J_x}$$

则陀螺镇定的条件为

$$\frac{J_zn}{J_x}>2\sqrt{\frac{PL}{J_x}}\ 或\ J_z^2n^2>4PLJ_x$$

如果质心 C 比悬挂点的位置低(陀螺摆，见图 6.4.1(b))，则两个坐标 α 和 β 都是稳定的。由 Thomson－Tet 第二定理，此时对任意角速度 n 都是稳定的。又由 Thomson－Tet－Chetaev 第四定理，陀螺的稳定性是暂时的，而陀螺摆的稳定性是永久的。

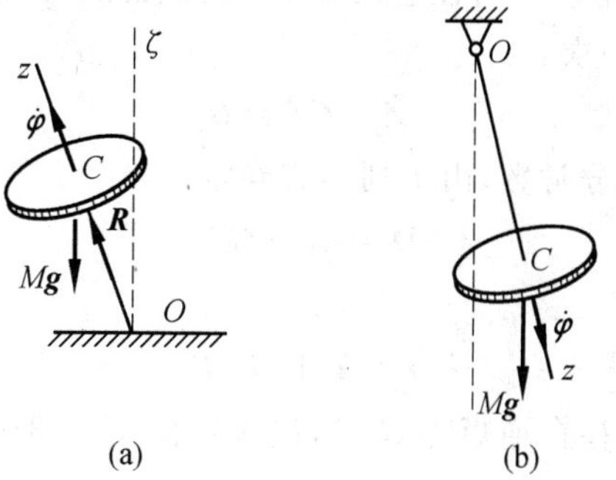

图 6.4.1

§6.5 仅在陀螺力和耗散力作用下的平衡稳定性

到目前为止研究过的系统，其所受作用力除耗散力和陀螺力外，同时还包括有势力。在实际情况中常常遇到仅受陀螺力和耗散力作用，而不含有势力的系统。这一节研究此类系统的稳定性。

6.5.1 系统上仅作用陀螺力

首先分析系统上仅作用着陀螺力的系统，设其扰动运动方程为

$$\ddot{\boldsymbol{Z}}+\boldsymbol{G}\dot{\boldsymbol{Z}}=0 \tag{6.5.1}$$

定理 1　其上仅作用了陀螺力的系统，其平衡相对速度总是稳定的。

证明　将方程(6.5.1)的两端右乘 $\dot{\boldsymbol{Z}}$，由 $\boldsymbol{G}$ 的反对称性有式 $\boldsymbol{G}\dot{\boldsymbol{Z}}\cdot\dot{\boldsymbol{Z}}=0$(见式(6.1.5))，可得 $\ddot{\boldsymbol{Z}}\cdot\dot{\boldsymbol{Z}}=0$。

对其积分

$$\frac{1}{2}\dot{\boldsymbol{Z}}\cdot\dot{\boldsymbol{Z}}=\frac{1}{2}(\dot{Z}_1^2+\dot{Z}_2^2+\cdots+\dot{Z}_l^2)=h \tag{6.5.2}$$

式中　h—— 积分常数。

函数 $V=\frac{1}{2}\dot{\boldsymbol{Z}}\cdot\dot{\boldsymbol{Z}}$ 满足李雅普诺夫运动稳定性定理的全部条件(它是正定的且对时间的全导数基于扰动运动方程恒等于零)，定理得证。

应当指出，定理是对线性时不变系统证明的，但它对线性时变系统同样是成立的。此外，对非线性系统也是成立的。

平衡的稳定性当然不仅是由相对速度的稳定性确定的，还需要分析相对坐标的稳定性。下一个定理给出了系统(6.5.1)相对坐标和速度稳定的必要充分条件。

定理 2　为使仅在陀螺力作用下的线性时不变系统平衡状态相对坐标是稳定的，必要和充分的条件是陀螺力矩阵的行列式不等于零。

证明　首先证明，如果 $\det\boldsymbol{G}\neq0$，则未被扰运动 $\boldsymbol{Z}=0$，$\dot{\boldsymbol{Z}}=0$ 相对坐标 $\boldsymbol{Z}$ 是稳定的(相对速度的稳定性在前一个定理中对任意的 $\det\boldsymbol{G}$ 的值已经证明了)。

对方程(6.5.1)积分一次：

$$\dot{\boldsymbol{Z}}+\boldsymbol{G}\boldsymbol{Z}=\boldsymbol{D} \tag{6.5.3}$$

式中　$\boldsymbol{D}$—— 列阵形式积分常数，由下列等式确定：

$$\boldsymbol{D}=\dot{\boldsymbol{Z}}_0+\boldsymbol{G}\boldsymbol{Z}_0 \tag{6.5.4}$$

由下式到新的变量 $\boldsymbol{Y}$

$$\boldsymbol{Z}=\boldsymbol{Y}+\boldsymbol{G}^{-1}\boldsymbol{D} \tag{6.5.5}$$

(因为矩阵 $\boldsymbol{G}$ 非奇异，所以存在逆矩阵 $\boldsymbol{G}^{-1}$)，代入方程(6.5.3)后得

$$\dot{\boldsymbol{Y}}+\boldsymbol{G}\boldsymbol{Y}+\boldsymbol{G}\boldsymbol{G}^{-1}\boldsymbol{D}=\boldsymbol{D}$$

或考虑恒等式

$$\boldsymbol{G}\boldsymbol{G}^{-1}\boldsymbol{D}=\boldsymbol{E}\boldsymbol{D}=\boldsymbol{D}$$

有

$$\dot{\boldsymbol{Y}}+\boldsymbol{G}\boldsymbol{Y}=0 \tag{6.5.6}$$

由定理 1,运动相对速度 $\dot{\boldsymbol{Z}}$ 是稳定的。由于方程(6.5.1)和(6.5.6)一致,因此运动相对 $\boldsymbol{Y}$ 是稳定的。由式(6.5.4)和(6.5.5)可知,运动相对坐标 $\boldsymbol{Z}$ 是稳定的(当 $\boldsymbol{Z}_0$ 和 $\dot{\boldsymbol{Z}}_0$ 的模充分小时,$\boldsymbol{D}$ 的元素同样是小的)。

现在证明定理的必要性。对此只需证明,当 $\det \boldsymbol{G}=0$ 时系统不稳定。建立微分方程(6.5.1)的特征方程:

$$\Delta=\det(\boldsymbol{E}\lambda^2+\boldsymbol{G}\lambda)=\begin{vmatrix} \lambda^2 & g_{12}\lambda & \cdots & g_{1l}\lambda \\ g_{21}\lambda & \lambda^2 & \cdots & g_{2l}\lambda \\ \vdots & \vdots & \vdots & \vdots \\ g_{l1}\lambda & g_{l2}\lambda & \cdots & \lambda^2 \end{vmatrix}=0 \tag{6.5.7}$$

在每一行中提出公共乘子 λ:

$$\Delta=\lambda^l\begin{vmatrix} \lambda & g_{12} & \cdots & g_{1l} \\ g_{21} & \lambda & \cdots & g_{2l} \\ \vdots & \vdots & \vdots & \vdots \\ g_{l1} & g_{l2} & \cdots & g_{ll} \end{vmatrix}=0$$

并将得到的行列式按 λ 的阶数展开:

$$\Delta=\lambda^l(\lambda^l+\cdots+a_l)=0$$

可知

$$a_l=\begin{vmatrix} 0 & g_{12} & \cdots & g_{1l} \\ g_{21} & 0 & \cdots & g_{2l} \\ \vdots & \vdots & \vdots & \vdots \\ g_{l1} & g_{l2} & \cdots & 0 \end{vmatrix}=\det \boldsymbol{G}$$

由条件 $\det \boldsymbol{G}=0$ 和最后两个等式可知,方程(6.5.7)有不少于 $l+1$ 个零根。

现在分析特征矩阵的初等因子:

$$\begin{vmatrix} \lambda^2 & g_{12}\lambda & \cdots & g_{1l}\lambda \\ g_{21}\lambda & \lambda^2 & \cdots & g_{2l}\lambda \\ \vdots & \vdots & \vdots & \vdots \\ g_{l1}\lambda & g_{l2}\lambda & \cdots & \lambda^2 \end{vmatrix}$$

用 D_k 表示所有 k 阶子式的最大公因子。显然 $D_1=\lambda$,D_2 可被 λ^2 整除,D_3 可被 λ^3 整除等等(因为这个矩阵中所有元素都有公因子 λ),因此所有因式:

$$E_k=\frac{D_k}{D_{k-1}}(k=1,2,\cdots,l;D_0=1)$$

可被 λ 整除,即每个 $E_k(\lambda)$ 至少有一个零根。由于

$$k\det F(\lambda)=E_1(\lambda)E_2(\lambda)\cdots E_l(\lambda)$$

因为左半部分零根的数目不少于 $l+1$,而右边存在 l 个因式,即至少有一个零根的次数高于 1,这证明了系统的不稳定性。

推论　如果系统上作用的仅有陀螺力,且有奇数个坐标,则这个系统的平衡总是不

稳定的(如果 l 为奇数,则由 $\boldsymbol{G}$ 的反对称性,$\det \boldsymbol{G}$ 恒等于零)。

6.5.2　系统上作用着陀螺力和耗散力

在研究耗散力的影响之前,首先引入一个行列式的相关结论。

设给出两个阶数均为 l 的方阵,矩阵 $\boldsymbol{B}_0$ 为正定或负定对角阵,矩阵 $\boldsymbol{G}$ 为反对称阵。矩阵 $\boldsymbol{B}_0+\boldsymbol{G}$ 的行列式为

$$\Delta=\det(\boldsymbol{B}_0+\boldsymbol{G})$$

有如下结论成立:

① 矩阵 $\boldsymbol{B}_0+\boldsymbol{G}$ 非奇异,即

$$\Delta=\det(\boldsymbol{B}_0+\boldsymbol{G})\neq 0 \tag{6.5.8}$$

② 如果矩阵 $\boldsymbol{B}_0$ 正定,则

$$\Delta=\det(\boldsymbol{B}_0+\boldsymbol{G})>0 \tag{6.5.9}$$

③ 如果矩阵 $\boldsymbol{B}_0$ 负定,则当 l 为偶数时:

$$\Delta=\det(\boldsymbol{B}_0+\boldsymbol{G})>0 \tag{6.5.10}$$

当 l 为奇数时:

$$\Delta=\det(\boldsymbol{B}_0+\boldsymbol{G})<0 \tag{6.5.11}$$

现在来分析耗散力对系统稳定性的影响。

定理 3　如果除陀螺力外系统上还作用有完全耗散力,则系统的平衡相对速度是渐进稳定的,相对坐标仅是稳定的。

证明　对形如(6.2.7)的扰动运动方程,根据定理前提条件,仅作用有陀螺力和耗散力:

$$\ddot{\boldsymbol{Z}}+\boldsymbol{B}_0\dot{\boldsymbol{Z}}+\boldsymbol{G}\dot{\boldsymbol{Z}}=0 \tag{6.5.12}$$

在这个方程中

式中　$\boldsymbol{G}$—— 反对称矩阵;

$\boldsymbol{B}_0$ —— 正定对角阵(因为耗散是完全的)。

方程的两端点乘 $\dot{\boldsymbol{Z}}$:

$$\ddot{\boldsymbol{Z}}\cdot\dot{\boldsymbol{Z}}+\boldsymbol{B}_0\dot{\boldsymbol{Z}}\cdot\dot{\boldsymbol{Z}}+\boldsymbol{G}\dot{\boldsymbol{Z}}\cdot\dot{\boldsymbol{Z}}=0 \tag{6.5.13}$$

对上式第一项进行变换,注意到 $\boldsymbol{G}$ 为反对称阵,$\boldsymbol{G}\dot{\boldsymbol{Z}}\cdot\dot{\boldsymbol{Z}}=0$,有

$$\frac{1}{2}\frac{\mathrm{d}}{\mathrm{d}t}(\dot{\boldsymbol{Z}}\cdot\dot{\boldsymbol{Z}})=-\boldsymbol{B}_0\dot{\boldsymbol{Z}}\cdot\dot{\boldsymbol{Z}}$$

展开后这个等式写作

$$\frac{1}{2}\frac{\mathrm{d}}{\mathrm{d}t}(\dot{Z}_1^2+\dot{Z}_2^2+\cdots+\dot{Z}_l^2)=-(b_1\dot{Z}_1^2+\cdots+b_l\dot{Z}_l^2) \tag{6.5.14}$$

函数 $V=\frac{1}{2}\dot{\boldsymbol{Z}}\cdot\dot{\boldsymbol{Z}}=\frac{1}{2}(\dot{Z}_1^2+\cdots+\dot{Z}_l^2)$ 满足李雅普诺夫渐近稳定定理的全部条件,函数相对速度 $\dot{Z}_k$ 是正定的,且其基于扰动运动方程(6.5.12)对时间的全导数是 $\dot{Z}_k$ 的负定函数(由定理条件,耗散是完全的,且有所有 $b_k>0$)。由此运动相对速度 $\dot{Z}_k$ 是渐近稳定的。

证明定理的第二部分。将方程(6.5.12)对时间积分一次:

$$\dot{\boldsymbol{Z}} + (\boldsymbol{B}_0 + \boldsymbol{G})\boldsymbol{Z} = \boldsymbol{D} \tag{6.5.15}$$

由式(6.5.8) 知矩阵 $\boldsymbol{B}_0 + \boldsymbol{G}$ 非奇异，因此存在逆矩阵$(\boldsymbol{B}_0 + \boldsymbol{G})^{-1}$。

引入变量 $\boldsymbol{Y}$：

$$\boldsymbol{Z} = \boldsymbol{Y} + (\boldsymbol{B}_0 + \boldsymbol{G})^{-1}\boldsymbol{D} \tag{6.5.16}$$

代入方程(6.5.15) 可得

$$\dot{\boldsymbol{Y}} + (\boldsymbol{B}_0 + \boldsymbol{G}_0)\boldsymbol{Y} + (\boldsymbol{B}_0 + \boldsymbol{G})^{-1}(\boldsymbol{B} + \boldsymbol{G})\boldsymbol{D} = \boldsymbol{D}$$

即

$$\dot{\boldsymbol{Y}} + (\boldsymbol{B}_0 + \boldsymbol{G})\boldsymbol{Y} = 0 \tag{6.5.17}$$

根据定理的第一部分，运动相对速度 $\dot{Z}_k$ 是渐近稳定的。由式(6.5.17)，运动相对 $\boldsymbol{Y}$ 是渐近稳定的，根据变换(6.5.16) 可知运动相对 $\boldsymbol{Z}$ 是稳定的(但不是渐近稳定)。需要说明的是，在非线性情况下定理同样是成立的。

§6.6　约束阻尼力对平衡稳定性的影响

首先分析仅在约束阻尼力作用下的系统运动。

定理 1　仅在线性约束阻尼力作用下的系统，其平衡总是不稳定的，且其不稳定与高次项无关。

证明：由定理的条件，扰动运动方程形如(6.2.6)，这里 $\boldsymbol{B} = \boldsymbol{G} = \boldsymbol{C}_0 = 0$，则

$$\ddot{\boldsymbol{Z}} + \boldsymbol{P}\boldsymbol{Z} = \boldsymbol{f}(\boldsymbol{Z}) \tag{6.6.1}$$

式中　$\boldsymbol{P}$—— 反对称矩阵；

$\boldsymbol{f}(\boldsymbol{Z})$—— 列向量，其元素包含 Z_K 和 $\dot{Z}_K$ 高于一次的项，同时仅在所有的 Z_K 和 $\dot{Z}_K$ 等于零时，其值为零。

分析特征方程：

$$\Delta(\lambda) = \det(\boldsymbol{E}\lambda^2 + \boldsymbol{P}) = 0 \tag{6.6.2}$$

由系统(6.5.1) 相对速度的稳定性可知，方程(6.5.7) 不等于零的根为纯虚根，即

$$\Delta(\lambda) = \det(\boldsymbol{E}\lambda + \boldsymbol{G}) = 0 \tag{6.6.3}$$

不等于零的根为 $\lambda = \pm a\mathrm{i}$，这里 a 为正实数。

将方程(6.6.3) 中的 λ 替换为 λ^2 可得方程(6.6.2)(矩阵 $\boldsymbol{P}$ 及 $\boldsymbol{G}$ 是反对称的)，因此特征方程(6.6.2) 不为零的根满足 $\lambda^2 = \pm a\mathrm{i}$，可得 $\lambda = \pm\dfrac{\sqrt{2}a}{2}(1 \pm \mathrm{i})$。

由此可知，在特征方程(6.6.2) 的根中存在正实部的根，这证明了定理。

定理 1 中的系统没有有势力作用，是不稳定的。提出问题，在稳定的有势系统上补充约束阻尼力是否可能在某些情况下破坏稳定性。以两自由度系统为例说明，约束阻尼力不仅能够破坏有势系统的稳定性，还有可能镇定不稳定的有势系统。

设扰动运动方程为

$$\begin{cases} \ddot{x} + c_1 x - py = 0 \\ \ddot{y} + c_2 y + px = 0 \end{cases} \tag{6.6.4}$$

方程可视为在有势系统：

$$\begin{cases}\ddot{x}+c_1x=0\\ \ddot{y}+c_2y=0\end{cases}\tag{6.6.5}$$

上补充作用了约束阻尼力 py 和 $-px$，其反对称系数矩阵为$\begin{pmatrix}0 & p\\ -p & 0\end{pmatrix}$。

建立系统(6.6.4)的特征方程 $\det\begin{bmatrix}\lambda^2+c_1 & p\\ -p & \lambda^2+c_2\end{bmatrix}=0$

展开行列式可得

$$\lambda^4+(c_1+c_2)\lambda^2+c_1c_2+p^2=0\tag{6.6.6}$$

如果两个对应 λ^2 的根是负实数，系统将是稳定的。由胡尔维茨准则可知，方程(6.6.6)系数矩阵的各阶主子式为正：

$$c_1+c_2>0,c_1c_2+p^2>0,(c_1+c_2)^2-4(c_1c_2+p^2)>0$$

变换最后一个等式，可得稳定性条件为

$$c_1+c_2>0,\quad c_1c_2>-p^2,\quad |c_1-c_2|>2|p|\tag{6.6.7}$$

当 $p=0$ 时，即不存在约束阻尼力，条件(6.6.7)转化为 $c_1>0,c_2>0$，由方程(6.6.5)直接可得参数 c_1,c_2 平面上系统(6.6.1)的稳定区域，其由整个第一象限表示(图 6.6.1(a))。当 $p\neq0$ 时，稳定域由图 6.6.1(b)表示。这个域的边界为直线 1：$c_1+c_2=0$，双曲线的一支 $c_1c_2=-p^2$ 和直线 2,3：$c_1-c_2=\pm2p$，它们与双曲线相切，由此可见，有势系统(6.6.5)的稳定域占据了整个第一象限(图 6.6.1(a))，当补充上约束阻尼力时，其中的部分成为不稳定域(图 6.6.1(b)中阴影部分中间的宽带)。同时可见，系统(6.6.4)存在不大的稳定域分布在二、四象限，当仅有有势力时系统(6.6.5)在这个区域上是不稳定的。由此可得结论，约束阻尼力可以破坏有势系统的稳定性，同时也可以在某些情况下对其进行镇定。

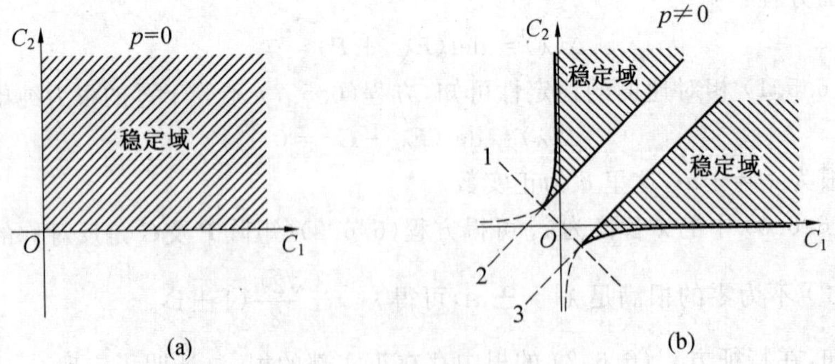

图 6.6.1

在此基础上进一步说明，耗散力对有势力和约束阻尼力作用下的系统运动稳定性会有何影响。为此，在系统(6.6.4)上补充作用耗散力 $-b_1\dot{x}$ 和 $-b_2\dot{y}$，这里 b_1,b_2 为正，有

$$\begin{cases}\ddot{x}+b_1\dot{x}+c_1x-py=0\\ \ddot{y}+b_2\dot{y}+c_2y+px=0\end{cases}\tag{6.6.8}$$

建立特征方程：

$$\det\begin{bmatrix}\lambda^2+b_1\lambda+c_1 & p \\ -p & \lambda^2+b_2\lambda+c_2\end{bmatrix}=0$$

将行列式展开为

$$\lambda^4+(b_1+b_2)\lambda^3+(c_1+c_2+b_1b_2)\lambda^2+(c_1b_2+c_2b_1)\lambda+c_1c_2+p^2=0$$

由胡尔维茨准则，有

$$\begin{aligned}&b_1+b_2>0,c_1+c_2+b_1b_2>0,c_1b_2+c_2b_1>0,c_1c_2+p^2>0,\\&\Delta_3=(b_1+b_2)(c_1+c_2+b_1b_2)(c_1b_2+c_2b_1)-(c_1b_2+c_2b_1)^2-\\&\quad(b_1+b_2)^2(c_1c_2+p^2)>0\end{aligned}\tag{6.6.9}$$

式(6.6.9)中最后一个不等式可进一步展开为

$$\Delta_3=b_1b_2(b_1+b_2)(c_1b_2+c_2b_1)+b_1b_2(c_2-c_1)^2-(b_1+b_2)^2p^2>0\tag{6.6.10}$$

下面来说明，在某些条件下耗散力可以镇定不稳定系统(6.6.4)。事实上，当 $c_1=c_2=c>0$ 时，胡尔维茨准则为

$$\begin{aligned}&b_1+b_2>0,2c+b_1b_2>0,c(b_1+b_2)>0,c^2+p^2>0\\&\Delta_3=(b_1+b_2)^2(b_1b_2c-p^2)>0\end{aligned}\tag{6.6.11}$$

前 4 个条件自动成立($c>0,b_1>0,b_2>0$)，后一个不等式成立，如果耗散力满足条件：

$$b_1b_2>\frac{p^2}{c}\tag{6.6.12}$$

由此可知，在有势力和约束阻尼力作用下的不稳定系统可由耗散力镇定(当 $c_1=c_2$，$p\neq 0,b_1=b_2=0$ 时，系统(6.6.4)不稳定，如图 6.6.1(b)所示。

现在来说明，耗散力还可以破坏有势力和约束阻尼力作用下系统的稳定性。设条件(6.6.7)成立，那么系统(6.6.5)是稳定的。在这个系统上作用耗散力，令 $b_2=0,b_1=b>0$，那么条件(6.6.10)中最后一个不等式为 $\Delta_3=-b^2p^2<0$，即运动是不稳定的(由胡尔维茨准则)。

最后来看一个约束阻尼力作用下系统稳定性分析的实际例子，这里约束阻尼力以随动力的形式出现。

【例 6.10】 随动力作用下的双杆结构的运动稳定性。

质量为 m_1 和 m_2，长度为 l_1 和 l_2 的两根均质杆由铰链和刚度为 k_2 的蜗卷弹簧相连。

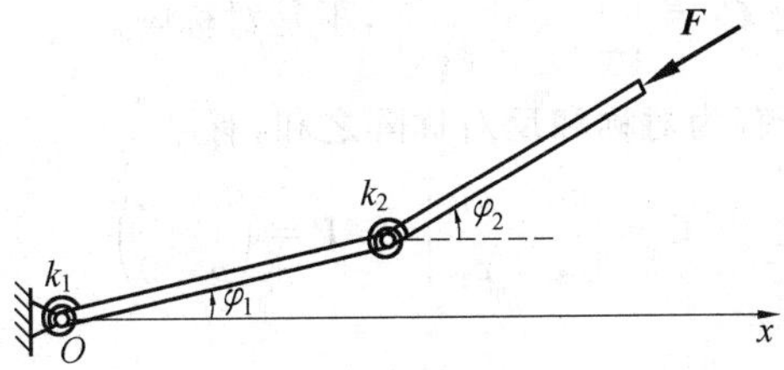

图 6.6.2

第一根杆可绕着固定支座 O 旋转，支座 O 与杆之间存在刚度为 k_1 的蜗卷弹簧。当两根杆的轴线都沿着轴 x 分布时(图 6.6.2)，两个弹簧处于未变形状态。第二个杆上作用

着一个力 $\boldsymbol{F}$,其方向总是沿着这根杆轴的方向(随动力)。这个系统可视为随动力作用下弹性杆的简化模型。

选择两根杆相对 x 轴的角度 φ_1,φ_2 为广义坐标,来建立扰动运动微分方程。考虑到扰动为小量,暂时不写出角度坐标 φ_1,φ_2 的二阶及以上分量,系统动能可表示为

$$T=\frac{1}{2}(a_{11}\dot{\varphi}_1^2+2a_{12}\dot{\varphi}_1\dot{\varphi}_2+a_{22}\dot{\varphi}_2^2)$$

其中 $$a_{11}=J_1+m_2l_1^2,\quad a_{12}=\frac{1}{2}m_2l_1l_2,\quad a_{22}=J_2+\frac{1}{4}m_2l_2^2$$

式中 J_1—— 第一根杆相对于旋转轴 O 的惯量矩;

J_2—— 第二根杆相对其质心的惯量矩。

弹簧的弹性势能为

$$V_{弹}=\frac{1}{2}k_1\varphi_1^2+\frac{1}{2}k_2(\varphi_2-\varphi_1)^2$$

计算与随动力 $\boldsymbol{F}$ 相应的广义力 Q'_1 和 Q'_2。当固定 φ_1 为常数时,随动力 $\boldsymbol{F}$ 的与 φ_2 的变化方向总是垂直的,其做功为零,因此 $Q'_2=0$。

现在固定 φ_2 不变,力 $\boldsymbol{F}$ 在角度 φ_1 的虚位移 $\delta\varphi_1$ 上所做的元功 $\delta W'_1$ 为

$$\delta W'_1=-Fl_1\sin(\varphi_2-\varphi_1)\delta\varphi_1$$

由扰动运动中角度变化为小量,可得

$$Q'_1=-Fl_1(\varphi_2-\varphi_1)$$

由此,与角度 φ_1,φ_2 相应的全广义力为(假设整个系统位于光滑的水平面上,因此在分析中不考虑重力)

$$Q_j=-\frac{\partial V_{弹}}{\partial\varphi_j}+Q'_j\quad(j=1,2)$$

具体地

$$Q_1=-e_1\varphi_1+e_2\varphi_2,\quad Q_2=k_2(\varphi_1-\varphi_2)$$

其中 $$e_1=k_1+k_2-Fl_1,\quad e_2=k_2-Fl_1$$

由拉格朗日第二类方程,系统平衡位置的扰动运动方程为

$$\begin{cases}a_{11}\ddot{\varphi}_1+a_{12}\ddot{\varphi}_2+e_1\varphi_1-e_2\varphi_2=\Phi_1\\ a_{21}\ddot{\varphi}_1+a_{22}\ddot{\varphi}_2-k_1\varphi_1+k_2\varphi_2=\Phi_2\end{cases}$$

式中 Φ_1,Φ_2——φ_1 和 φ_2 高于一阶的函数项。

方程组的系数矩阵为 $\boldsymbol{C}_1=\begin{pmatrix}e_1 & -e_2\\ -k_2 & k_2\end{pmatrix}$,不是对称阵。

由式(6.1.5)将其分解为对称和反对称阵之和,有

$$\boldsymbol{C}=\begin{pmatrix}c_{11} & c_{12}\\ c_{21} & c_{22}\end{pmatrix},\quad \boldsymbol{P}=\begin{pmatrix}0 & p\\ p & 0\end{pmatrix}$$

这里

$$c_{11}=e_1=k_1+k_2-Fl_1,c_{12}=c_{21}=-\frac{e_2+k_2}{2}=\frac{1}{2}(Fl_1-2k_2)$$

$$c_{22}=k_2,p=-\frac{1}{2}(e_2-k_2)=\frac{1}{2}Fl_1$$

其中

$$a = a_{11}a_{22} - a_{12}^2, b = a_{11}k_2 + a_{22}e_1 + a_{12}(e_2 + k_2)$$

$$c_0 = k_2(e_1 - e_2) = k_1k_2$$

如果以 λ^2 为变量的所有根为负实数，则系统在一阶近似下将是稳定的，其必要充分条件为

$$b > 0, \Delta = b^2 - 4ac_0 > 0 \tag{6.6.13}$$

对任意随动力 $\boldsymbol{F}$ 有 $a > 0, c_0 > 0$，由上述不等式可确定使保守系统稳定的随动力的最大值（容易验证，当不存在随动力时系统稳定）。来具体说明判断过程，为表述简便，分析杆与弹簧参数分别完全相同的最简情况，即当 $m_1 = m_2 = m, l_1 = l_2 = l, k_1 = k_2 = k$ 时，有

$$a_{11} = \frac{4}{3}ml^2, a_{12} = \frac{1}{2}ml^2, a_{22} = \frac{1}{3}ml^2, a = \frac{5}{3}m^2l^4$$

$$e_1 = 2k - Fl, e_2 = k - Fl$$

将其代入式(6.6.13)中有

$$b = ml^2(3k - \frac{5}{6}Fl) > 0$$

$$\Delta = m^2l^4[(3k - \frac{5}{6}Fl)^2 - 4 \times \frac{5}{3}k^2] > 0$$

由此可得，系统在一阶近似下是稳定的，如果随动力 F 满足下列条件：

$$F < \frac{6}{5}(3 - \sqrt{\frac{20}{3}})\frac{k}{l}$$

反之，如果随动力的模大于这个量，则(6.6.13)中的第二个等式取反号，系统成为不稳定的。

习　　题

1. 图中所示匀速旋转圆盘上有一凹槽，弹簧振子在其中运动，分析系统平衡位置（弹簧处于未变形状态）的稳定性。

2. 求没有自旋的直立于地面的陀螺的不稳定度。

3. 如图所示，倒立双摆的摆锤质量分别为 m_1, m_2 摆长为 l_1, l_2，水平弹簧的刚度为 k_1，k_2，设双摆在铅垂面内运动且偏角是微小的。

求：(1) 平衡位置及稳定性条件；

(2) 设上摆受到线性阻力 $-\mu\dot{\theta}_1$ 的作用（θ_1 为上摆与铅垂线的夹角），判断平衡位置的稳定性；

(3) 设上、下摆分别受到线性阻力 $-\mu\dot{\theta}_1$ 和 $-\mu\dot{\theta}_2$ 作用（θ_1 和 θ_2 分别为上、下摆与铅垂线的夹角），判断平衡位置的稳定性。

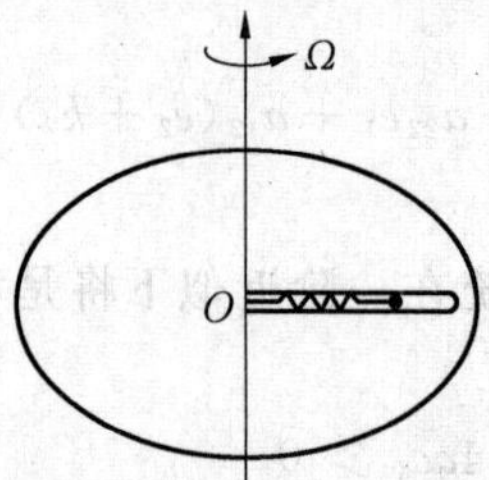

1 题图

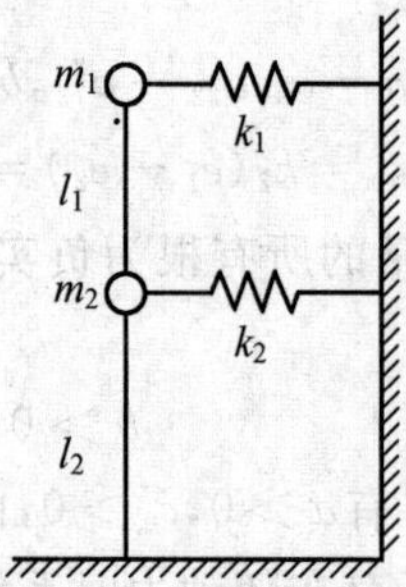

3 题图

参考文献

[1] GOLDSTEIN H. Classical mechanics[M]. Massachusetts: Addison－Wesley,1953(中译本:戈德斯坦 H. 经典力学[M]. 汤家镛,译. 北京:科学出版社,1981).

[2] ЛУРЬЕ А И. Аналитическая механика[M]. Москва: Физматгиз,1961.

[3] CHETAEV N G. The stability of motion[M]. New York: Pergamon Press, 1961(中译本:契塔耶夫. 运动的稳定性[M]. 王光亮,译. 北京:国防工业出版社,1959).

[4] МЕРКИН Д Р. Ведение в теорию устойчивости движения[M]. Москва: Наука, 1976.

[5] GREENWOOD D T. Classical dynamics[M]. New Jersey: Prentice－Hall, Inc., 1977(中译本:格林伍德 D T. 经典动力学[M]. 孙国锟,译. 北京:科学出版社,1982).

[6] KANE T R, LEVINSON D A. Dynamics: theory and application[M]. New York: McGraw－Hill,1985(中译本:凯恩 T R,列文松 D A. 动力学理论与应用[M]. 贾书惠,薛克宗,译. 北京:清华大学出版社,1988).

[7] МАРКЕЕВ А П. Теоретическая механика[M]. Москва: Наука,1990(中译本:马尔契夫 А П. 理论力学[M]. 李俊峰,译. 北京:高等教育出版社,2006).

[8] 贾书惠. 刚体动力学[M]. 北京:高等教育出版社,1987.

[9] 陈滨. 分析动力学[M]. 北京:北京大学出版社,1987.

[10] 王照林. 运动稳定性及其应用[M]. 北京:高等教育出版社,1992.

[11] 舒仲周,张继业,曹登庆. 运动稳定性[M]. 北京:中国铁道出版社,2001.

[12] 王振发. 分析力学[M]. 北京:科学出版社,2002.

[13] 张劲夫,秦卫阳. 高等动力学[M]. 北京:科学出版社,2004.

[14] 刘延柱. 高等动力学[M]. 北京:高等教育出版社,2012.

[15] 梅凤翔. 分析力学[M]. 北京:北京理工大学出版社,2013.